現代漁業民俗論

漁業者の生活誌とライフヒストリー研究

増﨑 勝敏 著

筑波書房

はしがき

　本書は著者が1986年8月に、福岡県福岡市東区志賀島で漁業民俗に関わる調査を開始し、それ以降まとめてきた、諸地域における現代の漁業民俗の論考を骨子として整理したものである。
　全体はⅢ部13章から構成されている。
　第Ⅰ部では、著者がこれまで研究対象としてきた対象と、それに臨む方法論について言及した。そのうえで、漁業民俗研究の先駆者であり中心的存在であった桜田勝徳の業績を検討し、その現代性について述べた。
　第Ⅱ部では、おもに大阪湾沿岸地域の漁業者の漁撈活動に、生活誌的視点からアプローチした。ここでは、聞き取り調査のみならず、漁船同乗による直接観察の成果も加味し、漁業者たちがどのような戦略に基づいて、生業としての漁業を営んでいるか、定量的・定性的な視野から分析を試みた。併せて、香川県の漁業者が、大阪湾岸諸地域に漁業出稼ぎを行っている事例を取り上げた。
　第Ⅲ部では、高知の近海カツオ一本釣り漁業に携わってきた漁業者たちのライフヒストリーを、船員手帳を活用し、聞き取りに基づいて検討した。ここでは、調査地である高知県中土佐町久礼において、近海カツオ一本釣り漁業の船主層として漁撈長を務めた話者を対象にして調査を行うとともに、船主層ではなかったものの、静岡県漁船に乗り組み、漁撈長を務めるに至った漁業者の足跡を分析した。また、この部の末尾では、福岡市志賀島のある漁業者に30年余り密着して調査してきたなかで得ることのできた、生活誌やライフヒストリー、職業観について言及することで、第Ⅱ部、第Ⅲ部の総括的な論考を試みた。それを受けて、最終章では本書における問題と課題の整理を行った。
　本書で収載した論考は、現代とはいえ、第2次世界大戦後の昭和時代から

平成時代に及ぶ、漁業が大きな変貌を遂げた時期の様相を捉えたものである。「漁業民俗論」と冠したのは、漁獲物の加工・流通・販売といった、「水産業」全体を視野に置いたものではないからである。もちろん、本書をお読み頂ければお分かりいただけるように、漁業者たちは、漁撈活動のなかで、加工・流通・販売を視野に置いた技能を駆使している。その各分野を検討するなかで、「水産民俗論」へと、より広範な範囲での民俗学研究を展開することを、著者は今後目指している。

2019年7月

増﨑勝敏

現代漁業民俗論
漁業者の生活誌とライフヒストリー研究　目次

はしがき ……………………………………………………………………………… *iii*

第Ⅰ部　漁業民俗への接近―方法と研究史― ……………………………… *1*

第1章　研究の対象及び方法 ………………………………………………… *3*

第2章　桜田勝徳の漁業研究―その今日的意義― ………………………… *7*

第Ⅱ部　現代の漁業者における漁撈活動の実際 …………………………… *17*

第3章　一本釣り漁業者の漁撈活動
　　　　　―大阪府泉南郡岬町谷川の事例より― ……………………… *19*
　　はじめに―研究の意義―…… *19*
　　1．調査地の概要 …… *21*
　　2．一本釣り漁 …… *26*
　　3．一本釣り漁の漁撈活動 …… *31*
　　おわりに―問題の整理と今後の課題― …… *43*

第4章　遊漁船業における漁場・資源利用の意思決定と合意形成
　　　　　―大阪府岬町小島を事例とした民俗学的接近― …………… *47*
　　はじめに―研究の意義― …… *47*
　　1．調査地の概要 …… *48*
　　2．小島の遊漁船業に関する歴史的経緯 …… *50*
　　3．一本釣り漁業と遊漁船業の漁業暦 …… *54*
　　4．漁場利用の実際 …… *61*
　　5．遊漁船業の経営 …… *67*
　　おわりに―問題の整理と今後の課題― …… *68*

第 5 章　小型機船底びき網漁業の漁撈活動
　　　　―大阪府泉佐野市の事例より― ……………………………………… 73
　　はじめに―研究の意義― …… 73
　　1．調査方法と使用資料 …… 74
　　2．調査地ならびに漁業の概要 …… 74
　　3．イシゲタ網漁の概要 …… 77
　　4．船上における漁撈活動の分析 …… 80
　　5．漁船の出漁・帰港時間 …… 89
　　おわりに―問題の整理と今後の課題― …… 91

第 6 章　大阪湾のバッチ網漁業にみる漁撈集団の構成とネットワーク
　　　　―大阪府泉佐野市北中通の事例より― ……………………………… 93
　　はじめに―研究の目的と方法― …… 93
　　1．バッチ網漁業の着業に至る経緯 …… 96
　　2．バッチ網漁業の漁撈活動の実際 …… 98
　　3．バッチ網漁船の乗組員構成 …… 102
　　4．操業現場における経営体間のネットワーク …… 104
　　5．ネットワークの諸相と技術の導入 …… 108
　　おわりに―問題の整理と今後の課題― …… 111

第 7 章　大阪府下における香川県漁業者の出稼ぎの実態とその経緯
　　　　―大阪府泉佐野市北中通のイワシキンチャク網漁業の事例を中心に―
　　　　………………………………………………………………………… 115
　　はじめに―研究の意義― …… 115
　　1．北中通のイワシキンチャク網 …… 120
　　2．イワシキンチャク網漁の実際 …… 121
　　3．漁業出稼ぎの実態 …… 122
　　4．漁業出稼ぎの変遷と出稼ぎを支えるネットワーク …… 133
　　5．漁業出稼ぎ者の生活 …… 137

6．出稼ぎの衰退 …… *138*

　　おわりに―問題の整理と今後の課題― …… *140*

第8章　大阪湾のイワシキンチャク網漁業
　　　　―その産業構造とネットワーク― …………………………………… *145*

　はじめに―研究の目的と方法― …… *145*

　　1．調査地と漁業の概要 …… *149*

　　2．昭和20年代初頭のイワシキンチャク網漁業とイリコ加工業 …… *153*

　　3．現代のイワシキンチャク網漁業経営体の漁撈活動 …… *156*

　　4．イワシキンチャク網漁業の産業構造 …… *161*

　　5．出稼ぎ乗組員のネットワーク―その輩出の経緯と生活― …… *167*

　おわりに―問題の整理と今後の課題― …… *173*

第Ⅲ部　漁業者のライフヒストリー研究 ………………………………………… *177*

第9章　漁船乗組員のライフヒストリー的検討
　　　　―高知県中土佐町久礼におけるカツオ一本釣り漁業者の事例から― …… *179*

　はじめに―研究の意義― …… *179*

　　1．ライフヒストリーと民俗学 …… *181*

　　2．調査地と漁業の概要 …… *186*

　　3．NT氏と近海カツオ一本釣り漁船 …… *191*

　おわりに―問題の整理と今後の課題― …… *200*

第10章　近海カツオ一本釣り漁船乗組員のライフヒストリー
　　　　―静岡船への乗り組みを行う高知県中土佐町久礼における漁業者の事例から―
　　　　……………………………………………………………………………… *205*

　はじめに―課題と方法― …… *205*

　　1．ST丸略史 …… *206*

　　2．SS氏のライフヒストリー …… *209*

　　3．KK氏のライフヒストリー …… *213*

4．ST丸の乗組員構成・配当 …… *218*

　　5．乗組員の確保 …… *219*

　　6．漁撈長の資質 …… *221*

　　おわりに―事例の整理と課題― …… *222*

第11章　個人漁を営む漁業者の生活史的研究
　　　　―高知県中土佐町久礼の漁業者を例にとって― …… *225*

　　はじめに …… *225*

　　1．A氏のライフヒストリー …… *226*

　　おわりに―問題の整理と今後の課題― …… *239*

第12章　現代の沿岸漁業者に関する生活誌的研究
　　　　―福岡県福岡市志賀島のある漁業者を例にとって― …… *243*

　　はじめに―研究の目的と意義― …… *243*

　　1．調査地の概要 …… *245*

　　2．漁業の概要 …… *247*

　　3．A氏のライフヒストリー …… *249*

　　4．A氏の漁業歴の変遷 …… *251*

　　5．漁の実際 …… *252*

　　6．潮流潮汐と漁 …… *258*

　　7．A氏の職業観 …… *260*

　　おわりに―問題の整理と今後の課題― …… *263*

第13章　まとめ―問題の整理と今後の課題― …… *267*

初出一覧 …… *273*

あとがき …… *275*

第Ⅰ部
漁業民俗への接近
―方法と研究史―

第1章

研究の対象及び方法

　本著は、昭和時代後期から現代にかけての、わが国における漁業者に関する民俗学的側面からの生活誌ならびにライフヒストリー研究である。

　構成としては、桜田勝徳の漁業民俗研究を跡づけたのちに、著者の行ってきたフィールドワークの成果を紹介する。

　具体的には、大阪府泉南郡岬町谷川・小島、大阪府泉佐野市、香川県三豊市詫間町生里、大阪府岸和田市春木、高知県高岡郡中土佐町久礼、福岡県福岡市東区志賀島に居住する漁業者を対象として調査検討した成果を集約した。

　岬町では谷川、小島地区における一本釣り漁業と遊漁船業の問題を取り上げた。ここでは、大阪湾を漁場として一本釣り漁業を営む漁業者について、年周的な漁撈活動を調査票をもとに分析するとともに、漁業者の船上活動について漁船同乗による直接観察から検討した。また、大都市である大阪を後背地とする地の利を生かした遊漁船業についてもその実態を取り上げた。

　泉佐野市ではイシゲタ網漁と呼ばれる小型機船底びき網漁とバッチ網漁と呼ばれる機船船びき網漁に関する問題を考察した。イシゲタ網漁については、漁船同乗の直接観察を重視し、船上での乗組員の行動を分析した。また、バッチ網漁については、漁船同乗による漁船員の行動分析と、同漁業を営む漁業経営体のネットワークの問題を検討した。

　詫間町では泉佐野市への漁業出稼ぎと移住について、詫間町に在住する漁業者のライフヒストリー調査に基づいて、その要因を検討した。

　岸和田市ではキンチャク網漁と呼ばれるまき網漁業について、各漁業経営体の経営構造を、主に聞き取り調査で得られた資料から分析した。

　久礼では久礼ならびに静岡の近海カツオ漁船に乗り組んだ漁業者たちのライフヒストリーを船員手帳を活用した聞き取り調査に基づいて考察をおこ

なった。

　そして、志賀島では玄界灘を漁場として漁を行ってきた漁業者のライフヒストリーと漁撈活動の実態を、仕切書と呼ばれる漁獲物の売り上げ伝票をもとに解析するとともに、漁業者の職業観について言及した。

　これまで、民俗学における漁業研究では、いわゆる「伝統的」とされる昭和前期以前に遡及した成果が多くみられた。この措定は漁業が眼前で急激な近代化を遂げつつあった1930年代から40年代以降においては、これまで伝承されてきた漁撈に関わる民俗文化を記録し、そこに検討を加えるという、ある意味で時代的要請ともいえる側面から理解することができる。

　しかし今日では、民俗学が主力的な調査手法として行ってきた聞き取り調査では、第２次世界大戦前の伝承を辿ることさえ困難である。したがって、「伝統的」な漁業を追究する従来の視座に拘泥したのでは、漁業分野の研究は先細りになるばかりであろう。

　谷口貢は「民俗学を現在学として位置づけ、村落生活の生活実態を丹念に掘り起こしていくことが大切である」（谷口 1996）と述べているが、この指摘は漁業に関わる民俗研究でも、その立脚点を設定するうえで重要である。なぜなら、先にも触れたように、現代の漁業とそれを取り巻く問題は、旧来のそれとは大きく異なっているからである。たとえば、水産資源については、海域環境の変化や過度な漁獲などによって、逼迫した状況にさらされている。そうした状況のなかで、漁業資源の管理と利用は、国際的な問題にまでなっている。また、漁撈技術に関しては、GPSに代表される電子航行機器や漁撈機械の飛躍的な進歩で、漁業者が継承してきた「伝統的」な技能に大きな変化をもたらしている。また、水産物の流通販売についても、水産物の鮮度維持や運搬方法、販売形態の変化といった側面で目まぐるしい変化を遂げている。

　こうしたなかで、民俗学の立場から漁業研究を進めるに際しては、前述のような状況を視野に置いたうえで、漁業の現況にアプローチすることが、この生業の内外にある今日的な諸問題に関わってゆく上で重要であろう。

第1章 研究の対象及び方法

　本著で取り上げた報告のなかでは、漁業者の船上における諸活動を対象としたものがある。これは当然のことながら、漁撈活動の理解には漁業者が海上においてどのような原理に基づいて行動しているかを理解することが不可欠だからである。篠原徹は、漁撈のような自然と対峙する生業を検討するに際しては、聞き取りに依存するだけでなく、生業現場における直接観察に基づいた生態学的な分析が不可欠となることを指摘したが（篠原 1995)、この手法の重要性は生態学的な分野にとどまらないであろう。直接観察に基づいた漁撈研究は、文化人類学・水産学といった諸学では多くの業績が認められるいっぽう、民俗学ではその蓄積が充分とは言い難いのが現状であろう。
　近年、民俗学でも近代化された漁業が積極的に取り上げられつつある。
　だが、こうした問題をいちはやく提起したのは、漁業民俗研究の先駆者である桜田勝徳である。桜田は従来の民俗学に関して、もっぱらその関心が古い伝承の探求に向けられ、現在の状況は看過されてきたことを指摘している。そして、漁業民俗研究についても、近代的技術のなかで急速に変貌を遂げつつある漁村の現状を記録・調査する必要を唱えた。桜田はこのほかにも漁業民俗研究に関わるさまざまな課題を提起している（桜田 1981)。しかしそのなかには、いまだ深化されていない課題が数多く存在する。第2章では、そうした桜田の研究の足跡を検討する。

引用・参考文献
桜田勝徳（1981）「村とは何か」『桜田勝徳著作集　第5巻』名著出版、pp.12-13
篠原徹（1995）『海と山の民俗自然誌』吉川弘文館、p.2
谷口貢（1996）「民俗学の目的と課題　1　民俗とは」佐野賢治・谷口貢・中込睦子・古家信平編『現代民俗学入門』吉川弘文館、pp.1-7

第2章

桜田勝徳の漁業研究
―その今日的意義―

　これまで、日本民俗における生業研究では、漁業の分野はあまり重視されてこなかった。民俗学が研究対象としてきたのは「常民」であり、ここでいう「常民」とは、多くの場合稲作を営む農業者であった。民俗学は、彼らの伝承してきた生活文化を通して、日本人の行動様式やその根底にある心意的なものを明らかにすることを目的としてきた。そういう点では、漁業が等閑視されるのは、ある意味で当然のなりゆきであったといえる。

　そうしたなかで、桜田勝徳は精力的に漁業に関わる民俗の探求を展開したことで特筆される。彼の研究が当時の民俗学界において如何に希有なものであったかは、宮本常一の言葉が端的に示している。

　　海村生活の調査は、渋沢先生が豆州内浦漁民資料を手がけてから、アチックで大きくとりあげられてくるとともに、郷土生活研究所でも山村生活調査が終ってから海村生活調査にのり出し、急にさかんになったもので、それまで、ひとり桜田氏の丹念な実施調査が、人びとの目をひいていたくらいであった。（宮本 1987）

　かようにして桜田の漁業に関する民俗研究は、この分野での先駆けとなったものである。宮本の言葉を続けよう。

　　明治以降の人文学者たちで海に関心を持つ者はきわめて少なかった。そしてそれは人文科学の一分野である民俗学においても同様であった。概して漁村は他所者の入り込みにくいところと考えられていたからであ

第Ⅰ部　漁業民俗への接近

> るが、そうした漁村を訪れて漁村や漁民の生活について調査した最初の人が桜田さんであった。(宮本1980a)
>
> 『漁村民俗誌』は桜田さんの学問のスタートをなすものであるが、(中略)このスタートは時期を得たものであり、且つ価値の高いものであった。(中略)漁村をこのように充実した足どりで歩きまわることのできた人は、実に桜田さん以外にはいないのである。(宮本1980b)

　こうした宮本の言葉は、桜田が漁業分野における民俗学研究のパイオニアであることを示すとともに、桜田がエキスパート的存在であったことを指摘している。

　桜田の漁業に関わる民俗研究は、漁撈のみならず、漁村、漁獲物の消費地、信仰など、その関心は漁業民俗の研究の諸問題を網羅したものであったといっても過言ではない。こうした桜田の視点は、後の漁業民俗の研究に大きな影響を与えた。

　漁業民俗研究の先駆者として、西日本を中心に広く漁村を巡った桜田であるが、自らまとめた著書は多くない。竹内利美によれば、『漁村民俗誌』(1934年)、『漁人』(1942年)、『漁撈の伝統』(1968年)、『海の宗教』(1970年)の4冊にすぎないとされる(竹内1980a)。竹内はこのうち『漁村民俗誌』『漁人』を、桜田の研究の基調をなすものとして評価している。また野地恒有は自著において桜田勝徳が展開した研究の意義を詳細に検討しているが、この両著については、桜田の研究視点の移行と集約化がはかられたものとして注目している(野地2001a)。

　『漁村民俗誌』は、桜田が裁判官である父親が福岡へ赴任した1931年以降に行ったフィールドワークに基づいている。この著書で桜田は、海女・家船・打瀬船・捕鯨・魚売り、といった、専業の漁業者や漂泊的漁業者の民俗に関心を向け、彼らの生活や信仰を多岐にわたって記述している。具体的には、漁具漁法や仕事着、船霊信仰、俗信、潮流潮汐や風といった自然についての民俗的知識、女行商人といった水産物販売に関わる民俗、ヤマアテといった

第 2 章　桜田勝徳の漁業研究

漁船の航法の問題などが挙げられている。ここで提示された項目はのちに漁業民俗の研究対象として重視されている諸分野に大きく関わっているのみならず、今日いうところの生態の問題や、漁撈の枠に留まらず、漁獲物の流通販売を含めた、「水産」という大きな範疇につながる斬新さを有している。このように、『漁村民俗誌』で提示された内容は、桜田以降の漁業民俗研究の課題へと連続してゆく点において看過されるべきものではない。いっぽう、『漁村民俗誌』の記述を見ると、事例羅列的な箇所があるが、ここには問題が認められる。それは伝承とその母体である村落や個人といった伝承主体との連関を視野に置いていないからである。しかし、「民間伝承の会」に遡る民俗学の草創期において、従来顧みられることのなかった民間の生活伝承に着目し、それらを収集してゆくことに重きが置かれた時期においては、やむをえない点でもあろう。

　ところで、桜田もこうした点に無関心であったわけではない。彼自身、伝承母体である多様な漁村の分類と、それに基づいた漁業漁村関係の資料を整理する必要性を主張している。その主張がよく現れているのが『漁人』である。『漁人』は1942年に発表され、漁村、半農半漁の漁業者を対象にして、網漁業が行われている地域の、村落構造の特徴に言及した。竹内利美は『漁人』に収載された諸論文に関して、桜田が当時の信仰・言語伝承に偏向した民俗研究の傾向を排し、民俗事象の基盤となる生産技術や労働組織を取り上げ、それらによって規定される漁業者の社会の解明につながるものとして評価している（竹内 1980b）。桜田は『漁人』で、季節的に地先海岸へ接岸する寄魚を村人が結集して漁獲する網漁の考察を行っている。そこでは、漁船漁具の管理や調達、労働力と役割分担、漁獲物の配分といった点で、この漁が村総有的な生産構造を持ち、村落組織が密接に関わっている点を取り上げることにより、伝承と伝承母体の連関を明らかにした。

　しかしながら、この『漁人』で展開した議論にしても、ある種の限界性を有している。野地も指摘したように、この議論は近代化以前の地先漁業をなりわいとした生活共同体としての漁村を検討するには有効である。だが、漁

第Ⅰ部　漁業民俗への接近

業者が漁撈活動を展開するうえで発揮する合理性や効率性、そしてそれらに基づく生活の変化を通時的に把握してゆくには問題がある。桜田自身、のちに指摘するように漁業者の文化を考察してゆくうえで、近代化を遂げつつある漁村や漁業者の有する合理的・能率的側面を見過ごすことはできない点を自覚していた（野地 2001b）。桜田はこうした変貌する漁業民俗を調査研究するに際して、現在の生活実態に即した民俗を把握する必要性を提言している。具体的には、今日の村落で人々とともに働く姿勢、年齢・世代・家格・職業等、伝承者の属性に留意した調査を行うことや、古老の知識の記録化といった諸点を挙げている。これらは現在の民俗学で活用されている、直接観察による調査や、ライフヒストリーの分析といった手法に通じるものである（桜田 1981a）。桜田がこうした提言を行いつつも、自らの研究でそれを充分に深化させ得なかったことは、惜しまれてならない。

　ところで、桜田の民俗に対する視点を理解するためには、彼がとった民俗研究の方法や指摘した課題をまとめた著作を検討することが、手段としては早道である。なぜなら、そうした著作では、桜田が当時の民俗学研究の動向を踏まえたうえで、自身の問題意識を披瀝していると考えられるからである。そこで、こうした性格を有した桜田の戦後の論文を取り上げ、彼の漁業民俗についての視点を検討したい。

　「漁村民俗の研究に就いて」は、戦後まもない、1947年に発表された論文である。この論文が所収された『民俗学新講』は、1946年に開催された日本民俗学講座の講義記録である。このなかで桜田は従来の研究では漁村の民俗と農村の民俗との違いを明確化できていないものと指摘している。その理由として、漁村が農村ほど研究が進んでいない点を挙げるとともに、民俗資料について、漁業に関するもの以外が漁村のものと明確に判別できる状態に置かれていないため、明らかに漁村に関する、限定的な資料の枠内で漁村を検討しなければならない点を挙げている。つまり、桜田は民俗資料が職業や生活様態によって整理されていないことに、その原因を求めたのである。桜田は、この点に関して「伝承管理体」という語を用い、従来の民俗研究への批

第 2 章　桜田勝徳の漁業研究

判を行っている。

> 吾々は一つには民間に伝承されて来た資料と、もう一つにはその資料を伝承して来た伝承管理体である所の個人、家、村落等の事情とそれ等の管理状態に付き勉強して来ていた筈であるが、その伝承管理体に付ては、之も一つの民間伝承資料としてのみ取扱い勝ちであり、最も大切であると思う管理体と資料との間のつながりが充分に取扱われず、従って之に付いての整理に付き考慮が払われなかったと思う。（桜田 1981b）

ここで桜田は、伝承とその母体である「伝承管理体」との有機的結合から民俗を捉えることの必要性を強く主張するとともに、そうした姿勢がこれまでの民俗学では等閑視されてきたことに対して批判を加えている。今日の民俗学では伝承を話者や家、村落といった、その母体の文脈の中から読み解いてゆくのが当然とされているが、当時の民俗学では革新的な視座であったのであろう。桜田はこうした点を前提として、漁村に関する民俗事例についても、漁村自体、たとえば純漁村や半農半漁村など、事例の母体となった地域の特質に応じた検討の必要性を喚起している。

こうした民俗をその母体となった漁村との有機的連関のなかで検討することを重視する視点は、桜田の他の論文においても一貫して主張されつづけている。

「漁村民俗探求の経過とその将来」は、1934年に発表された。このなかで桜田は、これまでの民俗研究が個別事例の比較検討を通じて、その古態を明らかにすることに終始し、事例の背景としてある人々の生活環境やその条件を視野に置いて、その相違を看過してきた点を批判している。桜田は、漁業者や漁村に関しても、その様態は漂泊的な専業漁業者から主農従漁の農業者的性格を有した漁業者まで、様々な幅が認められる点を指摘したが、そのうえで彼らの生活様式に通底するものの考え方には大きな相違が認められるはずなのに、その把握ができていないのは民俗学が伝承母体に関心を向けるこ

第Ⅰ部　漁業民俗への接近

とを怠ってきたことに問題があるとしている。また、この論文のなかでは、先に触れたように民俗事例の検討に際して、その古態を追究することに主眼が置かれてきた点を指摘したが、こうした時代性の問題に関しても、桜田はみずからの主張を述べている。すなわち、従来の民俗学では、いわゆる「伝統的」な生活を研究の対象としてきたが、漁村生活からそれらを抽出するにせよ、「伝統的」でない部分を含んだ生活全体の文脈を無視できない点を指摘した。そのうえで、近代化されつつある漁業とそれを受容してゆく漁村の実態を記録する必要性を主張した（桜田 1981c）。

　これは、従来の民俗学が「伝統的」な漁村の姿でさえ明らかにし得ないなかで、劇的に変貌する漁業民俗とその背景にある近代化の問題を見過ごすことは、漁業に関する民俗研究の分野において、解明できない部分を再生産することにつながるという、危機意識に基づくものである。

　このように近代化の進んだ現代を問題とすべきだとする主張も、桜田が自論においてしばしば言及しているところである。「村とは何か」は、『日本民俗学大系』の第3巻に所収された論文である。ここで桜田は、柳田國男が主導した山村・海村調査を批判し、当時の主流であった民俗学では、民俗の母体である村落が、「単なる民俗採集の有力な場」としてしか認識されていなかった点を指摘するとともに、その調査においては村落の今日的な問題が看過されてきたことを述べている。

　　要するに調査の場は現在の村であっても、その村でより古い生活伝承の仕方を具体的に探り出そうとする方面に力が注がれて、当面する村の現状を全体的に知ろうとする努力はなされなかった。（桜田 1981d）

　桜田は当時の民俗採集の方法は、現代の村落を民俗学的な側面から把握しようとする試みを阻止するものであるとしたが、その原因は柳田の提唱した方法に起因するものと考えた。すなわち桜田は、柳田が日本全体を文化的に一体化をなしとげたものと捉え、それをひとつの郷土と見なす研究の展開を

第2章　桜田勝徳の漁業研究

主張してきたと指摘した。そのうえで桜田は、柳田が提唱した民俗研究は、日本の近代に継続する村を対象とするのではなく、より古い村、村落の生活者だけで完結した世界を求めていたものと考えていた。こうした桜田の指摘に従うならば、現代の村落が民俗研究の対象として俎上にのぼることはあり得ない。

「漁業」は『日本民俗学大系　第5巻　生業と民俗』に収載された論文で、発表は1959年である。民俗学全般にわたる叢書のなかで、生業としての漁業を解説するものとして位置づけられているものであるゆえに、そこで提示されている課題は多岐にわたっており、民俗学における漁業研究に多くの示唆を与える内容を有する。論文は、「1　漁業関係の民俗の所在について」「2　漁場・漁法と民俗」「3　漁船・漁獲物の分配と民俗」の3章より構成されている。

「1　漁業関係の民俗の所在について」では、まず、漁村を場として民俗調査が開始されたのは昭和初期頃であって、当時は地先海面の漁業から漁船単位の漁業へと変化を遂げてゆく時期であったことが示される。そのうえで民俗調査の関心はこうした変化しつつある現行の漁業ではなく、より以前の地先漁業に置かれていたことを指摘している。この理由として桜田は、漁村における「伝統的なやり方」を理解するためには、より以前の漁業を検討する方が有効であるからだと述べている。あわせて、現代の漁村はそうした地先漁業の歴史的継続のなかから生まれてきたのだと指摘する。そのうえで桜田は、村張り、地下網といった、地先で行われる大規模な網漁業について、その経営形態や漁具漁法、漁獲物の分配などのなかに、「村落自治に関するいろいろな慣習が、そこに集中的に反映しているかと思われるものさえもあった。」（桜田 1980a）と述べている。こうした地先海面での大規模な網漁業と村落の連関に留意すべき点を指摘したことは、『漁人』で示された問題意識と重なり合うものである。そのいっぽうで桜田は、『漁業民俗誌』で提起したような専業的漁業者を対象とした研究の必要性も唱えている。

漁村・漁業者の民俗を追究する意義について桜田は、稲作を営む農業者（常

第Ⅰ部　漁業民俗への接近

民）の民俗と対比してそれらを位置づける姿勢を打ち出している。ここからは桜田の非農業者の民俗を自己の研究の対象として措定する姿勢を端的にうかがうことができる。

　また、ここで桜田は、漁業が交換を必要である生業であるという前提に立って、消費側のあり方が漁撈活動自体に影響を及ぼす点を指摘している（桜田 1980b）。こうした、生産と流通・消費のシステムのなかで、漁撈活動に検討を加える視点は、漁業民俗を漁業者の漁撈活動という狭い範疇で捉えるのではなく、水産業という大きなロジスティクスのなかで検討することの可能性を示唆する点できわめて斬新であり、今後の漁業民俗研究のとるべき視座として不可欠なものである。

　「2　漁場・漁法と民俗」では、漁村において漁業者や漁家が営む漁業について、個人の自由な意思によって決定されたのではなく、伝統の枠組みのなかで決められたものであると指摘している。そして桜田は、漁業秩序のあり方が漁村構造に関わってゆくという、重要な視点を示している。従来の民俗学では、漁村を構成する秩序が漁撈活動に反映するというベクトルで議論がなされてきたが、桜田の指摘はいわばオキを支配する論理がオカでの秩序に影響を及ぼすことに言及したものである。この視点は漁業という生業を考える際に注目すべきものである。

　「3　漁船・漁獲物の分配と民俗」においては、特に漁獲物の分配に関して、伝統的な分配慣行を旧弊なものとして批判的に捉えている。桜田が漁業の持つ今日的な問題を取り上げるに際して、その前提となっている伝統的な部分に冷静な検討を加えてゆく視点は、民俗学を経世済民の学と位置づけることにつながってゆくであろう。

引用・参考文献
桜田勝徳（1980a）「漁業」『桜田勝徳著作集　第1巻』名著出版、p.4
桜田勝徳（1980b）『前掲書』（1980a）pp.24-26
桜田勝徳（1981a）「調査の態度とその方法について」『桜田勝徳著作集　第5巻』
　名著出版、p.205、pp.207-209

桜田勝徳（1981b）「漁村民俗の研究に就いて」『桜田勝徳著作集　第5巻』名著出版、p.54
桜田勝徳（1981c）「漁村民俗探求の経過とその将来」『桜田勝徳著作集　第5巻』名著出版、pp.69-79
桜田勝徳（1981d）「村とは何か」『桜田勝徳著作集　第5巻』、名著出版、pp.12-13
竹内利美（1980a）「解説」『桜田勝徳著作集　第2巻』名著出版、p.465
竹内利美（1980b）『前掲書』（1980a）pp.467-468
野地恒有（2001a）『移住漁民の民俗学的研究』吉川弘文館
野地恒有（2001b）『前掲書』（2001a）pp.177-178
宮本常一（1987）『民俗学への道』未來社、p.176
宮本常一（1980a）「解説」『桜田勝徳著作集　第1巻』名著出版、p.401
宮本常一（1980b）『前掲書』（1980a）p.408

第Ⅱ部
現代の漁業者における漁撈活動の実際

第3章

一本釣り漁業者の漁撈活動
―大阪府泉南郡岬町谷川の事例より―

はじめに―研究の意義―

　本章では大阪府泉南郡岬町谷川に居住し、一本釣り漁業を営む漁業者の漁撈活動について、自然・社会・経済的な諸要因との関わりより考察する。
　漁撈は魚類に代表される水産生物を捕獲する営みである。したがって漁業者の海上における諸活動は、第一義に漁獲対象とする水産生物の生態や、それをとりまく環境といった、自然的な要因と密接に結びついたものとなる。また、漁業者はそれぞれの居住する地域のさまざまな共同体に所属している。このため海上での漁撈者の活動は、それら諸集団の社会的規範に拘束をうける。さらに、漁撈は漁獲物の交換（換金）を前提とする生業である。したがって漁撈現場では、漁業経営上の経済的収益性を視野においた技能の駆使が求められる。これらの漁撈活動に関わる諸要素は、相互に連関している場合が多い。
　著者はこれまで民俗学の立場から、現代の漁業者が営む漁撈活動を自然・社会・経済的な側面で検討してきた（増﨑 1989、1999）。しかしながら管見では、従来の民俗学において漁撈がこうした面から取り上げられることは少なかったように思われる。むしろ周辺諸学、特に文化人類学や漁業地理学、水産学において多くの蓄積が認められる。たとえば、文化人類学では秋道智彌が漁撈における技能の問題を観察と面接調査、水揚台帳の活用から生態学的に分析するとともに（秋道 1977）、水産資源利用について、共同体の社会的規制の側面から考察している（秋道 1995）。漁業地理学の分野では、田和

第Ⅱ部　現代の漁業者における漁撈活動の実際

正孝が直接観察と聞き取り、仕切書の活用といった方法により漁撈活動の生態を時間的・空間的な側面から考察し、漁業規制の関連からも論じている（田和 1997）。水産学の立場からは、伊藤正博・内田秀和が出漁漁船数の日変動と水揚額との関係を、仕切と操業日誌を活用して論じている。ここでは漁獲対象とする魚種の選択が、水揚高の多少と連動している点が明らかにされている（伊藤・内田 1989、伊藤 1992）。

　近年、民俗学においても、生業を自然との関わりから分析する必要性が提唱され、漁撈について生態学な研究が行われつつある。篠原徹は一本釣り漁業者の漁日誌を活用し、漁撈活動の詳細な行動分析を行った。このなかでは、漁場利用・漁撈活動時間の季節的変化と、天候・潮汐との関わりが、定量的に検討されていると同時に、聞き取り等による定性的資料との連関からも分析されている（篠原 1995）。また、野本寛一は「生態民俗学」を提唱し（1987a）、民俗事象を「自然と人間のかかわり」から再検証する必要性を唱えたが（野本 1987b）、漁撈に関しては潮汐と漁場・漁獲対象魚種の関連性を指摘している（野本 1987c）。

　さらに漁撈民俗研究における注目すべき業績として、野地恒有の論考がある（野地 2001a）。野地は屋久島への与論島からの移住漁業者を対象として、その定住過程を漁撈技術のうえから明らかにしてきた（野地 2001b）。このなかで野地は、今日の漁撈民俗研究の問題点として、桜田勝徳が新技術の受容による漁撈技術の変化の実態を記録することの必要性を提唱していたにも関わらず（桜田 1981）、これまでその方面での研究が等閑視されてきたことを指摘した（野地 2001c）。そのうえで機械化の進んだロープ引き漁について、参与観察や「水揚げ野帳」の分析に基づいた考察を行い、漁業者の漁場行動が漁獲対象魚の生態という自然的な要因のみならず、対象魚の単価や漁場への漁船の集中度という経済効率に関わる点を明らかにした（野地 2001d）。野地はこうした現代漁業に民俗学の分野から漁撈技術的な側面より迫る研究を、愛知県篠島のイカナゴ・シラス船びき網漁を対象にしてさらに展開している。ここでも野地は、参与観察と漁業日誌の分析により、漁撈技術の実態

第3章　一本釣り漁業者の漁撈活動

的把握を試みている。そのなかでの、漁場利用の日中変化と漁獲物の規格の統一化をはかる漁業者の意図とを関連づける指摘は、流通販売時における商品価値の問題に関わるという点において、漁撈活動を経済的な要因からとらえたものといえる（野地 1998）。

　日本の漁業の進展を漁業者の経験を通して検討する生業誌という視点に立脚した研究に、葉山茂の業績がある。葉山はここで漁業者が生きてきた過程を自然との関わりから分析した。特にその著作のなかでは、魚類養殖という従来の民俗学ではほぼ取り上げられなかった分野を詳細に検討し、参与観察と聞き取りによって得られた資料を活用して、現代的産業である魚類養殖について自然と漁業者個人との関わりを述べた（葉山 2013）。こうした視点は、これからの漁業民俗研究の方向性を指示するものとして、きわめて重要な位置づけになるものと思われる。

　以上のような、漁撈活動を検討するに際して、聞き取りのみならず直接観察や漁業日誌を活用し、生態学的、経営的観点から分析した成果は、民俗学におけるこの方面での今後の研究に大きく寄与するものである。

　本章では、大阪湾南部で現在一本釣り漁業を営む漁業者の漁撈活動を対象として、自然・社会・経済的な諸要因からその漁撈活動の一端を明らかにすることにより、民俗学における漁撈研究にあらたな事例を提示したい。

　調査対象は大阪府泉南郡岬町谷川の谷川漁業協同組合に所属する漁業者である。使用する資料は調査票調査と聞き取り、漁船同乗による直接観察に基づく。なお、本章は『岬町の歴史』（岬町 1995）編さん事業の成果の一端を利用した。

1. 調査地の概要

　谷川は大阪府泉南郡岬町に属する集落である。岬町は大阪府の南西端に位置し、和歌山県と隣接する。町域は和泉山脈に続く山間域と丘陵部、ならびに番川・大川・東川・西川の扇状地よりなり、北部は大阪湾に面している。

第Ⅱ部　現代の漁業者における漁撈活動の実際

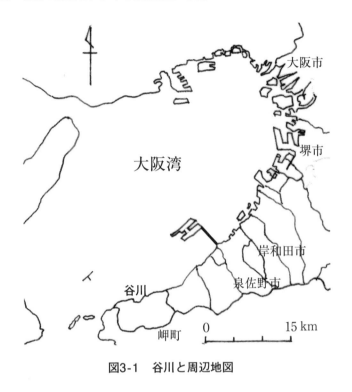

図3-1　谷川と周辺地図

　町内の主な交通は、南海電鉄南海線および多奈川線、国道26号線である。南海電鉄を利用すると、大阪市の南部の中心である難波へ、約1時間で達することができる（図3-1）。町域内には深日、淡輪、谷川、小島の各漁業地区があり、前2者が小型機船底びき網漁業、刺網漁業といった網漁業を中心に営むのに対し、後2者は一本釣り漁業と刺網漁業、遊漁船業を中心に営んでいる。

　谷川は前述の東川・西川が合流する河口扇状地に立地し、豊国崎・観音崎に挟まれた河口部に谷川港を有する。谷川港は近世期、風待ち港として参勤交代の諸藩や廻船が利用していたほか、谷川瓦の積出港として機能していた。聞き取りでは、昭和時代初期には15、6隻の機帆船が谷川港を拠点として海上運輸に携わり、第2次世界大戦中は、これらが機帆船組合を作っていたと

第3章　一本釣り漁業者の漁撈活動

される。現在は港湾としての地位は失われ、もっぱら、谷川の漁業者が利用する漁港としての役割を果たしている。

　表3-1は1993年11月現在の谷川における各漁業の漁業生産構造を、調査表調査に基づいて整理したものである。対象は谷川漁業協同組合正組合員である漁業者43名で、回収率は100%であった。なお、この調査表調査は第9次漁業センサスと同時期に行ったが、同センサスでは、谷川の漁業生産構造に関して、39の漁業経営体が挙げられ、そのすべてが個人経営体であった。したがって、調査票回答者の中には、同一経営体で複数の正組合員が存在し、漁業を営んでいる例も若干含まれることとなる。

　この調査票調査によれば、回答者全体の86.0%が漁業（遊漁業も含む）を専業的に営み、各漁業者が年間に営む漁業種類は平均1.95種類を数える。具体的な漁業種類としては、一本釣り漁業を中心とし、他にひき縄・刺網・ワカメ養殖といった漁業種類がみられる。いずれも漁場は地先海域を主とする。一本釣り漁業を営む漁業者の約半数は単一にこの漁を行っているが、他は複数の漁業種類を併せ行っている。使用漁船は1t以上3t未満の小型動力船が主である。ワカメ養殖を営む漁業者では、動力船以外に船外機つき漁船の使用が目立つ。これらは養殖の諸作業で使用するものと思われる。また、5t以上10t未満の漁船は少数であるが、これらは小型機船底びき網漁業と小型定置網漁業を営む漁業者に使用されている。

　谷川の漁業者の就労構造において特徴的なのは、一般漁業を行ういっぽうで、遊漁船業を営む度合いの高い点である。その割合は全回答者の83.7%を占める。谷川の遊漁船業は、大型・中型乗合船と仕立船によるものに大別できる。谷川では1997年現在、11隻の乗合船がある。乗合船を有する漁業者の場合、年間の就労は時間的・収入的両面において、一般漁業よりその割合が高いという。仕立船の場合、漁業者は土曜・日曜・休祝日などに遊漁船業を行い、平日は一般漁業を営む。したがって、時間的には一般漁業を行う割合が多い。各漁業者の収入に占める一般漁業と遊漁業の比率は、統計的には明らかでない。しかし、谷川漁協においては組合員が一般漁業・遊漁船業の収

第Ⅱ部 現代の漁業者における漁撈活動の実際

表3-1 谷川における漁業生産構造(1992年11月~93年10月)

	年齢	兼業			使用漁船					営んだ漁業種類						計	遊漁				開始時期
		専業	漁業が主	漁業が副	船外機	1t未満	1以上3未満	3以上5未満	5以上10未満	一本釣	ひき縄	刺網	小型機船底びき	小型定置網	わかめ養殖		遊漁専業	遊漁が主	遊漁は従	計	
1	60代	1							1				1			1					
2	50代	1					1	1		1	1					2					
3	60代	1					1			1						1	1			1	7年前
4	50代	1			1		1		1	1				1	1	3	1			1	15年前
5	50代			1		1				1						1	1			1	12年前
6	60代	1				1	1			1	1	1				4	1			1	25年前
7	40代	1					1			1						1					
8	60代	1					1			1						1	1			1	20年前
9	50代		1	1	1	1	1				1	1			1	3	1			1	18年前
10	30代	1					1			1						1	1			1	9年前
11	60代	1					1	1		1						1	1			1	13年前
12	60代	1						1		1	1	1				3	1			1	7年前
13	40代	1					1			1						1	1			1	1年前
14	60代	1					1			1						1	1			1	15年前
15	40代		1				1			1						1	1			1	10年前
16	50代			1	1		1			1	1				1	3	1			1	20年前
17	60代	1					1			1		1				2	1			1	30年前
18	60代	1					1			1						1	1			1	22年前
19	50代	1			1			1		1	1	1			1	4	1			1	10年前
20	60代	1					1	1		1	1					3	1			1	13年前
21	50代	1			1		1			1						1	1			1	15年前
22	70以上	1					1			1	1					2					
23	70以上	1					1			1						1					
24	70以上	1					1			1	1					2	1			1	20年前
25	70以上	1					1			1						1	1			1	20年前
26	30代	1			1	1		1		1	1					3	1			1	8年前
27	70以上	1					1			1	1					2	1			1	30年前
28	40代	1					1						1	1		2	1			1	12年前
29	50代	1					1			1						1	1			1	30年前
30	60代	1			1		1			1	1	1			1	4	1			1	15年前
31	20代	1			1			1	1	1	1	1				3	1			1	10年前
32	30代	1					1				1			1		2					
33	50代	1					1				1	1				2	1			1	10年前
34	50代	1					1			1	1					2	1			1	13年前
35	60代	1					1			1						1	1			1	20年前
36	60代	1					1			1						1	1			1	18年前
37	60代		1				1			1						1	1			1	12年前
38	50代	1					1			1						1	1			1	10年前
39	20代	1					1				1					1					
40	60代	1					1	1			1					2	1			1	15年前
41	50代	1					1			1	1					3	1			1	20年前
42	40代	1			1		1			1	1					3	1			1	13年前
43	50代			1	1		1			1					1	3	1			1	15年前
		37	1	5	11	3	32	17	3	31	18	19	2	4	10	84	36	0	0	36	

注:谷川漁協正組合員を対象とした非対面式調査票調査による。

第3章　一本釣り漁業者の漁撈活動

入の2％を組合に納入することになっており、その金額は1997年現在、前者が約85万円、後者が約220万円であった。漁業経営のうえでは、遊漁船業が占める割合の高いことがうかがえる。

ちなみに、第9次漁業センサスから漁業経営体を単位とした平均漁獲金額をみると、261万円であった。また、個人経営体を単位に専兼業別の漁業就労形態をみると、専業4に対し兼業35であり、このうち28経営体は自営漁業を主としていた。兼業種類としては遊魚案内業が21を数えた。

遊漁者数は第9次漁業センサスによると年間27,700人である。うち、18,400人が遊漁案内業者を利用している。遊漁案内業者が遊漁に漁船を使用した日数は年間平均70日である。こうした多数の遊漁者に対応するため、谷川漁協では遊漁料金・時間などに関する協約をさだめている。また、近接する和歌山市加太地区・岬町小島地区の遊漁船業者と、料金や時間について申し合わせを行っている（**表3-2**）。

表3-2　谷川漁協釣船賃金表

```
釣船賃金表（仕立船に限る）
1．普通釣船賃金
   機械船1名、船頭・エサ・釣道具付き
   客1名に付き      金15,000円也
   客1名増す毎に    金5,000円也
1．大物流釣賃金
   機械船1名、船頭・エサ・釣道具付き
   客1名に付き      金25,000円也
   客1名増す毎に    金5,000円也
1．客船の遊漁出発および帰港
   出発　午前6時
   帰港　正午（12時）とする。
1．時間外割増賃金
   割増賃金は、1時間に付き1人1,000増しとする。
1．磯釣船賃金は、その都度、客と船頭の話し合いに依り定めることとする。
1．船頭が釣った魚を客が持って帰る場合は、有料とする。
   上記は、谷川漁業協同組合の遊船料金に決定する。
     平成9年5月13日
       谷川漁業協同組合  　印
```

注：谷川漁協提供資料をもとに作成。

第Ⅱ部　現代の漁業者における漁撈活動の実際

　谷川は生産地市場を持たない。漁獲物の出荷先は、地元仲買・近郊市場等、複数にわたる。その主たるものは阪南市新町の南海魚市場である。この市場は特に活魚の価格がよいとされる。他の出荷先として近年まで地元の業者があった。この業者は谷川の漁業者から買い付けた水産物を小売りすると同時に、仲買として和歌山中央市場に出荷していた。さらに、活魚販売業者が活魚運搬車を用いて、漁業者に直接買い付けを行う事例もわずかながらみられる。なお、現在のように活魚が「イケ」と言われてもてはやされるようになったのは、1983年頃からだという。

2．一本釣り漁

1）漁具

　谷川の一本釣り漁は、さまざまな魚種を対象に営まれている。そのいくつかで使用される漁具の一般的構成と仕様を図3-2a-cに挙げた。
　漁具の規格は、メートル法・尺貫法といった一般的な計測単位と、ヒロ・ヤビキなどの民俗的単位が併用される。この単位の不統一は、聞き取り調査の対象者が複数の漁業者にわたった点や、同一の漁業者であっても、両者の単位を併用する場合がある点による。
　ヒロ・ヤビキといった民俗的計測単位は、身体部位に基づく相対的なものである（図3-3）。したがって、メートル法などの絶対的単位と異なり、計測に道具を必要とせず、海上で臨機応変に漁具の長さを計測することが可能である。また、この単位で製作された漁具は、漁業者各人の体格に合致しているので、操作時の取り扱いが容易だという。
　釣糸の太さは、漁獲対象とする魚に目視されないよう、細ければ細いほどよいとされる。そのため、その太さは魚を釣り上げるのに必要な強度の限界に近くなり、「魚をあしらう（釣り上げるとき、魚と駆け引きをする）」際には、細心の注意が必要となる。
　釣糸の材質は、ナイロン・テトロンといった化学繊維である。ひとつの釣

第3章　一本釣り漁業者の漁撈活動

	名称	地方名	材質	規格寸法	数量	備考
A	道糸	シリテ	テトロン ナイロン	18～20番 右撚り3本 3ヒロ～100m	1	
B	道糸	ガラ	ナイロン	18～20番 右撚り3本 12ヒロ～13ヒロ	1	ビシを18匁つける。
C	幹糸	オモイト	ナイロン	6号　2ヒロ	1	
D	幹糸	オモイト	ナイロン	4～5号　2ヒロ	1	
E	幹糸		ナイロン	4～5号	1	
F	枝糸	エダバリ	ナイロン	4～5号　10cm	1	
G	枝糸	シタバリ	ナイロン	3号　2つ撚り 5～7cm	1	
H	枝糸	シタバリ	ナイロン	3号　2つ撚り 2～3cm	1	
I	釣針	エダバリ	鋼	8～10号	1	イセアマ
J	釣針	シタバリ	鋼	8～10号	1	イセアマ
K	釣針	シタバリ	鋼	11～12号	1	イセアマ
L	オモリ	オモリ	鉛	6～10匁	1	
M	サルカン		真鍮		1	以前はツギテと称して、釣針で輪を作り、繋いだ。その方が釣糸がほつれない。
N	枠	ワク	木		1	

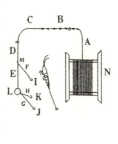

図3-2a　マダイカブラ釣り仕掛けの漁具の一般構成と仕様

	名称	地方名	材質	規格寸法	数量	備考
A	道糸	シリテ	テトロン		1	
B	道糸	ガラ	テトロン ナイロン	ナイロンを先に7～8ヒロつけ、そのあとにテトロンを15～20ヒロつける。	1	ビシをつける。
C	幹糸	オモ	ナイロン	4号 枝糸間 半ヒロ 枝糸～道糸間 半ヒロ	1	
D	枝糸	エダ	ナイロン	3～4号　カタウデ	2	
E	釣針	エダ	鋼		2	エナガバリ　活餌を使用。カサゴはエビがよく、シログチはムシ（アオイソメ）がよい。エビはシラサエビの尾を切って、シリガケをする。
F	オモリ	オモリ	鉛	25～30号	1	
G	サルカン	ヨリトリ	真鍮		2	
H	枠	ワク	木		1	

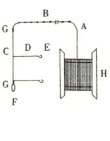

図3-2b　カサゴ・シログチ仕掛けの漁具の一般構成と仕様

具で両者を混用する。これは「魚をあしらう」際、釣針からはずれないようにするためだという。たとえば、カサゴ・シログチ釣りに用いられるドウヅキ仕掛けでは、以前はテトロンのみ使用していた。しかし、テトロンだけの釣具を使用した場合は、カサゴのような釣針に掛かったのち、あまり暴れない魚では支障なく釣り上げることができるが、コダイ（小型のマダイ）のように暴れるものでは「あしらう」際に釣針から外れやすい。この点、テトロンより伸度の高いナイロンを混用すると、「伸びがあって」、うまく漁獲する

第Ⅱ部　現代の漁業者における漁撈活動の実際

	名称	地方名	材質	規格寸法	数量	備考
A	道糸	シリテ	テトロン	100m	1	
B	道糸	ガラ	テトロン ナイロン	ナイロンを先に7～8ヒロつけ、そのあとにテトロンを15～20ヒロつける。	1	ビシをつける。
C	幹糸	オモ	ナイロン	3号 重り～枝糸間 枝糸間 ヤビキ	1	
D	枝糸	エダ	ナイロン	2～3号　カタウデ	3	
E	釣針	エダ	鋼		3	餌 活餌はシラサエビ カワエビをシリガケする。 疑似餌は3～4月頃に使用。 ナイロン・サバの皮を細く三角形に切る。
F	オモリ	オモリ	鉛	25～30号	1	
G	サルカン	ヨリイト	真鍮		1	
H	枠	ワク	木		1	

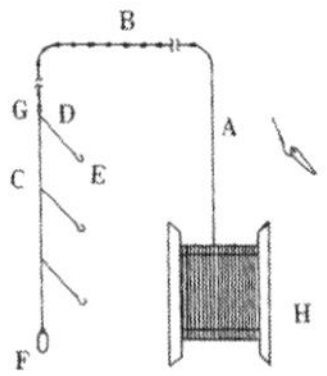

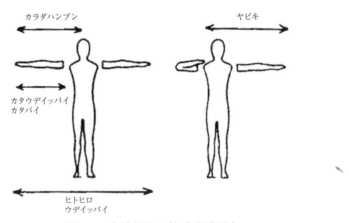

図3-2c　メバル仕掛けの漁具の一般構成と仕様

図3-3　身体部位に基づく計測法

ことができるのだという。ちなみに、ナイロン単用だと伸度が高すぎて逆に支障が生じるといい、このためふたつの素材を混用するのだという。

2）1日の漁

つぎに、谷川における一本釣り漁について、操業の実際を述べてみたい。事例は1997年9月10日に実施した、漁船同乗による直接観察調査で得られたものである。対象とした漁業者は1932年生まれで一本釣りを専門としてきた。

第3章　一本釣り漁業者の漁撈活動

現在は3t未満のFRP動力漁船に1名で乗り組み、周年一本釣り漁業を営むほか、遊漁船業も行っている。通常、一本釣り漁業の出漁時間は早朝から午前中にかけてである。

　まず、この日の海上活動の過程を、時間の経過にしたがって述べてみよう。

　当日、漁船は6時49分に出港した。この漁船は魚群探知機や電波航行機器をいっさい装備していない。海上での位置測定は、ヤマタテと呼ばれる技法（後述）のみで行う。

　漁場での移動途中にスパンカを開き、7時21分、漁場に到着。ただちにマアジを対象とした一本釣り漁を開始する。漁場では、まず天然礁や人工礁の潮上に漁船を停泊させる。船首を潮上に向け、投錨せずに漁を行う。漁船が潮流で流されて、漁具が適当なポイントからはずれると、漁船を始動し、再び適当なポイントへ移動後、停船して漁を続ける。

　漁船上で乗組員は、操舵室の後ろのオモカジ（面舵）側の甲板で船首に向いて座り、オモカジより漁具を海中に投入する。エダイト（枝糸）を6本持つ釣具に、サバの皮で作った擬似餌を装着して漁を行う。釣糸は右手の人差し指に垂らし、小さく上下させる。アタリ（魚信）があると右手で合わし、魚が掛かれば左手も用いて釣糸をたぐる。マアジは口が柔らかく、あまり強く釣糸を引くと釣針が口を切って外れてしまう。釣糸から指先に伝わる振動で加減をはかりつつ、引き揚げてゆく。

　9時14分までの間に、漁場内・漁場間移動を数度行いつつ、漁具投入—引き揚げの過程を14回繰り返し、17尾のマアジを漁獲した。その後、タチウオ一本釣りを行うために、漁場を移動した。

　9時29分、タチウオ一本釣り漁の漁場に到着する。先ほど釣ったアジのうち、小型のものを餌にする。10時53分までの間に、漁具の投入—引き揚げを14回行い、11尾のタチウオを漁獲した。その後、漁場を移動、11時12分より、エビの活餌を用いてゴモク釣りを開始する。11時54分までの間に、4回漁具の投入—引き揚げを行い、カサゴ1尾、トラギス1尾、サバフグ1尾を漁獲し、その日の漁を切り上げて、12時01分、帰港した（**写真3-1**）。

29

第Ⅱ部　現代の漁業者における漁撈活動の実際

写真3-1　一本釣り漁業の操業のようす（1997年9月10日著者撮影）

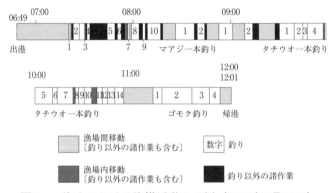

図3-4　海上における漁撈活動の1例（1997年9月10日）

　以上述べてきた漁撈活動の過程を、時系列に沿って整理したものが（図3-4）である。漁業者の海上での主な活動は、漁場間移動（漁港漁場間移動も含む）・ポイントを修正するための漁場内移動・釣りの組み合わせで構成されている。この日の漁では、6ヵ所の漁場を利用し、海上活動に5時間12分従事、うち、56.4％を釣りのために費やしている。釣りの作業については、漁具の海中への投入―引き揚げの過程を合計32回行っている。

第3章　一本釣り漁業者の漁撈活動

3．一本釣り漁の漁撈活動

1）漁業暦にみる漁獲対象の季節変化

　表3-3は、調査票調査により得られた漁業暦より、一本釣り漁業を営む漁業者の回答を抽出し、彼らが一本釣り漁で主な漁獲対象と認識した魚種と、種類ごとの操業数を整理したものである。調査票の漁業暦に関する設問は、過去1年間の各月を上旬・中旬・下旬の各10日ごとに区分した形式をとっている。回答者には、この36期中それぞれが主な漁獲対象とした魚種名を記入してもらった。

　この表からは、漁獲対象として認識された魚種数に、季節的変化のあることがうかがえる。具体的には、カサゴは年間を通じて漁獲対象と認識されているのに対して、メバルは冬季から春季（1月上旬～4月下旬）、シログチ・マダイは春季（4月上旬～6月中・下旬）と秋季（9月上・中旬～11月下旬）、タチウオは秋季（9月上旬から11月下旬）に漁獲対象と認識されている。

　つぎに、**表3-4**では、一本釣り漁業を営む漁業者が、年間の各時期において、この漁で漁獲対象としている魚種の数を整理した。この表から、漁業者の過半数が単一の魚種を漁獲対象として漁を行っている期間は、12月の1ヶ月と6月下旬から8月下旬までに過ぎないことを指摘できる。逆にいえば、年間の大半においては、過半数の漁業者が2種類以上の魚種を同時期に漁獲対象と認識して漁を行っていることとなる。

　以上のことから、一本釣り漁業を営む漁業者が漁獲対象と認識している魚種は、カサゴのような周年性の高いものと、季節性のあるものに分かれていることが明らかとなった。各漁業者の年間における漁撈活動は、それらの組み合わせによって構成されているのである。

　表3-5は、各漁業者の漁業暦の事例を挙げたものである。すでに述べたように、谷川で一本釣り漁業を営む漁業者は、もっぱら一本釣り漁業を営む者と、他漁業とを兼業する者とがいる。兼業の場合についてみると、いくつか

31

第Ⅱ部　現代の漁業者における漁撈活動の実際

表3-3　谷川地区の一本釣り漁業の漁業暦（1992年11月～93年10月）

地区名　谷川
漁業種別　一本釣り
n=31

魚種別操業数	和名	11上旬	11中旬	11下旬	12上旬	12中旬	12下旬	1上旬	1中旬	1下旬	2上旬	2中旬	2下旬	3上旬	3中旬	3下旬	4上旬	4中旬	4下旬
メバル	ガシラ	30	30	30	30	30	29	29	29	29	29	29	29	29	29	29	30	30	30
カサゴ	シロウチ	29	29	28	6	6	2	1	1	1	1	1	1	1	1	1	1	1	1
マダイ	9	9	9	4	3	1	0	0	0	0	0	0	0	0	0	8	8	8
タチウオ	18	18	18	31	31	31	31	31	31	31	31	31	31	31	31	31	31	31
操業数A	86	86	85	42	46	40	55	55	55	55	55	55	58	59	59	96	96	94
延べ魚種数B	2.8	2.8	2.7	1.4	1.5	1.3	1.8	1.8	1.8	1.8	1.8	1.8	1.9	1.9	1.9	3.1	3.1	3.0

地区名　谷川
漁業種別　一本釣り
n=31

魚種別操業数	和名	5上旬	5中旬	5下旬	6上旬	6中旬	6下旬	7上旬	7中旬	7下旬	8上旬	8中旬	8下旬	9上旬	9中旬	9下旬	10上旬	10中旬	10下旬	合計	平均
メバル	5	5	1	0	0	0	0	0	0	0	0	0	0	0	0	0	0	0	371	10.3
ガシラ	30	30	29	29	29	29	29	29	29	29	29	29	30	30	30	30	30	30	1,035	28.8
カサゴ	シロウチ	30	30	30	18	18	5	1	1	1	1	1	1	15	22	22	28	29	29	481	13.4
マダイ	8	8	7	7	7	5	0	0	0	0	0	0	4	9	9	9	9	9	150	4.17
タチウオ	0	0	0	0	0	0	0	0	0	0	0	0	11	16	16	18	18	18	151	4.19
操業数A	73	73	67	54	54	39	30	30	30	30	30	30	60	77	77	85	86	86	1,100	30.6
延べ魚種数B	2.4	2.4	2.2	1.8	1.8	1.3	1.0	1.0	1.0	1.0	1.0	1.0	2.0	2.5	2.5	2.7	2.8	2.8	71.1	2.0

注：1）数字は谷川漁協正組合員43名を対象とした調査票調査による。うち1本釣漁を営む回答者について抽出した。
　　2）表中の「魚種別操業数」は、その魚種をおもな漁獲対象と認識して1本釣漁を行った回答者の合計である。
　　3）表中の「操業数」は、1本釣漁を行った回答者の合計である。
　　4）表中の「延べ魚種数」は、各回答者が1本釣漁でおもな漁獲対象と認識した魚種数を、全体として総計したものである。
　　5）魚種の和名は、大阪府水産試験場の協力方で、地方名をもとに確定。明記した以外の種が含まれる場合もある。

第3章 一本釣り漁業者の漁撈活動

表3-4 谷川の一本釣り漁業の対象魚種数別漁業暦（1992年11月～93年10月）

地区名 谷川　一本釣り
n=31

漁業種別		11			12			1			2			3			4		
		上旬	中旬	下旬	上旬	中旬	下旬	上旬	中旬	下旬	上旬	中旬	下旬	上旬	中旬	下旬	上旬	中旬	下旬
魚種数別	4種類	5	5	5	0	0	0	0	0	0	0	0	0	0	0	0	0	6	6
	3種類	16	16	15	3	3	2	1	1	1	1	1	1	1	1	1	23	23	21
	2種類	8	8	9	5	11	7	22	22	22	22	22	25	26	26	1	1	1	3
	1種類	2	2	2	23	18	23	8	8	8	8	8	5	4	4	31	1	1	1
出漁なし		0	0	0	0	0	0	0	0	0	0	0	0	0	0	31	31	31
操業数 A		31	31	31	31	31	31	31	31	31	31	31	31	31	31	31	31	31	31
延べ魚種数 B		86	86	85	42	46	40	55	55	55	55	55	58	59	59	84	96	96	94
魚種数2種以上 (%)		94	94	94	26	42	26	74	74	74	74	74	84	87	87	97	97	97	97

地区名 谷川　一本釣り
n=31

漁業種別		5			6			7			8			9			10			合計	平均
		上旬	中旬	下旬	上旬	中旬	下旬	上旬	中旬	下旬	上旬	中旬	下旬	上旬	中旬	下旬	上旬	中旬	下旬		
魚種数別	4種類	2	2	2	5	5	5	0	0	0	0	0	0	4	4	5	5	5	5	62	1.72
	3種類	9	9	8	5	5	1	0	0	1	1	1	6	10	10	15	16	16	16	239	6.64
	2種類	18	18	20	14	14	7	1	1	1	1	1	12	14	14	9	9	8	8	424	11.8
	1種類	2	2	3	11	11	22	28	28	28	28	28	10	3	3	2	2	2	2	375	10.4
出漁なし		0	0	0	1	1	1	2	2	2	2	2	1	0	0	0	0	0	0	16	0.44
操業数 A		31	31	31	30	30	30	29	29	29	29	29	30	31	31	31	31	31	31	1,100	30.6
延べ魚種数 B		73	73	67	54	54	39	30	30	30	30	30	60	77	77	85	86	86	86	2,188	60.8
魚種数2種以上 (%)		94	94	90	63	63	27	3.4	3.4	3.4	3.4	3.4	67	90	90	94	94	94	94	2,347	65.2

注：1）数字は谷川漁協正組合員43名を対象とした調査票調査による。うち1本釣漁を営む回答者について抽出した。
　　2）表中の「魚種別操業数」とは、各回答者が1本釣漁で何種類の魚種を漁獲対象と認識したかについて集計したものである。
　　3）表中の「操業数」は、1本釣漁を行った回答者の合計である。
　　4）表中の「延べ魚種数」は、各回答者が1本釣漁でおもな漁獲対象とする漁種数を、全体として総計したものである。
　　5）表中の「魚種数2種以上」とは、1本釣り漁業者数を漁獲対象とする魚種数に占める、2種以上の水産生物を漁獲対象とした操業者数の割合である。
　　6）魚種の和名は、地方名をもとに推定。明記した以外の魚種が含まれる場合がある。
　　7）大阪府水産試験場の協力による。

第Ⅱ部　現代の漁業者における漁撈活動の実際

表3-5　谷川の一本釣り漁業者の漁業暦（1992年11月〜93年10月）

34

第3章 一本釣り漁業者の漁撈活動

漁業種類	漁獲対象	漁業暦（月）																	回答ケース数
		5上旬	5中旬	5下旬	6上旬	6中旬	6下旬	7上旬	7中旬	7下旬	8上旬	8中旬	8下旬	9上旬	9中旬	9下旬	10上旬	10中旬	10下旬	
8 一本釣り	カサゴ	1	1	1	1	1	1	1	1	1	1	1	1	1	1	1	1	1	1	16
一本釣り	シロギス	1	1	1	1	1	1	1	1	1	1	1	1	1	1	1	1	1	1	
一本釣り	タチウオ			1	1	1	1	1	1	1	1	1	1	1	1	1	1	1	1	
一本釣り	マダイ	1	1	1																
10 一本釣り	カサゴ	1	1	1	1	1	1	1	1	1	1	1	1	1	1	1	1	1	1	1
一本釣り	メバル	1	1	1																
刺網	ウマヅラハギなど	1	1	1	1												1	1	1	
刺網	スズキ	1	1	1	1															
刺網	メバル	1	1	1																
わかめ養殖	ワカメ	1																		
12 一本釣り	カサゴ	1	1	1	1	1	1	1	1	1	1	1	1	1	1	1	1	1	1	5
一本釣り	シロギス	1	1	1	1	1	1	1	1	1										
一本釣り	メバル	1	1	1																
一本釣り	タチウオ							1	1	1	1	1	1	1	1	1	1	1	1	
ひき縄	カサゴ	1	1	1	1	1	1	1	1	1	1	1	1	1	1	1	1	1	1	
刺網	メバル	1	1	1																
わかめ養殖	ワカメ	1																		
16 一本釣り	カサゴ	1	1	1	1	1	1	1	1	1	1	1	1	1	1	1	1	1	1	2
一本釣り	シロギス	1	1	1	1	1	1	1	1	1										
一本釣り	メバル	1	1	1																
ひき縄	カサゴ	1	1	1	1	1	1	1	1	1	1	1	1	1	1	1	1	1	1	
わかめ養殖	ワカメ	1																		
17 一本釣り	カサゴ	1	1	1	1	1	1	1	1	1	1	1	1	1	1	1	1	1	1	2
一本釣り	シロギス	1	1	1	1	1	1	1	1	1										
一本釣り	タチウオ							1	1	1	1	1	1	1	1	1	1	1	1	
一本釣り	マダイ	1	1	1																
一本釣り	メバル	1	1	1																
刺網	カサゴ	1	1	1	1	1	1	1	1	1	1	1	1	1	1	1	1	1	1	
刺網	メバル	1	1	1																
19 一本釣り	カサゴ	1	1	1	1	1	1	1	1	1	1	1	1	1	1	1	1	1	1	3
一本釣り	シロギス	1	1	1	1	1	1	1	1	1										
一本釣り	メバル	1	1	1																
一本釣り	タチウオ									1	1	1	1	1	1	1	1	1	1	
刺網	ウマヅラハギなど	1	1	1	1												1	1	1	
刺網	メバル	1	1	1																
わかめ養殖	ワカメ	1																		
22 一本釣り	カサゴ	1	1	1	1	1	1	1	1	1	1	1	1	1	1	1	1	1	1	2
一本釣り	シロギス	1	1	1	1	1	1	1	1	1										
一本釣り	メバル	1	1	1																
ひき縄	タチウオ							1	1	1	1	1	1	1	1	1	1	1	1	

注：1）数字は谷川漁協正組合員43名を対象とした非対面式調査票調査によるもので、調査票では1993年11月1日現在で、過去1年間に営んだ漁業種類とおよな漁獲対象種および漁獲対象とおよび漁獲対象とおよな水産生物について、毎月を上旬・中旬・下旬に分けて質問した。和名は、大阪府水産試験場の協力で、地方名から推定した。明記した以外の種が含まれる場合もある。
2）表中の「漁獲対象」は和名である。

第Ⅱ部　現代の漁業者における漁撈活動の実際

のパターンに分けられることがわかる。

　ところで、同時期に複数の魚種を漁獲対象と認識して一本釣り漁業を行うに際しては、各魚種に対応した仕様の漁具を使用する場合と、同一仕様の漁具の操作法を変えて、複数の魚種を捕獲する場合が認められる。別仕様の漁具の使い分けは、さきに述べた直接観察でも見られたとおり、1日の漁の中でも見ることができる。各漁業者は、漁船にさまざまな仕様の漁具を積んでおり、普通、その日の漁況に応じて漁具を使い分け、複数の種類の釣りを行うという。また、同一仕様の漁具の操作法の使い分けについては、たとえばカサゴとシログチの釣りでこれを見ることができる。この両魚種を漁獲対象とする釣りでは、ドウヅキ仕掛けと呼ばれる道具を使用する。その操作に際して、カサゴをねらう場合は海中へ投入した漁具が着底したのちに、「トントントンと」漁具が小さく上下するように道糸を操る。これはカサゴが底魚なので、漁具がなるべく長い時間着底しているようにするためである。いっぽう、シログチをねらう場合は、漁具が着底すると、「スーッと」引き揚げて着底時間を短くする。これはシログチが海底から1mから1.5mのところを遊泳しているためである。こうした漁具の操作法の使い分けについても、その日の漁況に応じて、漁獲の多い魚種に合わせた方法をとる。

　こうした季節やその日の漁況に応じた漁獲対象魚の選択は、その魚の生態や海況に関わるものとされ、こうした自然的知識の習得は、漁業者にとって漁撈活動を行ううえでの基本的な技能のひとつに位置づけられている。いっぽう、漁獲対象魚の選択には、こうした自然的なものとは別の要因も働いている。谷川の一本釣り漁で漁獲対象とされるのは、カサゴ・タチウオ・マアジ・マダイなどが主であるが、漁業者たちによると、これらの魚は単価的にはあまり高くないものの、平均して漁獲できる魚種であるという。いっぽう、スズキ・ハマチ・ヒラメなどの魚は、単価は高いがコンスタントに漁獲できるわけでないので経済的なリスクが大きく、漁獲対象魚としては中心的な位置を占めないという。つまり、漁業者たちが漁獲対象を選択する際には、収益の安定性が求められているのである。こうした漁業者たちの漁獲対象魚の

第3章　一本釣り漁業者の漁撈活動

選択とその組み合わせには、魚家経済を支えるための経営戦略がうかがえる。

2）漁場の選択・測定と海底地形の知識

　図3-5は、谷川で一本釣り漁業を営む漁業者たちが漁場として使用する海域を示したものである。この海域には砂質・泥質・礫質海底が分布し、併せて天然礁も存在する。漁獲対象とする魚類の分布と底質には密接な関係がある。たとえば、カサゴ・メバルといった魚はイソ（セ、ネ）と呼ばれる礁についている。漁業者は漁獲対象として選択した魚類の生息する場所を熟知し、その海域を漁場として漁を行う。

　海上で漁場・漁船の位置を測定する方法としては、GPSや魚群探知機などの機器を使用する場合もあるが、ヤマタテと呼ばれる伝統的な測定技法も用いられている。ヤマタテは陸上の自然地形・樹木・建築物など、特徴のある目標物2点を見通す直線を設定し、その直線を2本交差させることにより、その交点から位置を測定する方法である。具体的にみると、カミ―シモ（大阪湾奥―大阪湾入口）方向の位置測定は、オカ（谷川とその周辺の陸地）の山・樹木・建物の重なりをもとに行い、オカ―オキの位置測定は、友ヶ島方面の島・岬といった特徴的な地形の重なりで行う。天然礁や人工礁を漁場と

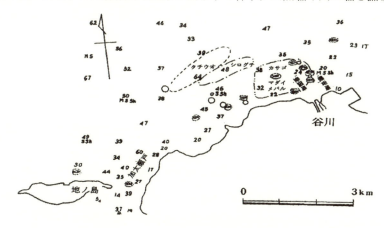

図3-5　一本釣り漁業の漁場図（谷川）

第Ⅱ部　現代の漁業者における漁撈活動の実際

して漁を行う場合は、精緻なヤマアテが必要となる。谷川の漁業者は潮流潮汐をシオと呼ぶが、魚は礁のシオカタ（潮流が礁にあたる側）にいるとされるので、漁を行う際には漁船を礁のシオカミ（潮上）につけなければならない。また、シオにはウワシオ（表層の潮流）とソコシオ（海中の潮流）があり、海中で漁具の幹糸以下が位置するのはソコシオの部分であるという。漁具を海中に投入する際にはこうしたシオの流れに留意する必要がある。併せて、漁具の投入後、漁船や海中の漁具が、潮流や風でどの方向に流されてゆくかを予測して、漁具が漁場を離れた際に引き揚げる場所もあらかじめヤマタテによって設定しておく。また、魚種によっては、成長過程によって礁の周囲で遊泳する場所が異なっており、漁獲対象とする魚種の成長段階にしたがった遊泳場所へ的確に漁具を投入できるようなポイントに漁船をつけるヤマタテをする必要がある。たとえば、マアジは水深の浅い場所や礁の近くに魚体の小さなものが、水深の深い場所や礁から比較的離れた場所に大きめのものがいるという。大きめのマアジを漁獲しようとする場合、漁具が沈下中にコアジの遊泳する場所を通過すると、コアジが喰いついてしまい漁の妨げとなる。そのため、漁具の投入場所を決定する際には、その遊泳場所を回避しつつ的確な場所に漁具を到達させ得るポイントに、漁船を停泊させなければならない。これには海中のシオの具合を勘案したヤマタテが必要となる。こうした点から、ヤマタテの技法は魚類の習性や潮流といった自然的な要因をもとに駆使されているといえよう。

　ところで、礁を漁場として利用する場合、他の漁業者との競合が生じる場合がある。以前は出漁前に、その日、礁のどの位置を利用するかを決めるため、ハマ（港）でくじを引いたり、漁の最中に漁船が同じ礁に集中した場合、ジャンケンをして場所を決めることがあったという。現在でも、漁場利用に関する慣例的な優先権が別のかたちで認められる。たとえば、他船と同じ礁で釣りを行う際、礁から離れた自船を再び礁のシオカミに戻すときは、他船のシオカミに戻り、シオシタテ（潮下）には戻ってはならないとされている。この点から、漁場選択には漁業者間の慣習的な社会的要因による制約をうけ

第3章　一本釣り漁業者の漁撈活動

ていることを指摘することができる。

3）潮汐の知識

　漁業者が漁獲対象として選択した魚類を捕獲する際には、気象や海象に関わる諸知識を総合し、海上で魚と対峙する。こうした魚と漁業者の駆け引きの背景にある自然的な知識は、さきにも触れたように漁撈活動を規定する要因として基幹をなすものといえる。ここでは、その知識のうちから特に、潮汐に関するものを取り上げる。

　前述のとおり谷川の漁業者は、潮流潮汐をシオという言葉であらわす。一本釣り漁を行う漁業者にとって、シオの知識は不可欠なもので、これを体得できなければ「一人前の漁師ではない」といわれる。

　谷川の漁業者は長周期の潮汐変化を旧暦に基づいて算出し、その日の潮汐を「今日は何日のシオ」と表現する。当然のことながら、1ヶ月の日数には月ごとに差があるが、これを30日見当で15日ずつに二分し、そのそれぞれを1周期とする。具体的には、旧暦1日のシオを「ツイタチのシオ」と表現し、旧暦16日以降を表す場合、16日なら「16日のシオ」と呼ばずに「ツイタチのシオ」と表現する。シオの呼称のうえからは、16日以降の日はないことになる。こうした区分をもとに、12日〜15日、1日〜3日をオオシオ（大潮）、他をコシオ（小潮）とする。潮差は3日より次第に小さくなりはじめ、7日にもっとも小さくなるとされる。この状態を「シオがこまい」と表現する。一本釣りでは10日〜13日のシオが最も漁に適するとされる。

　1日を周期とした短周期の潮汐現象については、その変化に応じた語彙がある（図3-6）。こうした長周期・短周期の潮汐現象に応じて、一本釣り漁は行われる。漁獲対象魚や漁法によって、適した潮汐は異なっているとされるが、一般に一本釣り漁では、シオバナが漁に適するといい、ヨイニツ（日没時の漲潮）には魚がよく釣れるとされる。この潮汐の善し悪しはウワシオではなくソコシオの変化についていい、出港時間は漁に適したシオの頃合いを勘案して決定するとともに、操業中は海域による潮汐変化の時間差に留

39

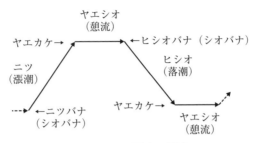

図3-6　1日潮に関する語彙

意して、シオの具合のよい海域に移動しながら漁を行う。

4）餌の選択

　一本釣り漁において、使用する餌は漁獲の多寡を決定する大きな要因のひとつとされる。漁業者は、魚類の習性・潮流潮汐の状態・海水の透明度などの自然条件に応じた餌の選択を行う。この点をマアジ・メバル一本釣り漁で使用される擬似餌を例に述べる。

　マアジやメバルを釣る際には、擬似餌を使用する場合がある。擬似餌の使用は、魚がイワシシラスやイカナゴを餌として追っている季節が主であるという。したがって、その選択は魚類の食餌活動に応じたものであるといえよう。そのため擬似餌は、漁獲対象とする魚から、餌とする小魚が海中でどのように見えているのかを想像し、それに似たものを使用しなければ、漁獲は望めないという。たとえば、擬似餌にはサバの皮が使用されるが、この皮は頭・腹・背・尾の各部分で色彩や厚みが異なっている。漁業者は出漁の際、これらの各部分ごとで製作した擬似餌を携行し、その日の状況に応じたものを使用する。具体的には、海水が澄んでいる時、太陽の照っている時は、白い（濃い）色の皮は漁に適さず、色の薄い（透明な）皮を使用する。逆に海水の濁っている時、曇天の時は白い皮を使用する。メバルのような、「目のいい」魚を釣っている時は、太陽が雲で隠れただけでも、それまで釣れていた擬似餌で釣れなくなってしまうこともあるという。

第3章　一本釣り漁業者の漁撈活動

このように、擬似餌の選択は、非常に微妙なものである。そこで、その日の漁の最初には、漁具に複数装着された枝針に、異なった特徴の擬似餌をそれぞれ装着して様子をみる。そして、よく魚が喰いついてきた枝針に装着した擬似餌と同じ特徴を持ったものを、他の釣針にも装着して漁を継続する。擬似餌の選択は、天候や海象、魚類の習性といった、多岐にわたる自然的な要因に応じて行われる。

5）漁獲物の処理

漁獲した魚の処理方法は、商品価値の維持向上という観点から重要となる。漁獲物の種類によっては、漁獲後の処理に工夫がみられる。

たとえば、マダイを活魚として出荷する場合をみてみよう。マダイは釣り上げる際、海中と海上の気圧差でしばしば体内の浮袋が膨れてしまう。そのままの状態で漁船のイケスに入れると、平衡な体位を保てず、死んでしまうという。そこで、活魚として出荷するためには、浮袋の空気を抜く必要がある。この作業を「エアを抜く」という。出荷時、タイが活魚であるか否かによって、価格がおよそ3倍以上違うといい、その点から空気抜きの作業は重要なものとなる。

空気抜きの作業は、魚を釣り上げてからしばらくして行う。これは、魚を休ませてから空気を抜いたほうが、弱らないためだという。使用する道具は、注射針のような中空の針が適する。この針を用いて、ゆっくりと空気を抜く。急激に抜くと、魚が死ぬ場合があるという。針を刺す場所には、魚の肛門、胸鰭の下、背鰭の所の3カ所がある（図3-7）。後二者は、技術的には簡単であるが、魚体に傷が残り、商品価値を下げる。いっぽう、肛門から空気抜きを行う方法は、魚体に目立った傷をつけないため、商品価値を維持する点では望ましい。しかし針で魚の腸を傷つけて弱らせる危険があり、技術的には難しい。いずれの方法でも針を刺すのは1回に限り、「二度針はするな」という。

空気抜きをした後、タイをイケスに移す際、魚体の大きなものでは、他の

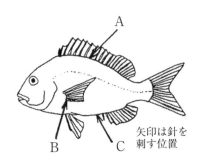
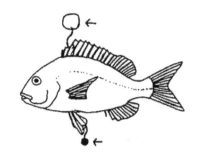

矢印は針を刺す位置

図3-7　空気抜きの位置　　　図3-8　ウキ・オモリをつける位置

魚と接触して魚体に傷がついたり弱ったりしないよう、イケスをイタゴ（板子）で仕切って、そのなかに入れる。

　空気抜きをした魚をイケスに入れた際、空気の抜け具合により、魚がイケスのなかで沈んだり、浮いて横になったりする場合がある。そのままでは魚が弱るので、魚体を平衡にする工夫をする。

　具体的には、魚が沈んだ場合は、背鰭に発泡スチロールをつけた釣針を引っかける。逆に魚が浮いた場合は、魚の腹鰭に鉛を打った釣針を引っかける（図3-8）。いずれの場合も、魚が適度な深度で立った状態になるよう、浮力や重量に配慮する。魚体を水中で平衡な状態にしておくと、魚は元気を取り戻すという。

　つぎに活〆の状態で出荷する場合をみよう。たとえば、マアジなど、漁獲後活かしておいた魚を出荷時に〆る場合は、鰓上部に小型の包丁を突き立てた後、血抜きを充分に行ってから、氷水につける。この氷水は塩水に真水から作った氷を加えたものである。氷が溶けてくると、水に塩を加えて、塩分濃度が低くなることを防ぐ。真水に魚を入れると、魚の色が悪くなり、「魚の色が出ない」とされる。こうした状態では商品価値が下がる。生きている時の魚の色に近い状態で出荷するのがうまい〆かたであり、〆かた次第でそのような色が出るのが、「天然魚の良いところ」であるという。

　このように、漁獲物の処理に際しては、商品価値の維持向上を視野におい

第3章　一本釣り漁業者の漁撈活動

た工夫がなされている。

おわりに—問題の整理と今後の課題—

　以上、谷川の一本釣り漁業を営む漁業者の漁撈活動について、検討を行った。そのなかで明らかになった点はつぎのとおりである。
　まず、一本釣り漁業で使用される漁具については、魚が釣針に掛かった際にとる動きを魚種別に想定して、それに応じた素材の選択がおこなわれている。
　つぎに漁撈活動を年周的にみると、漁獲対象と認識される魚種には周年性を持つものと季節性のあるものとが認められ、各漁業者の漁業暦は、両者の組み合わせから構成されている点が明らかとなった。各漁業者は、対象とする魚種を捕獲するに際して、魚種ごとに異なった仕様の漁具を使い分けるとともに、同一の漁具の操作法を変えることによって対応していることがわかった。また、漁獲対象魚の選択は、魚種の季節性という生態的な要素に関わっていると同時に、より確実に漁獲できる魚種を選択することで、収益の安定をはかるという、経済的な要因がうかがえた。
　漁場利用については、漁業の位置測定に際して電波航行機器が使用される場合があるとともに、ヤマタテという伝統的測位法が用いられている。漁場は漁獲対象魚の生息する海底の地形や、潮流といった自然的要因によって決定づけられる。いっぽう同一漁場で他船と競合する場合には、その利用について社会的慣習に基づいた因子が働いている。
　潮流潮汐は、漁撈に関わる海象のなかでも漁の適否にきわめて強く連関するものとして重要視されている。漁業者はこの変化に基づいた月周的・日周的な漁撈活動を展開している。
　漁で使用する擬似餌の選択は、漁獲対象魚の食餌活動に応じて行われる。同一の魚種に同じ材料の擬似餌を使用する場合でも、天候や海象に応じて微妙にコンディションの異なったものを使い分けている。

第Ⅱ部　現代の漁業者における漁撈活動の実際

漁獲物の処理については、活魚で出荷する魚種の空気抜きや、鮮魚で出荷する場合の〆かたに、商品価値の維持向上をはかるための技能が駆使されている。

こうした結論に基づいて、つぎに漁撈研究に関わる方法論的な側面から、若干の考察を加えたい。

本章で指摘した知見の多くは、直接観察と聞き取りの手法を相互補完的に活用することによって得られたものである。「はじめに」でも指摘したとおり、漁撈活動の把握には生業現場での観察が不可欠である。この手法によれば、聞き取りでは明らかにし得ない漁撈活動のさまざまな実態を把握することができる。こうした点から、生態人類学などでみられる直接観察といった手法は、これからの漁撈民俗研究でおおいに活用されなければならない。

ところで、直接観察は眼前で繰り広げられる漁撈活動の客観的な把握には有効であるいっぽう、その活動の奥にある、漁業者の意思まで把握できないという限界を持つ。たとえば、漁撈活動の現場で、漁業者の漁場や時間の利用法、漁獲物の種類や量、漁具の操作法などを客観的に把握できる点は直接観察ならではの強みである。だが、同じ漁業地区に居住し、漁業環境を同じくする一本釣り漁業者どうしで漁業暦に違いがある場合や、やはり同一地区において専業的に一本釣り漁業を行う者がいるいっぽう、異なった種類の漁業を兼業する者がいる場合、その理由まで明らかにすることはできない。

こうした点を解明するためには、主体的な行為者としての漁業者が、どのような意図に基づいて自身の漁撈活動を展開しているかという点を究明する必要がある。それには、これまで民俗学が立脚してきた聞き取りという手法が不可欠である。たとえば、同じ一本釣り漁を営む漁業者であっても、魚種によって得意不得意があるという話は、漁業者自身の口からしばしば語られるものである。また、コンスタントに釣れる魚をねらう漁業者がいるいっぽう、大物ねらいをするほうが自分の性格にあう、という漁業者もいる。さらに、ある漁業種類を営むにしても、新たに参入する者は親の代からその漁を営んでいる者にはかなわない、という話も、しばしば耳にする。こうした、

第3章　一本釣り漁業者の漁撈活動

　個人が内包する技能の差や性格、親からの技術の伝承といった点は、観察に基づいた調査では明らかにできない部分であり、そうした諸点、いわば漁業者のアイデンティティに関わる側面を検討するためには聞き取り調査への依存が不可欠となろう。そのうえでは漁業者の精緻なライフヒストリーを把握する方法などが有効と思われる。

　民俗学の分野で漁業者の文化にアプローチしてきた高桑守史は、漁業者の社会について、「漁撈活動の持つ特殊的性格」によって、「農民社会とは異なった生活上の論理や心意が存在しているものと考えられる」と指摘し、漁業者の民俗文化を理解するためには、そうした「漁民社会の特質を十分に認識しておく必要がある」との指摘を行っている（高桑 1989）。著者自身、高桑が指摘した漁撈という生業の持つ性格に基づいた漁業者の生活文化の究明を漁業民俗研究の目的と考えている。そのためには前述のとおり直接観察といった手法での生業現場の実態の把握が不可欠となる点はいうまでもないが、民俗学においてはこうした看過してきた手法を積極的に導入するとともに、その手法の持つ限界性を把握したうえでの展開が必要であろう。

引用・参考文献
秋道智彌（1977）「伝統的漁撈における技能の研究―下北半島・大間のババカレイ漁―」『国立民族学博物館研究報告』2巻4号、pp.702-764
秋道智彌（1995）『なわばりの文化史―海・山・川の資源と民俗社会―』小学館
伊藤正博・内田秀和（1989）「キス漁業に出漁する漁船隻数の日変動と一日の水揚高との関係―日別漁獲データからみた漁獲の構造―」『福岡県福岡水産試験場研究報告』第15号、pp.17-26
伊藤正博（1992）「筑前海における漁獲対象魚種の選択メカニズム」『福岡県福岡水産試験場研究報告』第18号、pp.33-42
桜田勝徳（1981）「漁村民俗探求の経過とその将来」『桜田勝徳著作集　第5巻』名著出版、pp.69-79
篠原徹（1995）『海と山の民俗自然誌』吉川弘文館、pp.73-137
高桑守史（1989）「海の世界」鳥越晧之編『民俗学を学ぶ人のために』世界思想社、p.143
田和正孝（1997）『漁場利用の生態』九州大学出版会
野本寛一（1987a）『生態民俗学序説』白水社
野本寛一（1987b）『前掲書』（1987a）pp.13-19

第Ⅱ部　現代の漁業者における漁撈活動の実際

野本寛一（1987c）『前掲書』（1987a）pp.29-34、pp.275-288
野地恒有（2001a）『移住漁民の民俗学的研究』吉川弘文館
野地恒有（2001b）『前掲書』（2001a）、pp.2-168
野地恒有（2001c）『前掲書』（2001a）、p.13、pp.95-96、pp.164-165、p.178、pp.204-205
野地恒有（2001d）『前掲書』（2001a）、pp.123-124
野地恒有（1998）「篠島におけるシロメ・コウナゴ曳きの漁獲活動と漁場利用」『愛知県史研究』第2号、pp.214-230
葉山茂（2013）『現代日本漁業誌―海と共に生きる人々の七十年』昭和堂
増﨑勝敏（1989）「現代沿岸漁民の漁撈活動とその規定因―福岡県福岡市東区志賀島地区の漁民調査より―」『京都民俗』第7号、pp.117-131
増﨑勝敏（1999）「泉佐野市域における小型機船底曳網漁の漁撈活動―特にイシゲタ網漁に関する事例報告より―」『泉佐野市史研究』第5号、pp.33-50
「岬町の歴史」編さん委員会（1995）『岬町の歴史』岬町

第4章

遊漁船業における漁場・資源利用の意思決定と合意形成
―大阪府岬町小島を事例とした民俗学的接近―

はじめに―研究の意義―

　本章では、沿岸海域において一本釣り漁業と遊漁船業を兼業する漁業者の生業活動について、おもに漁場・資源利用の場面における意思決定と合意形成の側面に関して検討するものである。事例としては、前章で取り上げた谷川地区に近接し、大阪府最南端の漁業地区である岬町小島の漁業者について取り上げる。

　第11次漁業センサスによれば、全国の遊漁案内業者のうち、その87.2％が漁業者による兼業であるとされる[1]。彼らにとって、遊漁船業は一般の漁業同様に海を活動の場とした生業の一端に位置づけられている。こうしたなかで、漁業経済の分野では遊漁船業の研究に多くの蓄積がみられる。その方向性は、漁業と遊漁船業のあいだでの資源・漁場利用の競合や、遊漁船業を活用した地域活性化の問題を検討するものが主であり、一般漁業者対遊漁者のトラブル解決の方策や、漁業と海のツーリズムとのあいだの海域利用調整を検討することが課題となっている。また、遊漁船業を一般の漁業と対立するものではなく、漁業兼種として着目し、その利用を志向した研究も進められている[2]。

　こうした動向のなかで、漁業民俗学の分野では遊漁船業の検討は大きく立ち後れている。民俗学における漁業研究では、これまで一般の採捕漁業が研究の対象として取り上げられ、漁業者による遊漁船業の問題は看過されてきたといってよい。しかしながら、今回取り上げる岬町小島の遊漁船業は、漁

第Ⅱ部　現代の漁業者における漁撈活動の実際

業者によって大正時代終わりより営まれてきた歴史的な継続性を有するものである。後述するように、第2次世界大戦後まもなく行われた宮本常一による調査でも言及されている。また、この遊漁業は収入の面からみて、漁家経営に占める位置づけも高い。遊漁船業に従事する漁業者は、自らが営む一本釣り漁業の技能を遊漁船業の現場でも活用している。こうした点より、民俗学的な事例研究として、小島の漁業者の漁撈活動を検討するに際しては、遊漁船業の問題を見過ごすことはできない。同時に、この事例を取り上げることは、民俗学の漁業研究の分野において、遊漁船業研究という新たな課題を提示しうるという点で意義が認められる。また、本章で提示する漁場・資源利用に関する漁業者の意思決定と合意形成の問題は、漁業者が伝承あるいは経験を通じて獲得した民俗的知識や、所属する社会における慣習に関わる点が多い。菅豊は、新潟県山北町大川郷をフィールドとして、河川を漁場として営むサケ漁を取り上げ、近世から現代にいたるまでの歴史的経緯に基づきつつ、コモンズ論の観点から論考した。菅はこのなかで、漁業管理や資源利用が、地域社会の慣習や、その社会に関わる歴史的動向、漁業者の有する民俗的知識に基づいている点に言及している（菅 2006）。こうした、菅が提示した視点は、民俗学においてまだ充分に認識されているとは言い難い。しかしながら、そのなかで示された領域はまさに民俗学の対象とするものであり、今後、こうした手法による研究の展開が望まれる。

　なお、本章は『岬町の歴史』（岬町 1995）編さんに伴う調査の一端を活用したものである。

1．調査地の概要

　小島は大阪府西南端に位置する集落である。行政的には大阪府泉南郡岬町に所属する（図4-1）。小島には2003年現在、29の漁業経営体が存在する。それらはすべて個人経営体である。営んだ漁業種類についてみると、2004年では一本釣り漁業を営んだ経営体が最も多く、ついで刺網漁業、タコかご漁

第4章　遊漁船業における漁場・資源利用の意思決定と合意形成

図4-1　小島と周辺地図

業の順になる。複数の漁業種類を兼業する場合も多く、遊漁船業を除いてみると、29経営体のうち10経営体が2種類以上の漁業を営んでいる（**表4-1**）。

　遊漁船業については、2003年現在、28経営体が従事している。漁家経営のうえからみると、遊漁船業に依存する度合いが高い。聞き取りでは、一般の漁業への依存度が高い経営体が3割程度であるのに対し、7割程度の経営体は遊漁船業に依存しているという。

　遊漁船業の多くは1t以上3t未満の小型動力漁船を使用した仕立船（個人やグループで漁船を貸し切ったもの）による。仕立船は日曜、祝日、休日を中心に船釣り客を対象とした遊漁船業を営み、その他の日は漁船として一般の漁業に従事している。また、3経営体は10t程度の大型乗合船により遊漁船業を行っている。大型乗合船の定員は24名から32名で、釣り客を乗せて船釣りを行わせる。仕立船と違って、平日も多く営んでいる。

第Ⅱ部　現代の漁業者における漁撈活動の実際

表4-1　小島の個人経営体生産構造（2003年）

漁業者	年齢	遊漁船業経営の兼業		営んだ漁業種類（2004年）			
		有無	経営形態	一本釣り	刺網	たこかご	遊漁
1	65	1	仕立船	1			1
2	64	1	仕立船	1			1
3	73	1	仕立船	1			1
4	69	1	仕立船	1			1
5	27	1	仕立船	1	1	1	1
6	64	1	仕立船	1	1		1
7	56	1	乗合船				1
8	83	0		1			
9	63	1	仕立船	1			1
10	51	1	仕立船	1			1
11	63	1	仕立船				1
12	75	1	仕立船	1			1
13	37	1	仕立船	1	1	1	1
14	30	1	仕立船				1
15	67	1	仕立船				1
16	78	1	仕立船			1	1
17	73	1	仕立船				1
18	60	1	仕立船	1			1
19	57	1	仕立船		1	1	1
20	61	1	仕立船	1			1
21	67	1	仕立船	1			1
22	73	1	仕立船	1			1
23	63	1	仕立船	1			1
24	52	1	仕立船		1	1	1
25	59	1	乗合船		1	1	1
26	55	1	乗合船		1	1	1
27	33	1	仕立船	1			1
28	27	1	仕立船		1	1	1
29	28	1	仕立船		1	1	1
				19	10	9	28

資料：小島漁業協同組合
注：2003年12月31日現在。「営んだ漁業種類」については2004年1年間。

2．小島の遊漁船業に関する歴史的経緯

　小島の遊漁船業は歴史的にみて第2次世界大戦前より営まれていたようだ。これは宮本常一が戦後まもなく行った調査のなかで指摘している。宮本は民俗学者として日本各地に調査の足跡を残してきたが、彼の活動はいわゆる「学問」の範疇にとどまらず、離島振興法の成立に関与するなど、「経世済民の学」としての民俗学を志向した。宮本が行ったこの調査は、戦後水産庁が日本常

第4章　遊漁船業における漁場・資源利用の意思決定と合意形成

民文化研究所に委託した漁業制度資料調査の一環として実施されたものであった。この調査の目的のひとつには、戦後の漁業制度改革に際して、従来、各地の漁村において営まれてきた漁業や、漁村の人々の生活を把握することの必要性が措定されていた。宮本は1949年にこの調査で大阪府泉州地域の漁業地区において聞き取りを行い、そのなかに小島が含まれていた。その一部を以下に引用する。

　　釣りに来る人たちの多くなつたのは大正の終からである。一番多かつた時には一日に三百人も来た事がある。寺、旅館漁師の家にとまつて足のふみ場もないような事があつた。この人たちによつて機械船が出現した。即ちお客が漁船へ機械をつけてやる風がはやつたのである。（宮本1949a）

　ここからは、小島で遊漁船業が盛んになったのは大正期の終わりである点と、漁船の動力化が遊漁客によってなされたという点を指摘できる。ただ、遊漁船業は小島に限らず、近接した他の漁業地区でも盛んに行われていたようである。ところで、宮本が漁業調査で遊漁船業について聞き取りを行ったことは、斬新な着眼点であった。1940年代という時期に、本来漁業には含まれていなかった遊漁船業を加えて漁業者の生業活動や生活に着目したことは、民俗学における漁業研究に新たな視点をもたらすものであった。
　宮本は岬町の深日地区にも調査に赴いているが、このなかでも遊漁についての記述が見られる。

　　以上の外此浦でも遊漁が見られる。宿屋がその世話をして居る。客があれば船頭をやとうてやる。船頭の方は船と餌とを出す。昭和の初頃櫓船で一日三円、機械船で七円五十銭であつた。船頭も共に釣り、その釣つたものは客にやつた。（宮本1949b）

第Ⅱ部　現代の漁業者における漁撈活動の実際

　また、前章で取り上げた谷川は、現在、小島と並んで町内で遊漁船業が盛んな地区であるが（増﨑 2003）、聞き取りでは、昭和30年頃までの遊漁船は、一本釣り漁に従事している漁業者が、大阪の商家の旦那衆といった経済的に裕福な人々を顧客として、土曜や日曜、祝祭日などに仕立船として営んでいたという。漁業者と顧客との関係は固定的なもので、旦那衆に漁船を造ってもらう者もいたとのことであった。旦那衆は谷川の船宿に泊まりがけで来て、早朝、釣りに出かけたといい、漁船には茣蓙や座布団が敷かれ、旦那衆は浴衣がけで乗り込んだそうである。また、芸者衆を釣りに伴うこともあったという。

　こうした様子は、小島でも共通していたようである。聞き取りによれば、昭和30年代はじめ、小島には土曜日の晩になると、多くの釣り客が訪れたという。彼らは大阪の旦那衆で、路線バスで小島へやってきた。彼らが到着すると、集落内に3軒あった旅館の仲居衆がバス停で出迎えたものであったという。旦那衆はその晩は宴会をして、翌朝仕立船で釣りに行った。昼過ぎにオキから戻ってくると、釣れた魚を羊歯や笹を敷いた竹籠に入れ、氷を少しナイロン袋に包んで入れたうえで荷造りし、旦那衆の土産にしたという。先に挙げた谷川の事例や、宮本の報告と共通するように、当時の遊漁船業は現代の大衆化したそれとは、様相を異にしていたようだ。

　このようにみると、岬町では大正時代末から昭和時代前期にかけて遊漁船業が営まれ、それは第2次世界大戦後に継続することをうかがい知ることができる。こうした岬町域での遊漁船業の隆盛には、南海鉄道（1903年難波〜和歌山市間開通）による淡輪遊園の開発が、少なからず影響を及ぼしていたと考えられる。

　『南海鉄道発達史』（南海鉄道編 1938）によれば、淡輪遊園（1911年開設）の開発が進むなかで、1913（大正2）年、「地元と當社との共同經營によつて海水浴場の設備を改善し同時に釣舟料金を統一して魚釣客の招致を策し」とある。ここからは淡輪の観光開発に際して、遊漁船業を主要な資源のひとつに位置づけようとする目途がうかがえる。当時、南海鉄道を利用して淡輪

第4章　遊漁船業における漁場・資源利用の意思決定と合意形成

を訪れる遊漁客が見込まれていたのである。

　1937（昭和12）年の『大阪朝日新聞』には、淡輪の遊漁船業に関して、漁業者からの聞き取りに基づいた記事が掲載されている。

　　今でこそ釣といへば淡輪といはれるほどの名所（？）とせり上り春から秋にかけて釣ファンは押すな押すなで二萬人を突破するが四十年も昔には一人の太公望もなかつた、釣といへば漁師だけの獨占だったのだ。
　（大阪朝日新聞 1937）

　この記事からは明治30年代頃まで、淡輪で遊漁船業がおこなわれていなかったことをうかがうことができるが、同記事には、以下のような記載もある。

　　そのころ「釣」といへば理解がなかつたので網船に釣船に新しい趣味の宣傳で大童、魚群の棲息に恵まれたうへに七、八尋の淺瀨が素人大衆をすつかりひきつけいつとはなしに釣の名所となり（下略）（大阪朝日新聞 1937）

　この記事の前段には淡輪遊園開発に際して、1908（明治41）年頃に地元と南海鉄道との間で問題が生じ、開発が停滞するに及んだので、それに窮した地元淡輪が遊漁に目をつけたとする話が記されている。さきの『南海鉄道発達史』の記載と併せ考えると、淡輪での遊漁船業は明治時代末頃から大正時代初期に盛んになったものと推測できる。さらに小島の遊漁船業を歴史的に考えるに際しては、南海鉄道の開通と同社による淡輪遊園を中心とした行楽地開発の文脈のなかで、大阪市街を後背地として展開した都市近郊型遊漁船業として位置づけるとともに、深日、谷川といった他の漁業地区の動向も視野においた検討を行う必要がある。

第Ⅱ部　現代の漁業者における漁撈活動の実際

3．一本釣り漁業と遊漁船業の漁業暦

　2004年において、小島の漁業経営体のうち28が実際に遊漁船業を営んでいる。うち、19経営体は一本釣り漁も行っている。この両者について、年間の出漁状況を示したのが、図4-2と図4-3である。遊漁船業では年間の延べ出漁日数（各漁船の出漁日数の総和）は1,615日で、1経営体あたりの平均は

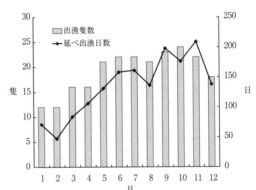

図4-2　遊漁船月別出漁隻数・日数（2004年）
資料：小島漁業協同組合。

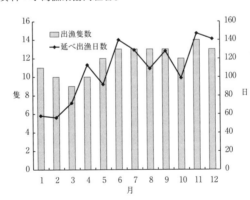

図4-3　一本釣り漁船月別出漁隻数・日数（2004年）
資料：小島漁業協同組合。

第4章　遊漁船業における漁場・資源利用の意思決定と合意形成

67.3日である。また、一本釣り漁業は延べ出漁日数1,284日で、1経営体あたりの平均出漁日数は67.3である。平均出漁日数のうえでは両者に大きな差は認められないが、遊漁船業を営む者のなかには、大型乗合船の数字も含むため、仕立船の平均出漁日数はこれよりも少ない日数となる。

　月別の出漁隻数・延べ出漁日数の推移を遊漁船についてみると、9月から11月は1年のうちでも高水準にある。いっぽう、冬季の1月と2月は低い数値にとどまる。一本釣り漁業については、月別の出漁日数は遊漁船ほどの開

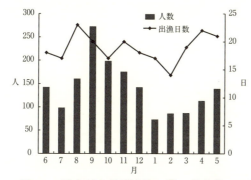

図4-4　乗合船の月別出漁日数・乗客数の1例
　　　　（2003年4月～04年5月　　A丸）

資料：小島漁業協同組合

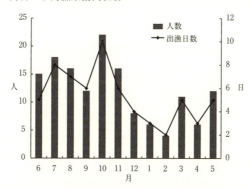

図4-5　仕立船の月別出漁日数・乗客数の1例
　　　　（2003年4月～04年5月）

資料：小島漁業協同組合

きは認められない。しかし、延べ出漁日数については、遊漁船同様に1月と2月が低水準にある。両者で共通して冬季の数値が低いのは、寒冷なうえに季節風による波浪などの天候による影響と考えられる。

図4-4から**図4-5**は、2003年6月から1年間、ある大型乗合船と仕立船の各1隻について、月別出漁日数と遊漁客数を示したものである。大型乗合船では、乗客数のピークが9月に、出漁日数のピークが8月にある。また仕立船の場合は乗客数・出漁日数とも10月がピークになっている。いっぽう、両船とも1、2月の乗客数・出漁日数が低水準となっている。これらの要因は、9、10月は気候が良好なうえに、釣りの対象となる魚種が多く、遊漁客が増加するいっぽう、1、2月は寒冷で季節風による波浪などで気候的に条件が悪いうえ、釣りの対象となる魚種も限られるので遊漁客が減少するものと考えられる。

つぎに、**図4-6**・**図4-7**はさきに挙げた大型乗合船と仕立船について、一般漁業と遊漁船業の出漁日数を平日、土曜、日曜・祝日休日で整理したものである。大型乗合船の場合では、いずれの場合も遊漁船業での出漁日数が優越している。いっぽう、仕立船の場合では、平日は一本釣り漁での出漁日数が卓越するものの、日曜・祝日休日については遊漁船業が優越する。仕立船で遊漁船業を営む漁業者においては、一般の漁撈活動と遊漁船業のあいだで時間利用について使い分けがなされているようだ。

表4-2・**表4-3**は遊漁船業と一般釣り漁業の2004年における魚種別漁獲量である。両者いずれかにおいて年間漁獲量が100kg以上である魚種を対象として分析すると、その組成に大きな差異は認められない。また同一魚種ごとの漁業暦をみても、やはり顕著な違いを見いだすことはできなかった。一本釣り漁業と遊漁船業を比較した場合、年間に対象とされる魚種とその漁期にかぎっていえば、ほぼ共通していると指摘することができる。

しかしながら、これらの両漁業で対象とされる魚種を別の側面からみると、異なった様相がみえてくる。**図4-8**・**図4-9**は、一本釣り漁業と遊漁船業の2004年における魚種別漁獲量を、主な漁獲物について示したものである。年

第4章 遊漁船業における漁場・資源利用の意思決定と合意形成

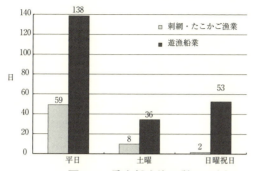

図4-6　乗合船出漁日数の1例
（2003年6月〜04年5月　A丸）

資料：小島漁業協同組合。
注：同一日に遊魚漁業と刺網漁業・たこかご漁業を営んでいる場合がある。

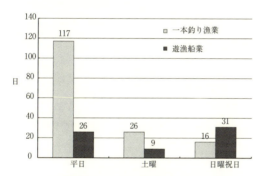

図4-7　仕立船出漁日数の1例
（2003年6月〜04年5月　B丸）

資料：小島漁業協同組合。
注：同一日に遊魚漁業と刺網漁業・一本釣り漁業を営んでいる場合がある。

間漁獲量は遊漁船業が1,9902.73kgであるいっぽう、一本釣り漁業は4,067.95kgにすぎない。漁獲量のうえでは、遊漁船業が一本釣り漁業を4.9倍と大きく上回っている。魚種については前述のとおり両者の組成に大きな相違は認められないが、全漁獲量に占める各魚種の割合は、明らかな違いが認められる。たとえば、タチウオは遊漁船業において全漁獲量の49.9％を占め、

第Ⅱ部　現代の漁業者における漁撈活動の実際

表4-2　遊漁船業の魚種別月別漁獲量（2004年）

(kg)

遊漁04	1月	2月	3月	4月	5月	6月	7月	8月	9月	10月	11月	12月	計
タチウオ	954.7	191.0					226.5	1,379.3	747.8	1,619.8	3,622.8	1,192.3	9,934.2
アジ	19.0			2.4	484.0	628.1	545.7	124.6	771.7	460.3	133.7	333.3	3,502.8
シログチ	38.5	2.5	436.7	938.6	636.5	33.1	4.8	6.0	19.5	4.0	10.0	87.0	2,217.2
カサゴ	10.5	307.9	237.9	56.1	125.2	448.5	423.3	31.2	96.0	5.5		4.1	1,746.2
チャリコ・カスゴ	5.6		4.7	49.6	124.9	206.6	184.1	36.6	105.6	56.0	48.9	70.5	893.1
メバル	295.1	92.5	150.3	104.9	36.5	4.0		3.0	8.6			2.0	696.9
タイ	3.9				53.6	66.5	58.0	5.5	99.0	38.5	27.8	30.4	383.2
キス			1.0	38.2	86.1	28.7	5.1	14.7	7.4			7.7	188.9
ハマチ・メジロ・ブリ					10.0		22.0	40.0	110.0			3.0	185.0
サバ					0.4	0.8	5.0	3.5	7.2	19.6	1.0		37.5
スズキ						17.5		2.5			2.0		22.0
ヒラメ					5.0	4.5	1.0	2.0	3.0	5.0			20.5
イワシ					19.0								19.0
アナゴ・フグ				6.0	0.5		0.3	3.8	1.5	1.1			13.2
ウマヅラハゲ	8.5												8.5
マルハゲ												7.5	7.5
イカ												6.3	6.3
ハゲ										4.1			4.1
スズキ					4.0								4.0
オコゼ						4.0							4.0
コウベ	2.5												2.5
サワラ								0.4	2.0				2.4
エブタ											1.5		1.5
トラハデ					1.0								1.0
オニカサゴ								1.0					1.0
イサギ									0.3				0.3
計	1,338.3	593.9	830.6	1,214.8	1,567.7	1,438.3	1,479.8	1,654.1	1,979.6	2,213.9	3,847.7	1,744.1	19,902.7

資料：小島漁業協同組合

表4-3　一本釣り漁業の魚種別月別漁獲量（2004年）

(kg)

一本釣り04	1月	2月	3月	4月	5月	6月	7月	8月	9月	10月	11月	12月	計
アジ	19.0			13.7	161.0	236.4	148.3	109.6	197.9	162.6	70.0	116.3	1,234.8
タチウオ	52.0	15.0					30.8	60.4	30.0	86.2	471.0	111.8	857.2
メバル	106.5	128.6	151.3	227.9	93.8	5.0		3.5				4.0	720.6
タイ	19.8			4.5	8.1	30.2	79.1	85.2	109.4	67.0	97.5	115.8	616.6
ハマチ・メジロ・ブリ					4.5	5.0	6.0	28.7	83.0	10.0	2.0	2.5	141.7
カサゴ		5.5	4.0	2.5	6.7	53.7	35.8	21.9	0.6	1.5	0.5	3.0	135.7
シログチ	2.0		10.0	27.2	22.0	1.3		1.0	6.0	17.5	9.0	10.8	106.8
チャリコ・カスゴ					5.3	23.3	8.3	4.1	7.0	6.0	5.4	23.0	82.4
サバ					3.3	1.8	1.0	0.4	11.5	32.2	1.0		51.2
スズキ	3.4					26.8	9.5	5.0				1.5	46.2
イカ											1.0	27.0	28.0
キス				1.3	5.2	6.4	1.0		0.9				14.8
ヒラメ					1.5	3.0	1.0	3.0	0.5				9.0
スズキ					2.0				3.0	3.0			8.0
カレイ							2.0	2.0					4.0
フグ				1.5	0.5					1.6			3.6
ハゲ										2.8			2.8
イワシ										2.0			2.0
アナゴ							1.0	0.6					1.6
イサギ						1.0							1.0
計	202.7	149.1	165.3	278.6	313.9	393.9	323.8	325.4	449.8	392.4	657.4	415.7	4,068.0

資料：小島漁業協同組合

第4章　遊漁船業における漁場・資源利用の意思決定と合意形成

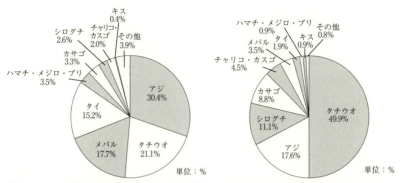

図4-8　一本釣り漁業漁獲量（2004年）
資料：小島漁業協同組合。

図4-9　遊漁船業漁獲量（2004年）
資料：小島漁業協同組合。

圧倒的な比率で1位となっているが、一本釣り漁業では2位であり、全体比の21.1％を占めるにすぎない。さらに特徴的なのは、タイとその幼魚であるチャリコ・カスゴの関係である。タイは一本釣り漁業では漁獲量の15.2％を占め、全体の4位となっているが、遊漁船業では1.9％の7位と低い地位にある。そのいっぽう、チャリコ・カスゴは一本釣り漁業では2.0％の8位と、漁獲対象としての地位が低いにも関わらず、遊漁船業では4.5％と5位に位置づけられる。この他にも一本釣り漁業では17.7％を占め、全体比3位のメバルは、遊漁船業では3.5％で6位である点や、一本釣り漁業では全体比3.5％で5位に位置づけられるハマチが遊漁船業では0.9％の9位にすぎない点など、多くの違いを指摘することができる。

　ここから明らかになったことは、一本釣り漁業と遊漁船業では、同じ釣りであっても魚種の使い分けがなされている点である。さきに魚種別月別漁獲量のうえでは漁獲対象として利用される魚種と漁期が、両漁業において共通することを指摘したが、ここからは同じ魚種であっても、その価値や利用のされかたが異なっている点をうかがうことができる。つまり、一本釣り漁業と遊漁船業では、意図的に異なった資源の利用を行っているということができよう。

第Ⅱ部　現代の漁業者における漁撈活動の実際

　この理由について、聞き取りではつぎのような話が得られた。すなわち、一本釣り漁業と遊漁船業での釣りでは、対象とする魚種を選択する際の発想が異なっているということである。一本釣り漁業では「金になるもんを釣りにゆく。金額の上がるもん釣りに行く」のであって、漁獲対象として選択される魚種は、「毎日（漁を）続けてたらボウズの（漁獲のない）日もあるし、10や20も釣ってきたり」と、毎回安定して持続的に漁獲できるものではないという。いっぽう、遊漁船業は土曜日曜や祝日休日に娯楽で来ている客を相手にしており、漁業者側としては、彼らを楽しませ、夕食のおかずになるような魚をお土産として持って帰ってもらうことに主眼をおいているので、釣りやすく、数多く釣れる大衆漁を漁獲対象として出漁するという。

　ここから指摘できることは、一本釣り漁業と遊漁船業で釣り客に魚を釣らせる場合とでは、漁獲対象の設定に際しての戦略に違いがあるという点である。漁業者はそれぞれの戦略に基づいた意思決定を行い、漁獲対象の選択を行う。

　表4-4・**表4-5**は遊漁船業と一本釣り漁業のそれぞれについて、ある漁業者の認識をもとに作成した漁業暦である。ここで漁獲対象として認識され、抽出されている魚種は、遊漁船業、一本釣り漁業それぞれの漁獲量グラフに

表4-4　遊漁船業で漁獲対象と認識されている魚類

漁期	魚種
1月〜3月いっぱい	メバル・カサゴ（年によってはシログチ）
4月	カサゴ・シログチ（年によっては4月後半にアジ）
5月〜7月	アジ・チャリコ・カサゴ（6・7月は特にアジとカサゴ）
8月	アジ・チャリコ（年によってはタチウオ）
9月〜11月	タチウオ
12月	メバル・カサゴ

表4-5　一本釣り漁業で漁獲対象と認識されている魚種

漁期	魚種
1月〜4月	メバル
5月〜12月	タイ・アジ
9月〜10月	ヒラメ
10月	ハマチ（メジロ）
12月	メバル

注：聞き取りにより作成。

第4章 遊漁船業における漁場・資源利用の意思決定と合意形成

おける魚種の順位にかなり反映している。遊漁船業での対象魚種としてあげられた6種類の魚種は、漁獲量上位6種と重なるとともに、一本釣り漁の対象魚種5種は、漁獲量5種のうちの4種までと一致する。個人の漁業暦においても、遊漁船業と一本釣り漁業で異なった魚種が漁獲対象として認識されているということは、漁撈活動の現場でそれぞれの業種に応じて異なった魚種選択を行っていることがある場合を裏付けるものである。こうしたことからも、遊漁船業と一本釣り漁を兼業する漁業者個人のなかでも、両者に応じた戦略に基づいた意思決定がなされ、その決定に沿った資源利用がなされているということができる。

また、後述するように、漁業者は各魚種がそれぞれの棲息に適応した海域にいることを知識として熟知している。彼らは漁獲対象とする魚種を定めたうえ、遊漁船・一本釣り漁で出漁するが、その際、この漁場に関する民俗知ともいえる技能を駆使して、漁場の選択と決定にあたる。漁業者の営む遊漁船漁の特性として、こうした民俗的な知的技能が発揮される点には注意を払わなければならない。

4．漁場利用の実際

遊漁船業も一本釣り漁業も主として小島の共同漁業権漁場で操業している。両者は漁法が共通し、同一の漁場を利用することが多い。ここではまず、漁場利用の実際を述べてゆく前提として、漁業者が有する漁場に関する民俗知の一端を紹介する。

遊漁船業や一本釣り漁業で漁場として用いられる天然礁は、一般にセ（瀬）と呼ばれ、、海中に数多く存在する。この位置の測定には、現代ではGPSが利用されるいっぽう、ヤマダテと呼ばれる伝統的な技法も活用される。ヤマダテは陸上にある特徴的な地形や建物などを2点目標物として、それらを見通す直線（ヤマと呼ばれる）を設定し、この直線を2本交差させることで、その交点から位置を測定する技法である。設定されるヤマは、オカ（小島の

第Ⅱ部　現代の漁業者における漁撈活動の実際

陸地）からオキ（沖）方向の位置測定のために設定される直線[3]と、大阪湾のカミ（湾奥部）からシモ（湾口）方面の位置測定のために設定される直線[4]である。前者のヤマは小島とその周辺の陸地と、地島、沖島、淡路島の特徴ある地形で設定され、その呼称が小島の漁業者間で共有されている。いっぽう、後者のヤマは小島近くの自然地形と建築物などで設定され、個人で呼称が異なるうえに、若年層の漁業者には通じない場合がある。

　天然礁にはそれぞれ名称がつけられているが、それはそのセで釣れる魚の名称からつけられたものと、ヤマダテをする際に目標とする地形の名称からつけられたものがある。たとえば、タルミヤマというセは、昔、タルミという名称の魚がよく釣れたので、こう呼ばれる。同様なものには、メバルヤマ、イサギヤマなどがある。いっぽう、テラダシノセという礁は、海上でみると明神崎の先に小島の寺院が出てくる位置にある。同様に名称が地名に由来するセにはナガサキゼ、マルヤマダシ、カメダキなどがある。

　セはその部分ごとに名称を持つ（図4-10）。各部の名称のうちカキアガリ、オチコミはシオウワテ（潮上）からみた場合の呼称であり、潮流が逆転すると、逆側の場所がこの名称で呼ばれる。つまりこれらの語彙は相対的なものである。

　漁業者からの聞き取りでは、同じセであっても、場所によって異なった魚類が棲息しているといい、漁獲対象とする魚によって、釣る位置をかえると

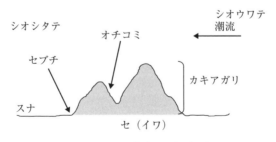

図4-10　海底地形の概念図
注：聞き取りにより作成。

第4章　遊漁船業における漁場・資源利用の意思決定と合意形成

いう。たとえば、メバル、ヒラメ、スズキ、イシダイ、タイなどは、セのカキアガリにいる。またヒラメ、タイはイワとスナの境にもいるとされる。こうした棲息する位置が限定される魚を釣る場合には、厳密なヤマダテが必要となる。いっぽう、カサゴ、ウマヅラハギなどは、セにひろく棲息する。こうした魚を釣る場合には、細かなヤマダテは必要とされない。

　漁場利用のルールについてみると、小島の漁業者間では一般漁船と遊漁船とに関わらず、あるセを他船が利用している場合には、後から来た船は他船のシオサキ（潮先）に割り込まない慣習がある。これは他船が漁獲しようとする魚を横取りすることにつながるとともに、漁船同士で漁具が絡み合う危険性があるためである。この慣習は暗黙のうちに了解されているものであり、後から来た漁船は、セのワキ（脇）で操業したり、他船のシオウワテで操業したりする（図4-11）。

　いっぽう、漁場利用の際の遊漁船と一般漁船との関係についてみると、操業現場では前者が後者を優先する傾向があるという。具体的には、遊漁船が操業中、一本釣り漁船が来るとポイントを譲ることや、あるセで一本釣り漁船が集団で操業している際には、遊漁船は近づかないという。こうした行動には、漁業者の持つ、つぎのような意識が反映しているという。すなわち、漁業者にとって採捕漁業は「漁業」であるが、遊漁船業は「漁業でない」という位置づけがあるとともに、遊漁船は客さえ乗せていれば収入が得られる

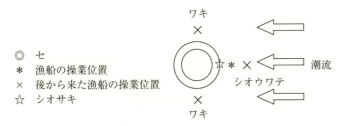

図4-11　漁場の優先利用に関する概念図
注：聞き取りにより作成。

が、一般漁業は漁の成否が生計に関わるという意識が働いているという。そこで、遊漁船はこうした意識に基づいて、漁場利用に際しては一般漁船の動きに気を遣い、優先的に配慮を行うのだという。

　また、漁場において小島の一般漁船と遊漁船のあいだでトラブルが予想される局面であっても、これまで問題が生じることはなかったという。前述のとおり、小島の漁業者は一般的な漁業を営むいっぽうで遊漁船業を兼業しており、漁業者各自においては、同一漁場を一般的な漁業で利用する場面もあれば、遊漁船業で利用する場面もある。そうした相互利用がなされているため、漁場でどちらかがどちらかに迷惑をかけることは「お互いさま」だとして問題視されてこなかった。たとえば、小島の漁業者がタコかごのような固定式の漁具を漁場に敷設して、それが小島の遊漁船の妨げになった場合であっても、相手に対し、「そちらも遊漁をしているのだから、気を遣ってくれ」るように注意を促せば、それで解決するという。

　こうした、一般漁船と遊漁船の漁場利用に関する暗黙の了解や、「お互いさま」といった合意でトラブルを回避する構造は、前述の小島における遊漁船業の持つ歴史性の点から解釈できるかもしれない。つまり、長年にわたって一般の漁業者が遊漁船業を兼業する形態がひろく行われていたことで、暗黙のルールというかたちで合意形成がなされたり、ゆるやかなかたちで問題を回避する土壌が形成されてきた可能性を考えることができる。

　こうした、「相互了解性」ともいえる諸般の合意形成の土壌となる歴史的要因は、「親から子へ」といった血縁的な継続性や、地縁的な枠組みのなかでの継承といった側面から理解できよう。

　漁場利用に関する、他地区との関わりについてみると、さきに述べたとおり、小島の漁業者は主として共同漁業権漁場（**図4-12**）を利用して一般漁業ならびに遊漁船業を営んでいる。釣り漁業については漁業法上、自由漁業として位置づけられているが、この共同漁業権漁場の使用に関しては、他地区の遊漁船が小島漁協と協定を結び、操業している。同時に、一般漁業についても同様となっている。

第4章 遊漁船業における漁場・資源利用の意思決定と合意形成

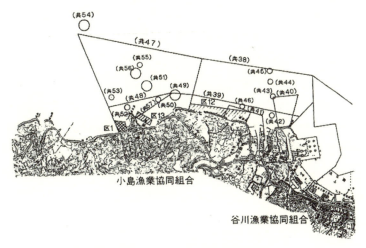

図4-12 小島における共同漁業権漁場

　小島の共同漁業権漁場内における他漁協漁船の利用については、岬町に根拠地を有する遊漁船業者が小島漁協と入漁協定を結んで操業する事例がみられる。具体的には、隣接する谷川、深日の10隻程度の大型、小型乗合船が小島の漁業権漁場で遊漁業を営んでいる。協定の条項では、操業方法は一本釣りに限られ、操業海域は小島の共同漁業権漁場内とされている。ただし、つきいそ漁業権については、一部規制が設けられている。協定期間は1ヶ年である。

　この入漁協定が設けられて20年ほど経過したというが、それ以前は漁場利用に際してしばしばトラブルが生起し、その解消のために協定を設けることとしたという。なお、岬町に根拠地を有するというのは、岬町に住民票があり、居住する者という意味である。協定の対象を町内の者に限定した理由は、他所から資本力のある遊漁船業者が参入することによって、地先の漁場環境が悪化することを防ぐとともに、地元の遊漁船業者を保護するためであるという。

　つぎに、小島漁協所属の漁船ならびに遊漁船が他漁協の共同漁業権漁場で操業を行う事例についてみると、漁業では和歌山県の加太漁業協同組合との

65

第Ⅱ部　現代の漁業者における漁撈活動の実際

双方向の入漁協定が挙げられる。しかし、この協定は2005年以降、更新の予定はない。なお、小島の遊漁船業者は別個に加太漁協と入漁協定を結んでいる。これは小島から加太の共同漁業権漁場内への入漁に関するものであり、加太から小島へ入漁することはない。

　漁場利用の特徴として最後に挙げておきたいのは、間伐材魚礁の問題についてである。小島では、2003年に間伐材を活用した魚礁を20基、共同漁業権漁場内に設置した。この事業は、大阪府の水産課より小島漁協の組合長に打診があり、漁協の役員会、総会で承認のうえで実施されたものである。間伐材活用の魚礁の設置は大阪府下ではじめてのものであるが、その導入に際しては、従来より小島で行われてきた漁業のなかで得られた民俗的知識が寄与したとされる。

　聞き取りによると、小島では1979年頃まで、毎年または隔年で、2月頃にイカノスを造って漁業に沈設することが行われてきたという。イカノスとは、トリトマラズの木（ツゲ）を伐って50cmくらいの束にしたものに石をつけたものである。トロトマラズの木の伐採は漁協組合員が行ったが、こうした共同作業をテグサリといった。このようにして造られたイカノスは、3月末頃に漁船から沈設された。沈設される場所は水深40m前後のスナジやコイシの海底海域で、潮速がはやいところが選ばれた。沈設したイカノスにはコウイカが産卵にくるので、それを対象として4月初旬から5月にイカ釣りをした。その後、イカノスには小魚がついたという。

　以上のように、この経験から木にはよく魚がつくことがわかっていたので、間伐材魚礁の導入に漁協内の賛同が得られたという。この事例から、こうした魚礁の設置が可能となったのは、漁業者が漁業を営んできたなかで、木に魚がつくということを伝承し、経験的に認識していたことによるといえよう。換言すれば、漁業者の共有する民俗知がこの事業に際しての合意形成の要因になったということができる。

第4章　遊漁船業における漁場・資源利用の意思決定と合意形成

5．遊漁船業の経営

　小島の遊漁船は申し合わせで価格等の統一をはかっている。仕立船は餌、仕掛けつきで2名まで2万円、一名増し5千円である。乗合船では餌、氷付きで1名7千円である。

　乗合船におけるサービスの具体例を、ある遊漁船の事例で紹介すると、この船（30名程度乗船可能）はトイレを完備するほか、テント等も装備している。仕掛けは1個100円から150円、重りは1個50円で販売している。また、貸し竿を1,000円で行っている。

　この船の場合、出港は6時20分頃、帰港は12時20分頃である。南海電鉄の難波始発5時15分の区間急行に合わせ、この列車がみさき公園駅に到着する6時11分に予約客を車で迎えにゆく。帰りは多奈川線多奈川駅まで車で送る。

　乗合船、仕立船に限らず、予約の多くは直接その遊漁業者個人に電話で入る。時々、小島漁協に問い合わせの電話が掛かってくるが、そのときは不平等のないよう、順に組合員の船を紹介する。特に仕立船の場合は1名がある船を予約すれば、ほかの客は他船を当たるしかないわけで、こうした場合、組合に船を世話してほしいという依頼がくる。

　小島での大型乗合船の導入は、聞き取りによれば現在より25年ほど前であるという。最初の乗合船は10tほどの船で静岡で建造された。この船の経営者は建造に際して、船大工とともに乗合船の先進地である金沢八景へ見学に行ったという。

　この経営者の場合、乗合船を建造して遊漁船業に参入するに際して、船の装備を売り物にするのではなく、漁業者が営む遊漁船ということで、釣果を売り物にしようと考えたという。そこで新船ができて着業するまでの2ヶ月間は、利用する漁場の選択に力を注いだとのことである。こうした漁場には、従来小島において一般漁業で用いていた場所だけでなく、新規に開拓した場所もあるという。

第Ⅱ部　現代の漁業者における漁撈活動の実際

　小島では遊漁の集客をはかるため、漁協の仲介で1996年より『週刊つり
ニュース』に遊漁船の案内を行っている。掲載初年度はその費用を漁協で負
担し、2年目からは各遊漁船業者に自立を促す意味合いからも半額を負担し
てもらっている。当初は遊漁船業を営むすべての経営体が掲載したが、仕立
船の場合、予約による固定客が多く、新聞掲載による不特定の釣り客への宣
伝にはメリットがないということで、掲載を辞退する者が出た。そうした経
緯を経て、現在の掲載件数となっている。
　また、小島漁協では遊漁客が利用する漁港の美化をはかる取り組みを行っ
ている。そのために漁港の駐車場を利用する釣り客に対し、漁港美化の協力
金を徴収している。金額は600円で、遊漁船を利用する釣り客については、
うち200円を漁協が負担している。この協力金は漁港清掃や、自動車の駐車
を監督する者のパート代、ゴミ処理に関わる諸経費に充当される。
　漁港の清掃については、以前は漁協組合員の配偶者が毎週日曜日に行って
いた。全員参加が原則で、配偶者のいない組合員や、その日の都合の悪い者
は清掃協力金として月1,000円を漁協に支払っていた。
　2002年より、組合員の配偶者13名でパート的に清掃を行っている。彼女ら
は漁協婦人部として届け出をしているわけではないが、婦人部と呼ばれてい
る。毎日曜に清掃を行い、漁協は1時間2,000円の時給を支払っている。

おわりに──問題の整理と今後の課題──

　以上、小島において一本釣り漁業と遊漁船業を兼業する漁業者の生業活動
について、おもに、漁場、資源利用の側面について、意思決定と合意形成の
点から述べてきた。要点を整理するとつぎのようになる。
　まず、小島の遊漁船業の歴史については、大正時代末から開始された、時
代的な継続性を有するものであることが明らかとなった。そして、小島のみ
ならず、岬町の遊漁船業は南海鉄道による淡輪遊園開発の一環として始まり、
地域的な広がりを持つものであることもわかった。この地域の遊漁船業の発

第4章　遊漁船業における漁場・資源利用の意思決定と合意形成

達の要因としては、鉄道開通により多くの顧客層を抱える大阪市街地と結ばれたことが大きく作用している。顧客についてみると、昭和時代後期初頭までの遊漁船業は、現代のような大衆化がなされておらず、大阪の商家の旦那衆といった、経済的に裕福な階層を対象に営まれていたようである。

　つぎに、遊漁船業と漁法的に共通する一本釣り漁業の魚種別月別漁獲量を比較してみると、対象魚種とその漁期に関して多くの部分で共通する点が明らかとなった。しかし、年間漁獲量を検討すると、魚種ごとの漁獲量全体に占める割合がそれぞれで大きく異なっていた。すなわち、同一の魚種を対象としていたとしても、遊業船業と一本釣り漁業とでは、漁獲物としての位置づけが異なっている。この点については、両者での漁獲対象の選択に際して、発想に違いがあることに起因するものとして理解することができる。つまり、同一の漁業者であっても、遊漁船業と一本釣り漁業を営む際には、異なった戦略に基づいた意思決定による資源利用がなされているということである。なお、いずれの漁業においても、出漁に際しては漁獲対象とする魚類が棲息する漁場を選択するが、その際には一本釣り漁業を営むなかで伝承されてきた、もしくは自己の中で経験を通して獲得されてきた、民俗知や経験知が活用されている。

　漁場の利用に関しては、漁獲対象とする魚類に対応した漁場の選択がなされている。漁法に共通性の高い遊漁船業と一本釣り漁業とでは、その漁場が重複する場合があるいっぽう、異なった漁場選択がなされる場合もある。漁場では漁船、遊漁船に関わらず慣習的な優先使用のルールが存在しているほか、漁船と遊漁船では、漁船の操業を優先する慣習がある点が明らかとなった。さらに、一般漁業者が遊漁船業を兼業する経営形態が大半を占めるなか、一般漁船と遊漁船のあいだで何らかのトラブルが生起した場合、「お互いさま」という合意でそれを回避する構造がみられた。こうした「相互了解性」によるさまざまな合意形成は、小島において一般漁業を営む漁業者が遊漁船業を兼業してきたという、歴史的、社会的要因から解釈できるだろう。

　小島漁協では、間伐材を利用した魚礁を府下で初めて導入したが、その合

第Ⅱ部　現代の漁業者における漁撈活動の実際

意と決定には漁業者が従来行ってきた漁撈活動における民俗的な知識が寄与した。また、魚礁の沈設場所は漁協役員ならびに組合員の意向に諮られたが、これも漁業者たちの漁場に関する民俗知をもとに合意決定された。

　遊漁船業の経営については、価格や宣伝、配船などの面において、漁協が調整をはかっている。遊漁客を迎えるための漁場の環境美化については、漁協組合員の配偶者である女性たちがそれを担っている。

　こうした、本章において明らかとなった諸点に基づいて、若干の考察を加えてみたい。

　漁場利用や資源利用に関する合意形成の問題を考える際には、利害の対立する当事者間の紛争と、その解決に向けた段階において、とかく緊迫したやりとりが想起される。しかし、漁業者の社会のなかでは、かならずしもそういった構図のみが展開している訳ではない。合意形成にはさまざまなかたちがあるのであって、そのなかには、今回取り上げたような、ある種、静的な「相互了解性」の合意も存在している。そうした合意形成を検討するには、漁業者が生きている母体となっている地域の歴史や、それを継承する社会の分析が必要である。

　合意形成について、さまざまなかたちがある、と指摘したが、そこには合意を行う単位という問題もある。漁場利用といった局面では、個人対個人、漁協に代表される漁業者集団対漁業者集団といった単位が多くの場合取り上げられる。しかし、合意のなかには漁業者各自の内部でなされる意思決定もある。小島の漁業者が一本釣り漁業を行う現場と、遊漁船業を営む現場とでは、たとえば利用する漁場や選択する魚種に違いがみられる。こういった個人のなかで展開されるマクロな戦略に注意を払う必要がある。

　この個人における意思決定を検討するに際して、本章では聞き取りと統計資料との整合をはかることができた。これまで民俗学では、定性的データを尊重し、定量的データの検討が看過される傾向があった。周辺諸学からは民俗学のそうした定性的データに依拠する方向性に、資料的価値の側面から信憑性を疑問視する声があった。いっぽう、民俗学からは、定量的データへの

第4章　遊漁船業における漁場・資源利用の意思決定と合意形成

過度の依存は、人間の主体的な行動や思考を見失う危惧がある点を指摘することができる。本章で使用した手法は定性的・定量的データの融合をはかったものと位置づけられよう。

　漁場利用に関する漁協内での合意形成の問題として、間伐材魚礁の問題を取り上げたが、その導入の経緯や沈設海域決定に際して、漁業者の持つ民俗知が活用されたことは注目すべきである。今日、「魚つき林」の問題など、漁業者が伝承し、あるいは経験を通して獲得した知識を漁業資の持続的利用に活用しようとする試みがなされているが、民俗知の活用は合意形成にとどまらず、漁業の抱える諸問題の解決に寄与すると思われる。

　今後の課題としては、まず漁場の空間利用に関する点があげられる。今回、遊漁船業と一本釣り漁業における時間利用と資源利用については資料に基づいた具体的な検討を行うことができたが、漁場の空間利用に関しては、漁業者各自の意思決定に基づいて、具体的にどのように行われているのかを検討することができなかった。この点を明らかにするためには、生業現場における直接観察といった手法を活用し、漁船の活動を跡づける必要がある。

　つぎに、オカ（陸域）における漁業者の意思決定や合意形成の問題が挙げられる。本章では生業現場の時間利用や資源利用について、漁業者の戦略に基づいた意思決定がなされている点を明らかにしたほか、漁場利用の問題として間伐材魚礁導入に際しての意思決定と合意形成の問題を検討した。しかし、漁協が主体となって展開する遊漁船の宣伝活動や、遊漁客を視野においた漁港環境の維持向上への取り組みについては、充分な議論をすることができなかった。この問題についても、今後の課題としたい

注
（1）第11次漁業センサスによれば、漁業地区内で2003年10月31日の過去1年間に遊漁案内を行った業者数16,898のうち、漁業者が14,734を占めている。
（2）漁業と遊漁船業との関わりを検討した論考としては、つぎのようなものがある。磯部作（1998）「漁業と観光・レクリエーションとの共存」地域漁業学会編『漁業考現学　21世紀への発信』農林統計協会、p.170-182

第Ⅱ部　現代の漁業者における漁撈活動の実際

　　磯部作（1999）「海のツーリズムと漁業―人と海とのかかわり―」『地域漁業研究』第39巻第3号、pp.1-4
　　上田不二夫・竹ノ内徳人（2005）「地域漁業と海洋レジャーの新たな関係の構築」地域漁業学会編『漁業経済研究の成果と展望』成山堂書店、pp.194-201
　　竹ノ内徳人（1999）「沿岸域におけるプレジャーボート問題―「競合」と「共存」の視点から―」『地域漁業研究』第39巻第3号、pp.5-32
　　鳥居享司・山尾政博（1998）「海域利用調整と漁業―海のツーリズムからのインパクト―」『地域漁業研究』第38巻第3号、pp.145-161
（3）具体的に挙げると、オカ側より1,500mオキまででは、ナキミヤアキ、ナキミノシタアキ、ナキミイッパイアキ、カメダキアシ、ニシノセトアキ、ニシノセトクイアキ、ニシノトイッパイアキ、ハブアキ、ハブイッパイアキ、トラハンブンダシ、トライッパイダシ、タカスコシアキ、タカダシ、タカイッパイダシ、シマジリダシ、シマジリイッパイ、オシマドダシがある。
（4）具体的に挙げると、カミからテラダシ、スミノエダシ、コウスケサンダシ、コウゼンアキ、コウゼンダンアキ、ナガヤマダシ、ナガヤマハンブン、ナガヤマイッパイ、チャセンダシ、コジマカンダシなどがある。

引用・参考文献
大阪朝日新聞　1937年1月16日付
菅豊（2006）『川は誰のものか　人と環境の民俗学』吉川弘文館
南海鉄道編（1938）『南海鉄道発達史』南海鉄道株式会社、pp.392-394
増﨑勝敏（2003）「一本釣り漁民の漁撈活動―大阪府泉南郡岬町谷川地区の事例より―」『地域漁業研究』第43巻第2号、pp.4-5
「岬町の歴史」編さん委員会（1995）『岬町の歴史』岬町
宮本常一（1949a）『大阪府泉南郡多奈川町小島漁業聞書』神奈川大学日本常民文化研究所所蔵稿本
宮本常一（1949b）『大阪府泉南郡深日町漁業調査』神奈川大学日本常民文化研究所所蔵稿本

第5章

小型機船底びき網漁業の漁撈活動
―大阪府泉佐野市の事例より―

はじめに―研究の意義―

　本章では、大阪府泉佐野市域の漁業者が営むイシゲタ網漁と呼ばれる小型機船底びき網漁業に関して、漁業者の船上活動ならびに漁船の分析を行うものである。

　イシゲタ網漁は、法制上、小型機船底びき網漁業に分類される。桁枠を有する袋状の網具で海底を曳航し、水産生物を捕獲する漁法である。泉佐野市は、大阪府下で最も小型機船底びき網漁業が盛んに行われており、その中心をなしているのがイシゲタ網漁である。本章では、このイシゲタ網漁を営む漁業者の海上活動について、船上での行動を時間利用と作業分担の側面から分析する。また、イシゲタ網漁を営む漁船の活動を出漁時間の側面から検討する。それらの分析を通じて、イシゲタ網漁を営む漁業者の漁撈活動を規定する諸因子を提示したい。

　これまで、泉佐野市域の漁業に関する民俗学的研究は、漁業経営の歴史的変遷や、いわゆる、伝統的な漁具・漁法の記録、漁業地区における生活習俗の記録といった方面で、多くの成果が挙げられてきた[1]。これらの業績は、聞き取りと文献調査という、従来から民俗学が主力としてきた手法によるものであった。そのいっぽう、聞き取りに加え、漁撈活動の現場での直接観察に基づいて検討した成果はみられなかった。そこで本章では、直接観察による漁撈活動の分析を試みた。

　なお、本章は『新修　泉佐野市史』（泉佐野市史編さん委員会 2006）に伴う調査の一端を活用したものである。

第Ⅱ部　現代の漁業者における漁撈活動の実際

1．調査方法と使用資料

　調査方法は、漁業者からの聞き取りと、漁船同乗による乗組員を対象とした直接観察、漁港での漁船の出入港の観察調査による。聞き取りは、同市泉佐野漁業協同組合・北中通漁業協同組合に所属する複数の漁業者を対象とした調査で得られたものである。漁船同乗の直接観察については、泉佐野漁協・北中通漁協より各1船を調査船とし、1996年8月より98年3月まで、延べ8回実施している。漁船の出漁時間については、1997年7月31日から8月2日にかけて実施した、泉佐野漁港における直接観察の資料に基づく。

2．調査地ならびに漁業の概要

　泉佐野市は大阪府の西南部、泉州地域に位置する（図5-1）。市域は南西部和泉山脈に続く山間部と、中央に位置する丘陵部、そして北西の大阪湾に面した平野部からなる。1997年現在、市の総面積、世帯数ならびに人口は54.38km^2、32,788世帯、94,996人である。現在の市域の産業は、第2次・第3次産業を主体とするが、第1次産業についてみると、農業ではタマネギ・キャベツに代表される商品作物の栽培が特徴的である。

　漁業に関しては、歴史的にみると近世期、佐野網として知られる対馬・五島への進出が有名であった。現在は大阪湾を漁場として営まれる沿岸漁業が営まれている。当地は、大阪府下において有数の漁業地区となっている。

　前述のとおり、泉佐野市には泉佐野漁業協同組合と北中通漁業協同組合の2漁協がある。前者に所属する漁業者は、行政上、野出・春日町・新町に居住する者が中心で、後者では、鶴原・下瓦屋・湊を中心に居住している。

　1997年現在、泉佐野市で行われている漁業は、ほとんどが個人経営体を単位としている（表5-1）。おもな漁業種類は、小型機船底びき網漁業・刺網漁業・ひきまわし船びき網漁業・タチウオを対象とした釣り漁業・アナゴを

第5章　小型機船底びき網漁業の漁撈活動

図5-1　泉佐野と周辺地図

対象とするかご漁業である（表5-2）。漁獲物の多くは、泉佐野漁港にある泉佐野漁協市場に出荷される。

　今回取り上げるイシゲタ網漁の含まれる小型機船底びき網漁業は、大阪府下で営まれる漁業のうち、漁獲量・生産額の面から主力漁業のひとつに位置づけられる（表5-3）。

　ところで、泉佐野市で営まれている小型機船底びき網漁業には、イシゲタ網漁のほか、イタビキ網漁と呼ばれる開口板を使用して行われる漁がある。

75

第Ⅱ部　現代の漁業者における漁撈活動の実際

表5-1　経営組織別経営体数

(単位：経営体)

	計	個人経営	会社経営	漁業生産組合	共同経営
大阪府	780	729	1	1	49
泉佐野市	101	97	—	—	4

資料：1997年1月1日現在『大阪農林水産統計年報』による。

表5-2　主とする漁業種類別経営体数

単位：経営体

	計	小型底曳網	中・小型まき網	その他の刺網	その他の釣	その他の延縄	ひきまわし船曳網	小型定置網	採貝採藻	左記以外の漁業	海面養殖			左記以外の養殖
											のり	わかめ	はまち	
大阪府	780	193	1	235	72	—	53	26	12	180	4	3	1	—
泉佐野市	101	70	—	8	5	—	8	—	—	10	—	—	—	—

資料：1997年1月1日現在『大阪農林水産統計年報』による

表5-3　大阪府の漁業種類別漁獲量・生産額（1996年）

漁業種類	漁獲量（t）	生産額（千円）
海面漁業	23,237	7,358,739
小型底曳網縦曳1種	948	836,501
〃　その他	1,313	1,592,361
中・小型2そうまきキンチャク網	14,182	1,026,715
その他の刺網	558	558,767
曳縄釣	21	15,050
その他の釣	73	49,962
その他の延縄	—	—
小型定置網	228	114,383
曳き回し船曳網	5,030	2,155,684
採貝	30	17,904
採藻	—	—
上記以外の漁業	854	991,412
海面養殖漁業	347	73,418
ぶり類養殖業	x	x
わかめ養殖業	217	41,268
のり養殖業	123	x

資料：『大阪府農林水産統計年報』による。

1997年現在、泉佐野漁協ならびに北中通漁協で小型機船底びき網漁を営む71の経営体をみると、イシゲタ網漁を営む経営体が64、イタビキ網漁を営む経営体が7である。イシゲタ網漁は泉佐野市域の小型機船底びき網漁の中心となっている。

第5章　小型機船底びき網漁業の漁撈活動

3．イシゲタ網漁の概要

　現在、泉佐野市域の漁業者が営むイシゲタ網漁の漁撈活動を検討するに際して、その操業の実際を述べておく。

　イシゲタ網漁で使用される漁船は、10t未満15ps以下と規制され、1船に3名程度が乗り組んで操業する。漁場は大阪湾内、おもに水深17〜18mの砂質・泥質海底海域である。操業海域には、大阪府漁業調整規則・大阪湾漁業協定により、細かい規制・制限が設けられている。

　漁は普通、5条5網の網具を使用して行われる。各漁網はイシゲタと呼ばれる鉄製の桁枠を有する。このことがイシゲタ網という漁の名称のもとになっている。桁枠は長さ180cm、高さ31cmで、下桁の前部に鉄製のツメ（爪）を持つ。ツメは通常24cmの長さで、曲がりを有する。1つの桁あたりのツメの本数は45本である。ツメの規格は、漁場とする海域の底質により変わる。桁枠の両端にはイシと呼ばれる石製もしくは鉄製の重りをつける。フクロと呼ばれる袋網は、網口より、目合7節・長さ20目・幅110掛、8節・20目・110掛、10節・100目・100掛の網地を用いて仕立てる。材質はポリエチレンである。網口の網地をハモト、袋尻の網地をソコという。袋網の仕立て上がりの長さは、2ヒロほどである。曳綱は径7mmのワイヤーを使用し、長さは水深によって変わる。又綱は径7mmのステンレスで、長さ150〜160cmである。やり出し棒はヒノキ材等を用いる。漁具の名称や規格は図5-2のとおりである。

　漁獲対象とするのは、海底域に生息する水産生物である。表5-4にその一覧を挙げる。漁獲物の種類は、季節によって変化がある。

　イシゲタ網漁の操業は、日中である。出漁は潮汐に関わらない。出港時間は漁協の取り決めにより6時30分より7時までとされている。帰港時間は15時の漁協市場のセリの時間に合わせる。

　漁船は出港後、漁場までの移動の間に、船側に収納されていたやり出し棒

第Ⅱ部　現代の漁業者における漁撈活動の実際

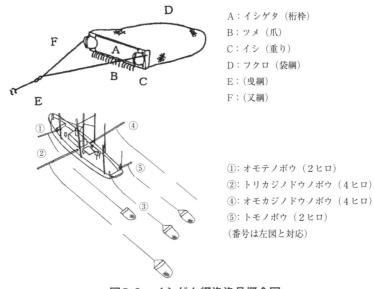

A：イシゲタ（桁枠）
B：ツメ（爪）
C：イシ（重り）
D：フクロ（袋網）
E：（曳網）
F：（又網）

①：オモテノボウ（2ヒロ）
②：トリカジノドウノボウ（4ヒロ）
④：オモカジノドウノボウ（4ヒロ）
⑤：トモノボウ（2ヒロ）
（番号は左図と対応）

図5-2　イシゲタ網漁漁具概念図

を開いたり、曳網の長さを調整するなど、曳網の準備を行う。

漁場に到着すると、甲板上の網具を人力ならびにウインチの操作で海中に投入する（**写真5-1**）。投網は最も船尾に近い網具より行う。両舷の対称の位置にある網具は、同時に投入する。投網時は船速を上げ、全速で航行し、桁枠が着底すると減速して曳網する。曳網は潮流の向きに関わりなく行う。1回の曳網は12～13分程度を目安とするが、やり出し棒のしなり具合を見て、曳網時間を調整する。

写真5-1　イシゲタ網漁業の投網のようす（1997年6月7日著者撮影）

揚網は船首に近い網具より行う。ウインチで曳綱を巻き上げ、桁枠が海面より揚がると、人力で網具のみ甲板に引き揚げる（**写真5-2**）。各網具の引き揚げに携わる人数は、原則として1名である。甲板上に網具を引き揚げる

第5章　小型機船底びき網漁業の漁撈活動

表 5-4　イシゲタ網漁の主な漁獲対象（1997 年）

地方名	標準和名
クルマエビ	クルマエビ
アシアカエビ	クマエビ
シラサ	ヨシエビ
ザコ（ジャコ）	サルエビ・アカエビ・トラエビ
トビアラ	サルエビ（大型）
ワタリガニ（カニ）	ガザミ
モンガニ	ジャノメガザミ
モキチ	イシガニ
シャコ	シャコ
シタ	イヌノシタ・アカシタビラメ・コウライアカシタビラメ
カレイ	マコガレイ
メイタ	メイタガレイ
ガッチョ	ネズミゴチ・ハタタテヌメリ
キスゴ	シロギス
アカエイ	アカエイ
チヌ	クロダイ・キチヌ
コチ	コチ
トバ	アイナメ
ハゼ	マハゼ・アカハゼ
オコゼ	オニオコゼ
ヒラメ	ヒラメ
アナゴ	マアナゴ
スズキ	スズキ
ハネ	スズキ（岩魚）
ネブト	テンジクダイ
コウベ	カワハギ・ウマヅラハギ
タコ	マダコ
テナガダコ	テナガダコ
イイダコ	イイダコ
イカ	コウイカ・シリヤケイカ・カミナリイカ
ヒイカ	ジンドウイカ
ミミイカ	ミミイカ
ナマコ	マナマコ
アカガイ	アカガイ
スベタ	ハナツメタガイ
ニシンガイ	アカニシ

資料：泉佐野漁協資料と大阪府立水産試験場での聞き書きより作成。

と、その場で網尻より漁獲物を取り出し、ただちに空になった網具を海中に投入する。すべての漁獲物を取り出し、袋網を海中に投入すると、ウインチを操作し、再び網具を海底に下ろして曳網に移る。そののち、漁獲物の選別を行う。選別では甲板上の各曳網位置に取り出された漁獲物を種類別に分け、カゴなどに入れて、後部甲板に運ぶ。各揚網場所で選別に携わる人数は1名である。各場所での漁獲物の選別が終わり、後部甲板に運ぶと、集まった漁獲物を種類別にまとめ、イケス・バケツ・発泡スチロールの箱などに分別し

第Ⅱ部　現代の漁業者における漁撈活動の実際

写真5-2　イシゲタ網漁業の揚網のようす（1997年6月7日著者撮影）

写真5-3　イシゲタ網漁業漁獲物の選別のようす（1996年8月9日著者撮影）

て収納する（**写真5-3**）。この揚網・選別作業の合間には、適宜甲板にホースで散水し、汚れを洗い落とす。以上の作業を帰港時間が近づくまで反復して行う。

その日の最終の揚網をすると、帰港のため漁場から漁港に向けて移動する。航行中、網具の清掃・やり出し棒の収納・出荷準備を行う。

漁港では、乗組員の妻などの女性たちが帰港を待ち受けている。漁船が接岸すると、乗組員は女性たちと共同して漁獲物をリヤカーに積み込み、隣接する漁港市場に出荷する。

4．船上における漁撈活動の分析

さきに述べたとおり、イシゲタ網漁における主たる船上作業は、投網―曳網―揚網と、曳網に並行して行われる、漁獲物の選別といった過程の反復で構成されている。この過程を、時間利用の側面から整理したのが、**図5-3・5-4**である。これは、調査船としたA丸の1997年8月23日における操業と、B丸の1998年3月23日の操業を、漁船同乗による直接観察の記録に基づいて図示したものである。A丸・B丸はともに3名が乗り組んで、専業的にイシ

第5章　小型機船底びき網漁業の漁撈活動

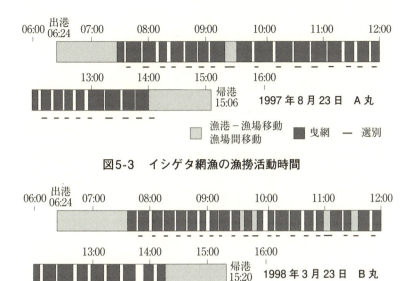

図5-3　イシゲタ網漁の漁撈活動時間

図5-4　イシゲタ網漁の漁撈活動時間

ゲタ網漁を行っている。

　この両図からは、両漁船とも、揚網とつぎの投網までの時間が短く、新たな投網を行うに際して、ほとんど漁場間移動をおこなっていないことが指摘できる。換言すれば、前回の揚網場所に近接した場所から、次の曳網を開始していると言うことができよう。

　曳網に際してほとんど漁場間移動を行わないことに関して、聞き取りでは以下の点が語られた。すなわち、曳網を行わずに漁場間移動を行うことは、移動時間の分だけ曳網の回数・時間を減少させることにつながるということである。その結果、漁獲量の低下を招くことになるので、こうした移動は極力さけるようにするというのである。漁業者たちは他船の動きや漁獲に敏感で、頻繁に漁業無線を用いた情報交換を行っている。特に最近は仲間の漁業者以外に傍受されないという点から、携帯電話を用いて情報のやりとりを行

81

第Ⅱ部　現代の漁業者における漁撈活動の実際

うことが見受けられる。聞き取りでは、こうした情報によって、漁場を移動することもあるというが、前述の理由で漁獲の減少につながり、かんばしい成果をあげられないという。

　こうした、漁業効率を視野に置いた漁業者の行動は、つぎのような点からもうかがえる。さきほどの図5-3・5-4では、漁獲物の選別がほとんどの場合、曳網中に行われていることを指摘できる。こうした作業の並行は、漁獲を増大させるうえで効率の良い時間利用であるといえる。イシゲタ網漁においては、曳網は漁船の動力任せであり、この時間中は乗組員が行うべき作業は比較的少ない。そうした作業の閑散な時間帯に漁獲物の選別を組み込むことは、揚網後、選別作業にのみ割く時間を不必要にする。このことによって、揚網と次の投網との時間の短縮化をはかることができる。つまり、揚網―投網の過程を短時間で行うことは、曳網の時間を増やすことにつながる点で、多くの漁獲を可能とすることにつながる。

　つぎに、船上での乗組員の各作業を、個別に時間利用の側面から解析する。表5-5は、さきほどのA丸・B丸について、各船上作業に要した時間と出漁時間全体との関係を整理したものである。両船について、海上滞在時間より、漁港と漁場・漁場間移動に要した時間を減じたもの、つまり漁場に滞在した

表5-5　海上活動時間と主たる海上（船上）活動時間
（1997年8月23日　A丸　98年3月23日　B丸）

	海上滞在時間 出港－帰港	移動時間 漁港－漁場 漁場間	曳網回数	総曳網時間	総選別時間
970823A（分）	522	142	25	316	109
海上滞在時間に占める割合（%）		27.2		60.5	25.1
海上滞在時間より移動時間を減じた時間に占める割合（%）				83.2	28.7
1回の平均時間				12.6	5.2
980323B（分）	537	154	29	302	109
海上滞在時間に占める割合（%）		28.7		56.2	20.3
海上滞在時間より移動時間を減じた時間に占める割合（%）				78.9	28.5
1回の平均時間				10.4	3.9

注：直接観察による。

第5章　小型機船底びき網漁業の漁撈活動

表5-6　曳網時間（1997年8月23日　A丸　98年3月23日　B丸）

分	6	7	8	9	10	11	12	13	14	15	16	17	18	計
970823A	1		1	5	1	1	2	2	3	5	1	1	2	25
980323B	3		5	2	5	5	2	4	1	1	1			29

表5-7　選別時間（1997年8月23日　A丸　98年3月23日　B丸）

分	2	3	4	5	6	7	8	9	10	計
970823A		3	5	7	7	1	1		1	25
980323B	5	6	11	3	1	1		1		28

注：直接観察による。

時間と、そのうちに占める曳網時間との割合を平均でみると、A丸では83.2％、B丸では78.9％であった。このことから、漁場では漁獲のために多くの時間が割かれていることがわかる。つぎに、各出漁日における、1回の平均曳網時間をみると、A丸では12.6分、B丸では10.4分であった。また、1回の漁獲物選別に要する時間を平均でみると、A丸では5.2分、B丸では3.9分であった。

こうした、両船の各出漁日における、各回の曳網・漁獲物選別に要した時間を分単位で整理したのが、表5-6・5-7である。曳網時間についてはばらつきがあるものの、A丸では12分から15分に、B丸では8分から13分に、頻度の高い時間帯が認められる。また、選別時間については、A丸では3分から6分、B丸では2分から4分に、頻度の高さが認められる。こうした、頻度の高い時間分布は、**表5-5**で示した各作業の平均時間と重なり、作業ごとの所要時間は、かなり一定しているものと推測できる。

曳網・選別作業に要する時間の一定性は、漁船の速度・網具の容量といった物理的な要因から理解することができよう。選別作業については、曳網と並行して行われることによる時間的制約や、漁獲物の鮮度保持を志向した作業の効率化といった点から、時間的な開きが生じ得ないようになっていると考えられる。

以上のように、イシゲタ網漁においては、漁業者の船上活動について、その過程や時間利用の点でパターンかみられる点を指摘することができた。こ

第Ⅱ部　現代の漁業者における漁撈活動の実際

表5-8　イシゲタ網漁における、揚網・漁獲物選別作業の分担（1997年・98年）

A丸（泉佐野漁協所属）

		投網	揚網					選別				
			網1	網2	網3	網4	網5	網1	網2	網3	網4	網5
97年6月14日	合計回数	19	19	19	19	19	19	19	19	19	19	19
	船長		0	0	0	17	6	0	0	0	0	13
	乗組員1		0	19	2	0	11	0	19	19	0	4
	乗組員2		19	0	17	2	2	19	0	0	19	2
97年8月23日	合計回数	25	26	26	26	25	25	25	25	25	25	25
	船長		0	0	0	23	8	0	0	0	0	22
	乗組員1		1	25	4	0	15	0	25	25	0	2
	乗組員2		25	1	22	2	2	25	0	0	25	1
全体回数	総計	44	45	45	45	44	44	44	44	44	44	44
	船長		0	0	0	40	14	0	0	0	0	35
	乗組員1		1	44	6	0	26	0	44	44	0	6
	乗組員2		44	1	39	4	4	44	0	0	44	3
全体比%	船長		0	0	0	90.9	31.8	0	0	0	0	79.5
	乗組員1		2.2	97.8	13.3	0	59.1	0	100	100	0	13.5
	乗組員2		97.8	2.2	86.7	9.1	9.1	100	0	0	100	6.8

B丸（北中通漁協所属）

		投網	揚網					選別				
			網1	網2	網3	網4	網5	網1	網2	網3	網4	網5
97年6月7日	合計回数	24	24	24	24	24	24	24	24	24	24	24
	船長		0	24	4	0	0	0	0	18	0	0
	乗組員1		0	0	0	24	24	0	0	1	24	24
	乗組員2		24	0	20	0	0	24	24	5	0	0
97年7月5日	合計回数	22	22	22	22	22	22	22	22	22	22	22
	船長		0	22	3	0	0	0	0	22	0	0
	乗組員1		1	0	0	22	21	0	0	0	22	22
	乗組員2		21	0	19	0	1	22	22	0	0	0
98年3月23日	合計回数	29	29	29	29	29	29	29	29	29	29	29
	船長		0	29	1	0	0	0	2	26	0	0
	乗組員1		0	0	0	29	29	0	0	0	29	29
	乗組員2		29	0	28	0	0	29	27	3	0	0
全体回数	総計	75	75	75	75	75	75	75	75	75	75	75
	船長		0	75	8	0	0	0	2	66	0	0
	乗組員1		1	0	0	75	74	0	0	1	75	75
	乗組員2		74	0	67	0	1	75	73	8	0	0
全体比%	船長		0	100	10.7	0	0	0	2.7	88	0	0
	乗組員1		1.3	0	0	100	98.7	0	0	1.3	100	100
	乗組員2		98.7	0	89.3	0	1.3	100	97.3	10.7	0	0

注：1）表中の網番号は右図○番号に対応する。
　　2）揚網の際、漁獲物の量により、1つの網具に複数の乗組員が携わることがあるため網具ごとで作業に携わった人数と総揚網回数が合致しない場合がある。また、その関係で全体比が100とならない場合がある。

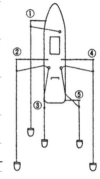

うした活動の規則性については、乗組員の船上活動の分担という側面から検討することもできる。

　表5-8はA丸・B丸について、操業時に3名の乗組員が各回の揚網作業・選別作業でどの網具を担当したかを整理したものである。

　この表では、A丸では2日間、B丸では3日間の漁について整理したが、各乗組員が担当する網具は原則決まっており、作業の分担化を見いだすことができる。揚網・選別作業ごとに、どの乗組員がどの網具を担当したかをみ

ると、A丸については、揚網では59.1～97.8％、選別では79.5～100％を占める。また、B丸では、揚網が89.3～100％、選別が88～100％を占める。このように、各網具に関する揚網・選別作業では、乗組員の作業分担が顕著なものと指摘することができる。

ここまでで述べてきた、揚網や選別といった作業が、乗組員の作業分担により効率的に進められることは、2つの点から漁業効率を高めることにつながる。

1点目は漁獲機会の増大をもたらす点である。揚網についてみると、この作業に充てる時間が短縮できれば、曳網回数の増加につながり、漁獲の向上につながることである。

2点目は、漁獲物の鮮度保持の点である。揚網・選別に要する時間の短縮は、漁獲物の鮮度の保持につながり、市場での価格向上につながる点である。

ところで、ここまでみてきたように、イシゲタ網漁における漁業者の船上活動の規範は、漁業効率の向上を優先したものであるが、それらには含まれない、副次的な行動についても触れてみたい。

表5-9はA丸・B丸における、出漁中の乗組員の船上活動のうち、昼食の時間帯に関するものである。乗組員は船上で朝食と昼食を摂る。ただし、朝食についてはすべての乗組員が摂るわけではない。また、朝食に充てるのは、出漁後、漁場に到着するまでの比較的作業が閑散な時間帯である。いっぽう、昼食はほぼ毎出漁ごと、船上作業の繁忙な時間帯に、すべての乗組員が摂る。ここでは漁獲のための船上作業と作業外の活動を検討するという目的から、昼食の場合を取り上げることにする。

この表によると、乗組員が昼食を摂る時間は、A丸・B丸とも、投網選別が終了し、つぎの揚網を開始するまでの、比較的余裕のある時間帯が活用されていることがわかる。しかし、食事中の各乗組員の行動をみると、操船・見張りといった作業が並行して行われていることがわかる。**図5-5**では、食事の際の乗組員の漁船上での位置・姿勢・視線を整理したが、ここからは、各乗組員が操舵場所や甲板上の各所で、立ったまま、立て膝といった、すぐ

第Ⅱ部 現代の漁業者における漁撈活動の実際

表5-9 船上での食事（船上活動のトレースより抽出 1997年8月23日　A丸　98年3月23日　B丸）

A丸（泉佐野漁協所属）1997年8月23日

時間		作業回数			揚網																船長				
					船長					乗組員1					乗組員2										
時	分	投網	揚網	選別	網1	網2	網3	網4	網5	網1	網2	網3	網4	網5	網1	網2	網3	網4	網5	網1	網2	網3	網4	網5
*	*																							
6	24																							
*	*																							
6	34																							
6	35																							
6	41																							
6	43																							
6	44																							
6	52																							
6	52																							
7	11																							
7	12																							
*	*																							
9	50		9																					1
9	53		9																					
9	53																							
9	53																							
9	57																							
9	57																							
10	8		10				1				1					1								
10	11	11																						
10	11			10																				1
*	*																							
11	51			16																				1
11	56																							
11	56																							
11	57			16																				
11	57																							
11	57																							
11	58																							
12	0																							
12	1																							
12	5			17							1					1								
12	9	18																						
12	9			17																				1
*	*																							
15	6																							
*	*																							

B丸（北中通漁協所属）1998年3月23日

時間		作業回数			揚網																船長				
					船長					乗組員1					乗組員2										
時	分	投網	揚網	選別	網1	網2	網3	網4	網5	網1	網2	網3	網4	網5	網1	網2	網3	網4	網5	網1	網2	網3	網4	網5
*	*																							
6	23																							
*	*																							
11	0			17																				
11	0																							
11	7																							
11	7		18																					
11	9			17																				
11	9																							
11	12																							
11	16																							
11	19		18			1					1	1	1			1								
11	21	19																						
11	21			18																	1				
11	25			18																				
11	29		19			1						1	1	1										
11	31			19																				
11	31																							
*	*																							
15	20																							
*	*																							

注：1）時刻欄の*は船上における諸活動について、表中での記載を省略していることを示す。
　　2）表頭左「作業回数」欄の数字は、各作業がその日の操業において、何回目であるかを示す。
　　3）表頭中央「揚網・選別」の欄の「船長」「乗組員1」「乗組員2」は各乗組員を示す。「網1」から「網5」は各網具に付した通し番号である。その下の表中の1の数字は、その網具での作業に数字の付された乗組員が従事したことを示す。
　　4）表頭右「その他の行動」は「備考・行動内容」に記した船上活動について、それを行った乗組員を示す。従事者には1の数字を付している。

第5章 小型機船底びき網漁業の漁撈活動

選別 乗組員1					乗組員2					その他の行動			備考・行動内容
網1	網2	網3	網4	網5	網1	網2	網3	網4	網5	船長	乗組員1	乗組員2	
										1			出港 操船
										1			漁具の調整
										1			漁具の調整終了
										1			食事開始 立位 ER
										1			雨のためトモに移動 食事
											1		食事開始 座位 トモ
										1			食事終了
											1		食事終了
											1		トモのハコに注水開始
											1		トモのハコ注水完了
	1	1				1		1					選別9回目開始
													選別9回目終了
											1		散水トモ開始
												1	パン食べる 立位 ER
											1		散水トモ終了
												1	パン食べ終わる
	1	1					1						選別10回目開始
	1	1				1		1					選別16回目開始
											1		散水開始
												1	食事開始 立て膝 オモテ
													選別16回目終了
											1		散水終了
											1		食事開始 立位 トモ
										1			食事開始 中腰 トモ
											1		食事終了
										1	1		食事終了
	1	1				1		1					選別17回目開始
													帰港

選別 乗組員1					乗組員2					その他の行動			備考・行動内容
網1	網2	網3	網4	網5	網1	網2	網3	網4	網5	船長	乗組員1	乗組員2	
										1			出港 操船
		1	1	1	1	1				1			選別17回目開始 船長操船
													漁場間移動開始
													漁場間移動終了
													選別17回目終了
										1	1		食事開始
													船長 立位 操船と併行 トモ
													乗組員1 座位 ドウオモカジ
												1	食事終了
										1			食事終了
													所要時間43秒44
													所要時間23秒43
		1	1	1									選別18回目開始
													選別18回目終了
													所要時間2分17秒89 途中ワイヤ調整
		1	1	1	1	1				1			選別19回目開始 船長操船
													漁場間移動開始
													帰港

第Ⅱ部　現代の漁業者における漁撈活動の実際

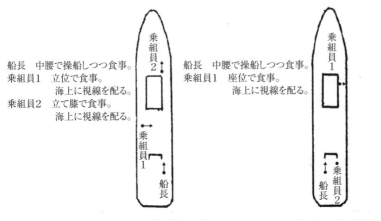

A丸（1997年8月23日）　　　　B丸（1997年8月23日）

注：図中の・は乗組員の位置。→は視線の方向。

図5-5　イシゲタ網漁漁船上での乗組員の昼食場所

さま動くことができるような姿勢で食事をおこなっていることがわかる。

　つぎに、乗組員の昼食のメニューをみると、できるだけ短時間で食事を終えられたり、船上作業と並行して摂ることができるような工夫がなされている。

　出漁時、乗組員は各自弁当を携行する。これらは弁当箱や透明な合成樹脂の食品保存箱に詰められている。聞き取りでは、昼食のおかずには、たとえば卵焼きのような手づかみで食べられるようなおかずを入れたり、焼き魚を入れるときは身をあらかじめ裂いて詰め、食べるときに手間がかからないような工夫をするという。しかし、昼食は仕事に神経を使いながら食べるので、あまり多く食べることができず、腹にたまったらよい程度の量しか持参しないという。船上においては漁撈活動が最優先され、食事といった、生産に直接関わらない活動は従属的な位置づけがなされているといえよう。

第5章　小型機船底びき網漁業の漁撈活動

5．漁船の出漁・帰港時間

　前述のとおり、イシゲタ網漁漁船の操業時間は、漁協の申し合わせと、漁協市場の開市時間というふたつの要素により規定されている。このことを具体的に見るために、イシゲタ網漁漁船全体の、出港・帰港時間について検討する。

　著者は1997年7月31日から8月2日までの3日間について、イシゲタ網漁を含む小型機船底びき網漁漁船の出港時間と帰港時間・セリ順を調査した。

　まず、出港時間についてみると、泉佐野・北中通漁協の小型機船底びき網漁漁船は、前述のように出港時間が定められている。すなわち、6時30分のサイレンで出漁が可能となり、7時に流される2度目のサイレン以降は、出港してはならないとされている。漁の開始時間が漁業者の申し合わせという社会的要因で規定されているわけであるが、そのなかで、各漁船は最大限の漁獲を得るべく、サイレンが鳴るや否や、先を争って全速で出港してゆく。調査を行った3日間についてみると、サイレン後、6分から8分で全船出港しており、2度目のサイレンまで、間をおいて出港してゆく漁船は見られなかった。

　出港時間に対し、帰港時間については、漁船ごとでかなりの開きが認められる。この理由について、聞き取りでは、毎日の帰港時間はその日の漁協市場のセリ順にあわせるのだという話を聞くことができた。

　イシゲタ網漁を営む泉佐野漁協・北中通漁協所属の漁業者が漁獲物を出荷する泉佐野漁協市場のセリは15時に開始され、16時過ぎまで行われる（ちなみに1997年8月3日のセリの終了は16時11分であった）。漁協市場には、その日のセリの順番が、屋号で掲示されており、この順番はローテーションで毎日変わる。漁協市場にはセリ台が2カ所あり、そのそれぞれについて、1番から5番までのセリ順がある。さらにセリ順はその枠内で6ないし7の順番に分かれている。各漁業者は、この両者の組み合わせで、たとえば、「1

第Ⅱ部　現代の漁業者における漁撈活動の実際

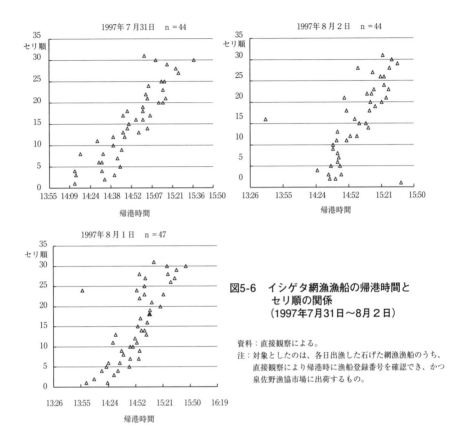

図5-6　イシゲタ網漁漁船の帰港時間とセリ順の関係
（1997年7月31日～8月2日）

資料：直接観察による。
注：対象としたのは、各日出漁した石げた網漁漁船のうち、直接観察により帰港時に漁船登録番号を確認でき、かつ泉佐野漁協市場に出荷するもの。

番の1番」「2番のケツ（6番）」といったように、自分のセリ順を認識したうえで出漁している。そして、海上ではその日の自分のセリ順に間に合うぎりぎりの時間まで漁を行う。したがって、セリ順が早ければ、帰港時間は早くなり、遅ければ帰港時間は遅くなる。

こうした帰港時間とセリ順との関係を明確にするため、イシゲタ網漁漁船に関して図表化したのが図5-6である。この図では、横軸に帰港時間を、縦軸にセリ順をとり、各漁船をドット化している。ただし、前述のようにセリは2カ所で並行して行われ、かつ各セリは5つの枠内で6ないし7番に分かれているので、ここでは、各セリ台別のセリ順の枠をはずした通し順で、セ

リの順番をあらわしている。

　なお、市場に掲示した屋号の数は、調査期間3日間とも、各セリ台について31であった。

　この図からわかることは、ばらつきが認められるものの、セリ順の遅い漁船ほど、帰港時間が遅い点である。ただし、セリ順が早いにも関わらず、帰港時間が遅い漁船も認められる。聞き取りならびに直接観察では、帰港時間がセリの順番に間に合わない場合は、遅い時間まで操業する事例がみられた。セリの規定では、自分のセリ順に間に合わない時は、セリ順は最後に回されることになっているという。聞き取りでは、一般にセリでの魚価は、同じ種類の漁獲物であってもセリ順の早い方が高く、セリ順の最後のほうでは、最初の7割くらいの価格しかつかないという。そこで、帰港時間がセリ順に間に合わない場合は、操業時間を延ばすことで漁獲量を上げ、販売価格を高めようとするらしい。

　以上述べてきた点より、イシゲタ網漁漁船の活動は漁協による申し合わせ、セリ順といった、社会的要因を受けつつ、経済効率を追求する方向性をもった時間利用をしている点がわかる。

おわりに―問題の整理と今後の課題―

　泉佐野市における、イシゲタ網漁について、漁業者の船上活動を時間利用ならびに作業分担の側面からみてきた。また、イシゲタ網漁漁船の出漁時間を検討し、社会的・経済的側面から検討した。その結論として、イシゲタ網漁に携わる漁業者の漁撈活動は、高い漁獲量や漁獲物の鮮度保持による高価格化といった、経済性を視野に置いた営みであることが明らかとなった。

　無論、海上での漁撈活動を規定する因子としては、経済性のみでは解決できない点も存在する。出漁の可否は、海上気象といった自然的因子に左右されることはいうまでもない。また、本章ではイシゲタ網漁に携わる漁業者の活動を日単位で検討したが、季節・年間といった、長期にわたった分析も必

第Ⅱ部　現代の漁業者における漁撈活動の実際

要である。さらに、海上での漁撈活動を分析するに際しては、海という空間利用についても検討しなければならない。そうした点を視野においた研究の進展を、著者は痛感している。

注
（1）泉佐野の漁業に関する先行研究としては、つぎのようなものがある。
　　小藤政子（1994）「泉佐野の漁業とその背景」『日根荘総合調査報告書』大阪府埋蔵文化財協会、pp.629-654
　　宮本常一（1987）「泉佐野における産業の展開過程の概要」『宮本常一集　35』未來社、pp.101-208
　　宮本常一（1987）「五島列島の産業と社会の歴史的展開」『宮本常一集　11』未來社、pp.15-98
　　宮本常一（1987）「対馬に於ける佐野網の変遷」『宮本常一集　19』未來社、pp.188-201

参考文献
泉佐野市史編さん委員会（2006）『新修　泉佐野市史　9.10　考古編・民俗編』清文堂出版

第6章

大阪湾のバッチ網漁業にみる漁撈集団の構成とネットワーク
―大阪府泉佐野市北中通の事例より―

はじめに―研究の目的と方法―

　本章では泉佐野市北中通漁業協同組合に所属する漁業者が、イワシシラスとイカナゴシラスを漁獲対象として営む、バッチ網漁と呼ばれる機船船びき網漁業を取り上げる。北中通におけるバッチ網漁業は、昭和40年代に機械キンチャク網漁業や小型機船底びき網漁業からの転換によって着業された、比較的歴史の浅い漁業である。漁船の装備についても、著しく近代化が進んでいる。

　これまで、民俗学における漁撈研究は、いわゆる、「伝統的」とされる近代化以前に照準が合わせられてきた。この措定は漁業が目前で劇的な近代化を遂げつつあった、1930年代から40年代においては、時代的要請という文脈から理解できる。しかしながら、民俗学が主力とする調査手法である聞き取りによっては、第2次世界大戦前の伝承さえ追究してゆくことが困難となりつつある現在、こうした旧来の視座に拘泥していたのでは、今後この分野における研究の進展は望めない。こうした問題意識に立てば、谷口貢の「民俗学を現代学として位置づけ、村落社会の生活実態を丹念に掘り起こしていくことが大切である。」(谷口 1996) という指摘は、漁撈民俗の分野においても研究の立脚点を設定してゆくうえで重要なものとなる。また、漁撈のような自然と対峙する生業を検討するに際しては、篠原徹が指摘したとおり、聞き取りに依存するのみならず、生業現場における観察は不可欠となってくる(篠原 1995)。畢竟、この立場を取れば、漁撈研究において近代化の進んだ

第Ⅱ部　現代の漁業者における漁撈活動の実際

現代の漁業を対象とする必要性は高まる。

　ところで、第2章でも述べたように、日本民俗学における漁業研究の分野では、桜田勝徳の存在を看過することはできない。宮本常一が指摘したように、旧来、民俗学では漁業を研究対象とすることが少なかったなかで、桜田は一貫してこの分野に取り組み、多くの成果と課題を提示してきた。その業績は今日でも何ら色あせることがないばかりか、彼が提起した課題には、いまだ深化されていない点も多く存在する。ここには、近代化されてゆく漁業を調査研究する必要性に関する提言も含まれる。第2章でも挙げたが、彼は従来の民俗学に関して、「要するに調査の場は現代の村であっても、その村でより古い生活伝承の仕方を具体的に探り出そうとする方面に力が注がれて、当面する村の現状を全体的に知ろうとする努力はなされなかった。」（桜田1981a）と看破し、漁撈民俗研究についても、近代的技術の受容のなかで急速に変貌を遂げつつある漁村の現状を記録・調査することの必要性を唱えている（桜田 1981b）。しかし、管見ながらこの桜田の指摘は長らく注目されなかった。

　そうしたなかで、近年漁撈民俗に関する研究動向をみると、漁撈の近代化された部分に積極的なアプローチをする動きが現れつつある。野地恒有は、愛知県篠島における船びき網漁について、漁撈活動の実態と漁場利用を直接観察ならびに漁業日誌の検討を通して詳細に分析した（野地 1998）。野地はそのなかで、自らの研究を「従来の民俗調査の対象圏外におかれてきた、機械化、電子化の進んだ現代漁業であるシロメ・コウナゴ曳き漁のなかで、漁場利用と民俗について試考することに意義がある。」（野地 1998）と位置づけている。これは、従来の漁業民俗研究が、いわゆる、「伝統的」な部分にしか着目してこなかった状況を端的に指摘するとともに、近代化された現代の漁業を研究することに第一義的な意義を認める提言である。

　野地のこの主張は、与論島から屋久島に移住した漁業者が営む、ロープ引き漁と呼ばれる漁法に関する漁撈技術についての論考を中心とした著作で、より明瞭なものとなる。(野地 2001)。ここで野地は、桜田勝徳による問題

第6章　大阪湾のバッチ網漁業にみる漁撈集団の構成とネットワーク

提起を受けて、現代の漁業は第2次世界大戦以降の漁撈技術の近代化にともない、伝統的漁業の変容・消滅が著しくなっているにも拘わらず、近代的技術革新も含めた漁撈技術の展開を対象とした民俗学的研究が看過されている点を指摘した。そのうえで、伝統漁業の漁撈技術に研究対象を矮小化するのではなく、その変容・消滅過程のなかで現代の漁業者の漁撈技術の展開をとらえる必要性を強調している。

　こうした漁撈における伝統的技術と近代化の関わりを論じた業績としては、卯田宗平の琵琶湖の漁業者に関するものを挙げることができる（卯田 2001）。卯田は、琵琶湖沖島の底びき網漁業を対象として、漁業者が湖上で駆使する、ヤマアテと呼ばれる、いわゆる伝統的な位置測定技法と、GPSの使用について、直接観察をまじえた分析を行った。卯田はこのなかで、これまで着目されることのなかった漁業者によるGPSの活用を、漁撈における技能として位置づけるとともに、「技術トレード」[1]という観点から、ヤマアテとGPSの新旧技術が漁撈現場でどのように活用されているかを考察している。

　以上の研究は、おもに生業現場での漁撈技術に着目したものであるが、こうした近代化を正面に見据えて現代の漁業にアプローチする研究は緒に就いたばかりで、充分な集積がなされているとは言いがたい。

　そこで本章ではバッチ網漁業について、まず、近代化の進んだ漁撈活動の実際を紹介する。つぎに漁撈集団の構成原理を明らかにするため、漁撈活動の単位である漁撈体[2]について、その成員である漁船乗組員の属性を検討する。さらに、操業現場における漁撈体間の漁業情報のやりとりや共同出荷の過程をとおして、漁撈体の母体となる漁業経営体のネットワークに言及する。あわせて、技術導入の場面でのさまざまなネットワークの活用例を紹介する。こうした漁船乗組員の属性に注目し、漁撈集団の構成要素を検討するとともに、漁撈集団間を中心に結成されるネットワークの活用例を紹介する。

　前章でも述べたように泉佐野市には泉佐野漁業協同組合、北中通漁業協同組合の2組合がある。北中通漁業協同組合に所属する漁業者は、おもに旧北中通村に属する鶴原、下瓦屋、湊の各集落に在住する。ここではそれらまと

第Ⅱ部　現代の漁業者における漁撈活動の実際

めて北中通と呼称することとする。

　使用する資料は、バッチ網漁業を営む各経営体の経営者とバッチ網漁業に携わってきた漁業者とを対象とした聞き取り調査と、漁船同乗による直接観察によって得られたものである。また、必要に応じて各種統計資料を活用する。

　なお、本章は『新修　泉佐野市史』（泉佐野市史編さん員会 2006）に伴う調査の一端を活用したものである。

1．バッチ網漁業の着業に至る経緯

　2001年現在、北中通にはバッチ網漁業を営む7つの経営体がある。実際の漁撈活動の単位となる漁撈体は10を数える。経営体と漁撈体との関係は、3経営体が各2漁撈体を有するほかは、1経営体1漁撈体である。各経営体のプロフィールをみると、2漁撈体を有する経営体のうち、2つは第2次世界大戦前よりイワシキンチャク網漁業ならびに地びき網漁業を営んできた流れをくむ。他の経営体は、イワシキンチャク漁業や小型機船底びき網漁業などからの転換によるものである（表6-1、2、3）。

　瀬戸内海において、総トン数5t以上の動力漁船を使用して行う船びき網漁業は、漁業法上、「瀬戸内海機船船びき網漁業」に位置づけられ、府県知事による許可漁業とされている（漁業法第66条）。バッチ網漁業はこのなかに含まれるものであるが、大阪府下においては、大阪府漁業調整規則により1967年まで禁止漁業とされてきた。同漁業調整規則が改正され、着業が許可されるに至る経緯は『大阪府漁業史』のなかで國重和民が詳細な解説を行っている（國重 1997）。それによると概略はつぎのとおりである。

　府下においてバッチ網漁業は、イワシキンチャク網漁業との競合関係や、地先漁場における他漁業に与える影響、資源に対する漁業圧力の高さから、戦後長らく禁止漁業とされてきた。しかし、昭和30年代後半にイワシキンチャク網漁業が低迷し、同漁業を営む漁業者から、より漁業効率のよい、バッチ

第6章　大阪湾のバッチ網漁業にみる漁撈集団の構成とネットワーク

表6-1　北中通・泉佐野地区の経営組織別経営体数（1998年）

	計	個人経営	会社経営	漁業生産組合	共同経営
北中通	46	42	−	−	4
泉佐野	76	76	−	−	

資料：農林水産省近畿農政局大阪統計情報事務所高石出張所資料による。

表6-2　北中通・泉佐野地区の主とする漁業種類別経営体数（1998年）

	計	小型底びき網	中・小型まき網	その他の刺網	その他の釣り	その他のはえ縄	ひき回し船びき網	左記以外の漁業
北中通	46	7	−	18	2	−	8	11
泉佐野	76	60	−	5	2	−	−	9

資料：農林水産省近畿農政局大阪統計情報事務所高石出張所資料による。

表6-3　北中通地区バッチ網漁業経営体のプロフィール（2001年）

経営体	漁撈体数（統数）	乗組員数（人）	着業に至る経過
A	2	11	戦前よりイワシ巾着網と地びき網を経営。1975年に巾着網と兼業でバッチ網を着業し、78年に統数拡大。87年頃バッチ網専業化。
B	2	11	C・Dのオモヤ（本家）。戦前よりイワシ巾着網と地びき網を経営。1975年に巾着網と兼業でバッチ網を着業し、79年に統数拡大。87年頃バッチ網専業化。
C	1	5	Bのインキョ（分家）。1956年頃、イワシ機械巾着網着業。68年にバッチ網に転換。
D	1	4	Bのインキョ（分家）。地びき網の共同経営から巾着網の乗組員。1968年にバッチ網着業。
E	1	7	イリコ加工業よりイワシ巾着網に着業。1968年バッチ網に転換。
F	1	6	もとイリコ加工業。1974年バッチ網着業。
G	2	11	もと小型機船底びき網経営。1976年に底びき網と兼業でバッチ網を着業。89年に統数拡大し専業化。

注：大阪府環境農林水産課資料と各経営者への聞き取りによる。

網漁業の操業許可を求める声が高まってきた。このような機運のなかで、小型機船底びき網漁業の、いわゆる「馬力問題」に解決をはかるための環境整備として、1967年に大阪市漁業協同組合に対して3統の許可枠が設けられた。そののち、キンチャク網漁業からの転換や小型機船底びき網漁業との兼業といったかたちで許可枠が拡大され、現在では大阪湾における主力漁業のひとつと位置づけられている。

そうした経緯のなかで、北中通漁協においても1968年にキンチャク網転換

第Ⅱ部　現代の漁業者における漁撈活動の実際

表6-4　北中通地区におけるバッチ網漁業許可枠の変遷

	1968	1973	1974	1975	1976	1978	1979	1980	1987	1988	1989
巾着転換	3	3	3	3	3	3	3	3	3	3	3
北部組合	0	1	2	2	2	2	2	2	2	2	2
巾着兼業	0	0	0	2	2	3	4	4	4	4	4
南部組合	0	0	0	0	1	1	1	0	0	0	0
小型底びき兼業	0	0	0	0	0	0	0	0	0	0	1
合計	3	4	5	7	8	9	10	9	9	9	10

資料：大阪府環境農林水産課資料による。

枠で3統の着業が許可されたのを皮切りに、1973年には北部組合枠、1975年にはキンチャク兼業と許可統数が増加し、現在に至っている（表6-4）。

2．バッチ網漁業の漁撈活動の実際

　バッチ網漁業では、イカナゴシラスとイワシシラスを漁獲対象とする。操業に関しては、漁期・漁場・操業時間などについて、大阪府漁業調整規則・大阪湾漁業協定・大阪府漁業協同組合連合会（以下府漁連と略す）船びき網漁業管理部会の協議に基づいた規制が設けられ、各漁撈体はその枠づけにしたがって操業を行っている。

　図6-1は、2000年、2001年における北中通漁協所属のバッチ網漁船の月別出漁日数をグラフ化したものである。年間の出漁日数は2000年において112日、2001年では118日を数えた。グラフには3月、5月から8月、11月とその前後の3つのピークが認められるが、これは後述するイカナゴシラス、春シラス、秋シラスの漁期に対応するものである。このうちでも3月の出漁日数が突出しているのは、価格のよいイカナゴシラスを短い時期にできるだけ漁獲し、多くの収益をあげようという意図があらわれたものと思われる。

　つぎに、イカナゴシラス、イワシシラスについて、漁期と漁場を整理しておこう。

　イカナゴシラスは、2月末頃から4月初め頃が漁期となる。解禁日は試験操業に基づいて、シラスの体長が3cmに達する予定日をもとに府漁連船び

第6章　大阪湾のバッチ網漁業にみる漁撈集団の構成とネットワーク

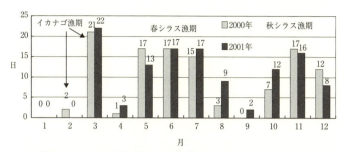

図6-1　バッチ網漁船の月別出漁日数（2000年・2001年）
注：1）北中通漁協資料より作成。
　　2）北中通漁協所属のバッチ網漁船が1隻でも出漁した日を出漁日に数えた。

き網漁業管理部会および兵庫県大阪湾地区の協議で定められる。漁期終了日についても、親魚の資源保護の観点から協議される。なお、日曜日は公休日で漁は休みとなる。

　漁期のはじめは、淡路島浦港東方約8kmを中心とする、北東から南西方向約6km、北西から南東方向約4kmの範囲が漁場となる。この海域では明石海峡より大阪湾に流入する潮流がシオメ（潮目）をつくるが、同海峡から入ってきたイカナゴシラスは、このシオメで漁獲される。イカナゴシラスは成長するにしたがって、大阪湾内で拡散しながら陸地に近づいてくるため、漁場もそれにつれて変化する。価格は生と加工用で開きがあるとともに、漁期の開始当初と終了近くでも差が大きい。2001年では、漁期開始当初は生で25kg 1万円から1万4、5千円、加工用で同1万円、漁期終了近くでは生で同8千円、加工用で同2、3千円であったという。

　イワシシラスは、おもにホンシラス（カタクチイワシのシラス）が漁獲対象となる。時期によっては、アオシラス（ヒラゴ＝マイワシのシラス）も漁獲対象とする。漁期は春シラスと呼ばれる、4月末頃から7月20日頃と、秋シラスと呼ばれる、10月中旬頃から11月中旬頃にわかれる。漁獲量は春シラスのほうが多いが、価格は秋シラスのほうが高いという。解禁日は資源管理の観点から、府漁連船びき網漁業管理部会の協議によって定められる。水曜・

第Ⅱ部　現代の漁業者における漁撈活動の実際

日曜は公休日となっている。

　漁場は、春シラスの場合、紀淡海峡より大阪湾に入ってくるシラスの移動にしたがって変化する。漁期のはじめは黒崎沖から明神崎沖、1.5km付近の海域を漁場として、のちに明神崎沖から鳥取沖、1.5kmから6kmへの海域へと広がる。漁期のはじめには、ヒラゴが多く漁獲され、のちにカタクチイワシへと変化する。カタクチイワシとヒラゴとの違いは、口先の形状で見わける。前者は丸みをもっているのに対して、後者は尖っている。大阪湾に入ってくる際、カタクチは陸地に沿って移動するのに対し、ヒラゴは沖合へ移動する。いっぽう、秋シラスの漁場は、岸和田沖から箱作沖にかけての、水深18から20mのキハンセンスジ（機帆船筋）と呼ばれる海域である。この名称は昔、このあたりが機帆船の航路にあたっていたことによるとされる。秋シラスは大阪湾湾奥部で発生し、湾外に向けて移動する。

　イワシシラスは成長過程によって呼称が変化する。一般にシラスと呼ばれるものは、魚体が透明で骨が見えず、内蔵（ハラ）の形状もはっきりしない段階を指す。つぎに、骨が見えはじめ、内蔵もはっきりしはじめたものをチイカと呼ぶ。そして、魚体が白くなり、鱗もつきはじめて、内蔵の形状も明瞭になったものをカエリという。シラスからカエリのうち、商品価値が高いのはシラスであり、成長するにしたがって、価格は下がってゆく。特に、カエリはシラスの半分以下の値しかつかないという。これは成長してハラができたものは、加工時に炊くと魚体が裂けてしまうからである。チイカ、カエリは釜揚げでなく、乾物として加工され、特にカエリは田作り用となる。ちなみに、価格は漁獲量により変動が大きいが、2001年の春シラス漁開始当初で25kg１万２千円程度であったという。

　漁法は、イカナゴシラス、イワシシラスで漁具の規格や曳網速度など、いくつかの点で違いがあるものの、基本的には同じである。

　出漁時間は日の出前で、漁場とする海域への到着時間を逆算して決める。たとえばイワシシラスの場合、夜明け前に漁場に到着しなければならないが、７月中旬に、淡路島の「観音様の沖」で操業する場合は、漁場が近いぶん、

第6章　大阪湾のパッチ網漁業にみる漁撈集団の構成とネットワーク

出港時刻も遅くなる。

　1漁撈体の漁船構成は、テブネと呼ばれる魚探船兼運搬船1隻、網船2隻の計3隻よりなる。いわゆる2そうびきで、袖網と袋網からなる漁網1組を網船2隻で曳く。網船は10t未満35ps以下と定められている。1漁撈体の操業には、最低4名が必要とされる。標準的な人数は5、6名程度である。乗組員5名の場合を例にとると、出港時には魚探船兼運搬船に1名、網船に各2名が乗り組む。魚探船兼運搬船の1名は操船をしつつ、漁の指揮を行う。網船の1名は操船を行い、残り1名はもっぱら投網・揚網作業に従事する。

　網船は舫った状態で出港する。魚探船兼運搬船は、昨年の漁の実績や、昨日までの漁況を勘案するとともに、僚船と無線、携帯電話で情報をやりとりしながら、漁場を選定する。魚探船兼運搬船には、複数の無線機、ソナー魚探、魚探、潮流計、GPSプロッター、レーダーなどが装備され、それらを駆使して漁場に向かい、魚群の探索にあたる。

　漁場が決定すると網船の舫いを解き、船尾より投網する。投網が完了すると、網船に魚探船兼運搬船が接舷し、それぞれの網船より1名が移乗する。曳網速度と時間は、イワシシラスの場合、1.5から2knotで1時間から1時間30分である。イカナゴシラスの場合は、魚探船兼運搬船が漁獲物を集荷しオカへ運ぶ時間によってまちまちであるが、1日の操業では4、5回投網する。速度はイワシシラスに比べ重量が軽いので速くなる。揚網は魚探船兼運搬船の指示で行われる。漁網のうちの袋網部を魚探船兼運搬船に引き揚げ、なかの漁獲物を取り出す。漁獲物は25kg入りのカゴに選別される。この際、氷をいれて漁獲物の鮮度を保持する。

　イカナゴシラスの場合、魚探船兼運搬船は、網船が再び曳網に移ると、漁獲物を水揚げするため、そのつど水揚げ先の港へ向かう。いっぽう、イワシシラスでは、春シラスの場合、操業中に1回と帰港時の計2回の水揚げを行う。秋シラスでは帰港時の水揚げのみとなる。春シラスは秋に比べ、海水温の関係で海中での魚体の温度が高くなっているうえに、漁獲後も外気温が高いので、漁獲物の鮮度が低下しやすい。そのため水揚げ回数を増やしている。

漁の終了時間は府魚連船びき網漁業管理部会での協議で定められている。2001年8月25日現在では、13時に網船を舫うこととなっている。漁具を漁船に収納する際には、魚探船兼運搬船に移乗していた乗組員を再び網船に収容する。

3．バッチ網漁船の乗組員構成

前述のとおり、聞き取りではバッチ網漁業の1漁撈体が操業に最低限必要とする乗組員数は、4から5名であるという。2001年現在における北中通の各バッチ毎漁業漁撈体の乗組員数は平均5.5名で、最小では4名である。各経営者にとっては、恒常的に乗組員を確保することが課題となっている。乗組員は漁期以外の期間において、陸上での臨時雇い的な労働に従事することによって収入を得る必要があり、その不安定さからこの漁業への従事が敬遠される傾向にあるためである。このため、経営体によっては共同操業で人的な省力化をはかっている場合がある。

表6-5は、乗組員の属性を経営者との関係ならびに漁船での役割のうえから整理したものである。乗組員全体に占める、経営者とその親族と、非親族との割合は、前者が45.5％であるのに対し、後者は54.5％となっている。労

表6-5 バッチ網漁船における乗組員の親族関係と漁船での役割（2001年）

人（％）

	経営者とその親族							非親族	合計
	経営者	親・子	兄弟	オジ・オイ	イトコ	その他	合計		
魚探船船長	5 (45.5)	1 (9.1)	1 (9.1)	1 (9.1)	0 (0)	1 (9.1)	9 (81.8)	2 (18.2)	11 (100)
網船船長	1 (5)	0 (0)	4 (20)	0 (0)	2 (10)	3 (15)	10 (50)	10 (50)	20 (100)
その他乗組員	1 (4.2)	2 (8.3)	0 (0)	2 (8.3)	0 (0)	1 (4.2)	6 (25)	18 (75)	24 (100)
	7 (12.7)	3 (5.5)	5 (9.1)	3 (5.5)	2 (3.6)	5 (9.1)	25 (45.5)	30 (54.5)	55 (100)

注：1）親・子・兄弟・オジ・イトコには姻族も含む。
　　2）聞き取りにより作成。
　　3）（　）内は100分比。合計が100とならない場合がある。

第6章　大阪湾のバッチ網漁業にみる漁撈集団の構成とネットワーク

働力全体では、非親族乗組員に依存する割合のやや高いことが指摘できる。

しかし、漁船での役割分担をみると、この状況は異なってくる。すなわち、操業時に船団を指揮する魚探船兼運搬船の船長は、81.8％が経営者とその親族によって占められ、特に経営者自身が船長をつとめる割合が高い。また網船の船長については、経営者とその親族と、非親族との割合が半々である。こうした点から、バッチ網漁船の乗組員集団は、経営者とその親族を中核として構成され、操業時において彼らが主導的役割を果たすものと判断できる。北中通のバッチ網漁業は、親族経営的な色彩が強いものと指摘できよう。

乗組員の出身地についてみると、他県出身者が散見される。聞き取りでは17名の乗組員が大阪府以外より泉佐野市への移住者、もしくは漁業出稼ぎ者であることを確認できた。その出身地を聞き得た10名についてみると、香川県観音寺市伊吹島が3名、愛媛県川之江市、香川県小豆郡、鹿児島県日置郡、和歌山県東牟婁郡、大分県杵築市が各1名、四国（県名不明）が各1名である。

北中通に限らず、泉州地域ではイワシキンチャク網漁業が盛んに営まれていた時代、四国方面よりの漁業出稼ぎ者に労働力を依存する割合が高かったことは、これまでもしばしば言及されている[3]。著者の調査でも泉佐野市域では伊吹島と香川県三豊市詫間町からの漁業出稼ぎが顕著であった点を確認している。泉佐野漁業の組合員の3分の1は、伊吹島から漁業出稼をはかり移住した者が占めるともいわれ、泉佐野で彼らが集住した地域は、「サヌキムラ（讃岐村）」と呼ばれている[4]。北中通のバッチ網漁業漁撈体はキンチャク網漁業から転換がはかられたものであるという経緯にしたがうと、伊吹島ならびに詫間町からの漁業出稼ぎ者の問題を看過することはできない。なお、詫間町からの漁業出稼ぎについては、その存在が断片的に述べられているのみである。この問題は次章であらためて検討したい。

第Ⅱ部　現代の漁業者における漁撈活動の実際

4．操業現場における経営体間のネットワーク

　バッチ網漁業の操業現場では、漁船間で漁業無線や携帯電話を用いて頻繁に交信・通話を行いつつ、漁撈活動を行っている。さきにも述べたが、特に操業時、漁撈体の中心となる魚探船兼運搬船は、これらを用いて網船への指示や、僚船、つまり親しい関係にある他の経営体の漁船との情報交換を行う。漁業無線では僚船以外の交信も傍受でき、魚探船兼運搬船の船長は、それらのなかから得られる情報を漁場の選択などに活用する。ある漁船が現在操業している漁場において多くの漁獲を得ている場合、それを僚船に連絡するに際しては、暗号を用いるなどをして、無線傍受により僚船以外がその情報を知り得ないようにする。たとえば、漁獲したカゴ数を知らせるのに、「息子の年齢」ということで、親密な関係にある漁船どうししか数がわからないようにする。また、携帯電話は他者から傍受されないという点において、有力なツールとなっている。

　魚探船兼運搬船の船長をつとめる話者が、船上で著者に対し、「このごろは情報時代よ！」と語った言葉が象徴するように、実際の船上ではきわめて頻繁な他船との交信・通話を行う場面をみることができる。図6-2は1999年3月20日における、ある魚探船兼運搬船の船長が船上で漁業無線ならびに携帯電話を用いて交信・通話を行った回数を10分刻みでグラフ化したものである。この漁船が所属する経営体は2漁撈体で操業しており、この日、各漁撈体はイカナゴシラスを漁獲対象として3回ずつ投網し、漁獲物はすべてこの魚探船兼運搬船に揚げられた。

　この魚探船兼運搬船は同日5時27分に出港し、12時14分に帰港した。操業時間は6時間47分に及んだが、その間、漁業無線で70回、携帯電話で25回の交信・通話を行った。交信・通話内容は、網船に対する揚網や曳網方向の指示、漁具の水深と魚群の位置についての協議、といった操業方法に関するものや、集荷時間の打ち合わせ、僚船とのそれぞれの操業海域の海況、漁況の

第6章 大阪湾のパッチ網漁業にみる漁撈集団の構成とネットワーク

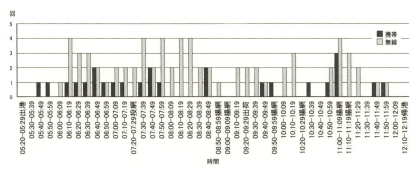

図6-2 携帯電話・無線による通話・交信回数（1999年3月20日 北中通 T丸）

注：直接観察による。

情報交換であった。操業時間全体における漁業無線と携帯電話の平均使用頻度をみると、前者では5.8分に1交信、後者では16.3分に1通話が行われたことになる。実際の交信・通話頻度の分布には、時間帯ごとで多寡が認められた。すなわち、無線・携帯電話とも最も使用頻度が高いのは1回目の揚網までで、無線では44回、携帯電話では16回の交信・通話がなされている。これは全交信回数の62.9％、通話回数の64％を占める。1回目の揚網がなされたのは8時51分であり、出港からの経過時間は3時間24分である。この時間は全操業時間に占める割合からみると、50.1％にあたる。ここからうかがえることは、出港から初回の揚網までの時間帯における交信・通話回数の割合が、全交信・通話回数のなかで特に高くなっている点である。その日最初の揚網までという、1日の漁の成否を左右する重要な時間帯において、海況・漁況などに関する僚船との情報交換がきわめて重要なものと認識されている点が、無線・携帯電話の使用頻度の高さに反映しているものと考えられる。

ところで、僚船どうしで情報をやりとりするシステムの形成については、パッチ網漁業経営体で構成されるイカナゴシラスの共同出荷グループとの関係から検討することができる。

表6-6は、北中通のパッチ網漁業経営体についてイワシシラスの出荷先を整理したものである。経営体の多くは、漁獲したイワシシラスを和歌山方面の加工業者に出荷している。具体的には、有田郡湯浅町の加工業者へ出荷（3

105

第Ⅱ部　現代の漁業者における漁撈活動の実際

表6-6　イワシシラスの出荷先（北中通　2001年）

経営体	出荷先
A	H水産（泉佐野市）
B	KS（和歌山県有田市） N海産（和歌山県有田郡湯浅町） T水産（兵庫県津名郡津名町）
C	KJ（和歌山県有田郡湯浅町）
D	KJ（和歌山県有田郡湯浅町）
E	Y水産（大阪府岸和田市春木）
F	和歌山県有田市千田近くの加工業者
G	兵庫県津名郡淡路町岩屋の加工業者

注：1）聞き取りによる。
　　2）経営体記号は表6-3に対応。

表6-7　北中通地区におけるイカナゴシラス出荷グループ（2001年）

	経営体	出荷形態・出荷先
Ⅰ	A B	ABの2経営体4統と、泉州他地域の6経営体8統（大阪府堺市浜寺2経営体3統・高石市1経営体1統・泉北郡忠岡町1経営体1統・岸和田市2経営体3統）の計8経営体12統で出荷グループ（TM会）を形成。2統を経営する、A・B・浜寺・岸和田の4経営体の運搬船で集荷。兵庫県神戸市東灘区の神戸中央卸売市場東部市場と浜寺の業者に出荷。
Ⅱ	A G	M水産（大阪府堺市）とともに、兵庫県神戸市のスーパーD関連業者に出荷。
Ⅲ	B F	Bの運搬船で集荷し、MK（兵庫県明石市）・府漁連（大阪府岸和田市）に出荷。
Ⅳ	C D E	Y水産（大阪府岸和田市）の運搬船が集荷。兵庫県神戸市灘区・兵庫県明石市の業者と府漁連に出荷。このグループには岸和田市春木の2経営体も加わっている。

注：1）聞き取りにより作成。経営体の記号は表6-3・6-6に対応する。
　　2）「統」は漁撈体に相当する。

経営体）、有田市の業者へ出荷（2経営体）となっている。このほかに、兵庫県津名郡の加工業者へ出荷（2経営体）、大阪府岸和田市・泉佐野市の加工業者へ出荷（各1経営体）がある。

　いっぽう、イカナゴシラスについては、くぎ煮加工向けに経営体が集合して共同出荷する形態をとる。**表6-7**は北中通のパッチ網漁業経営体が構成するイカナゴ出荷グループを整理したものである。北中通の7経営体は4つの出荷グループに分けられるが、このグループは北中通以外の漁業地区の経営体を含んだ地域的広がりを有する場合がある。各出荷グループでは、各経営体に属する漁撈体の魚探船兼運搬船に積載したイカナゴシラスを、グループ内の運搬船が集荷し、まとめて出荷することによって、海上から陸上への漁

第6章 大阪湾のバッチ網漁業にみる漁撈集団の構成とネットワーク

獲物輸送の効率化をはかっている。

表6-8は北中通のバッチ網漁業経営体が構築する同業者ネットワークについて整理したものである。ここからは経営体が7グループのネットワークに分かれていることを指摘することができる。このうちの4グループ（北中通経営体A−B、A−G、B−F、C−D−E）は**表6-7**にあげたイカナゴの共同出荷グループとして機能し、1グループ（北中通経営体B−F）をのぞいて大阪湾岸の他漁業地区の経営体を含んでいる。聞き取りによれば、こうした出荷グループ内では前述のように操業前後や海上において漁業無線や携帯電話を用いて漁場・漁獲などに関する漁業情報をやりとりするという。出荷グループのネットワークが、北中通内に限定されず、地域的な広がりを持つことは、情報収集の能力をより高いものにする。この点は、各経営体の漁獲量の向上につながるものと予想できる。

いっぽう、残り4グループについても、うち2グループは共同出荷グループ同様、漁業情報のやりとりをネットワークの主たる機能としている。こうしたグループに属する経営体は「心安い船」と表現される。具体的にみると、Bの場合、大阪府高石市・岸和田市・泉南市岡田浦・泉南郡岬町深日・兵庫県淡路島に親しい船を持つ。また、Cは大阪府岸和田市春木・泉南郡岬町淡輪・同町深日に親しい同業者がいる。こうした僚船は湾岸各地域に広汎に分布することから、出荷グループの場合と同様に、各経営体は彼らから大阪湾の漁業情報をひろく収集して、実際の漁撈活動に活用することが可能となる。

各経営体の経営者が他船の経営者と親しい関係を築くには、府魚連の船びき網漁業管理部会で知り合いになり、一緒にゴルフをしたり、飲みにいったりすることがきっかけとなる。ゴルフについては、同業者や加工業者によって構成されたゴルフコンペがいくつかあり、こうした場が僚船の関係を結ぶ契機になるという。

第Ⅱ部　現代の漁業者における漁撈活動の実際

5．ネットワークの諸相と技術の導入

　ここまで述べたとおり、漁撈活動の現場においては、経営体間で形成されたネットワークのなかでやりとりされる情報が、漁場選択や決定の際に活用されている。いっぽう、漁撈に関わる技術導入の場面では、経営体を含め、さまざまなネットワークが関与する。このことを、漁船の購入や建造、ならびに漁具の購入を例に述べる。

　北中通における漁船の購入や建造に関わる情報の問題は、すでに河原典史が「漁船原簿」を活用し、人文地理の立場から定量的な分析を行っている（河原1997）。河原は、北中通漁協登録漁船を都府県別にみると、大阪府以外では、香川県、徳島県で建造されたものが多い点を明らかにした。河原はこの経緯について、漁業者ならびに漁船建造に関わる諸業界からの情報収集をその要因と指摘しているが、実際にどういった情報のやりとりがなされたのか、という点については、若干述べるにとどまっている。そこで、ここではその具体的な経緯のいくつかを、事例に即して紹介する。

　表6-8にあげたとおり、Fの経営体は新船の建造に際して、同業者のネットワークを活用している。具体的にみると、Fは1987年に網船を静岡県焼津市の造船所で建造したが、この建造に際しては、大阪府泉南郡岬町深日の同業者の紹介があったという。同町深日、淡輪のバッチ網漁船は、この焼津の造船所で建造されたものが多いというが、Fの経営者が懇意にしている同業者も、この造船所で自船を建造していた。Fの経営者は新船を建造するに際して、この船を見せてもらい、気に入ったという。そこで造船業者の連絡先を教えてもらい、新船の建造を依頼したという。つまり、同業者との親密なネットワークが、漁船の建造先を決定する要因となったわけである。

　いっぽう、新船建造に際しては、バッチ網漁業の同業者、というカテゴリーでは括られないネットワークもみられる。Dの経営体は昭和50年代に中古の魚探船兼運搬船を購入したが、この船は徳島県小松島市和田島の造船所で建

第6章　大阪湾のバッチ網漁業にみる漁撈集団の構成とネットワーク

表6-8　北中通バッチ網漁業各経営体の同業者ネットワーク（2001年）

経営体	同業者ネットワークを構成する経営体		ネットワークの内容
	北中通の経営体	他地区の経営体	
A	B	大阪府堺市浜寺・大阪府高石市 大阪府岸和田市・大阪府泉北郡 忠岡町の6経営体。	TM会。イカナゴの共同出荷。出漁中、漁場・漁獲の情報をやりとりする。親睦会費を徴収。
	G	M水産（大阪府堺市）	イカナゴナマウリの共同出荷グループを形成（M軍団と呼ばれる）。出漁中、漁場・漁獲の情報をやりとりする。
B	A	大阪府堺市浜寺・大阪府高石市 大阪府岸和田市・大阪府泉北郡 忠岡町の6経営体	TM会。イカナゴの共同出荷。出漁中、漁場・漁獲の情報をやりとりする。親睦会費を徴収。
	F		イカナゴナマウリを共同出荷することもある。出漁中、漁場・漁獲の情報をやりとりする。
		TO水産（大阪府高石市） K丸（大阪府岸和田市） H丸（大阪府泉南市岡田浦） S丸（大阪府泉南郡岬町深日） EB丸（兵庫県淡路島）	漁場・漁獲の情報を出漁中・帰港後などやりとりする。
C	D・E	SP・SY（大阪府岸和田市春木）	イカナゴのナマウリ共同出荷グループを形成。出漁中、漁場・漁獲の情報をやりとりする。
		大阪府泉南郡岬町深日・岬町淡輪・大阪府岸和田市春木（Y水産）など5経営体。	漁場・漁獲の情報を出漁中などにやりとりする。
D	C・E	SP・SY（大阪府岸和田市春木）	イカナゴのナマウリ共同出荷グループを形成。出漁中、漁場・漁獲の情報をやりとりする。
E	C・D	SP・SY（大阪府岸和田市春木）	イカナゴのナマウリ共同出荷グループを形成。出漁中、漁場・漁獲の情報をやりとりする。
F	B		イカナゴナマウリの共同出荷グループを形成。出漁中、漁場・漁獲の情報をやりとりする。
		大阪府泉南郡岬町深日の経営体	網船の新造時に漁船をみせてもらい、その漁船を建造した業者（静岡県焼津市）に発注した。
G	A	M水産（大阪府堺市）	イカナゴナマウリの共同出荷グループを形成（M軍団と呼ばれる）。出漁中、漁場・漁獲の情報をやりとりする。
		OS丸（大阪市）	話者の父の代、漁法を学ぶ。

注：1）聞き取りによる。
　　2）経営体記号は表6-3、6、7に対応。
　　3）点線で仕切られた箇所は同一グループ。

第Ⅱ部　現代の漁業者における漁撈活動の実際

造されたものである。聞き取りによれば、この漁船の購入の経緯には、大阪府下湾岸地域で建造された漁船と、和田島で建造された漁船との性能の違いが大きく作用しているとのことであった。和田島の船は「足が強い」、つまり船底が堅牢であるとされる。大阪湾と比べ、和田島の漁業は波浪が高く、漁船には「足の強さ」がもとめられるからである。したがって、和田島の漁船は波浪の高さにも対応できるので、大阪湾においても使いやすいという。このことが、Dの経営者にとって和田島から中古漁船を購入する理由となった。購入に際しては、経営者の親戚で、和田島においてバッチ網漁船の乗組員をしている人物の紹介があった。経営者の母は小松島の出身で、北中通にイリヤ（イリコ加工業）の出稼ぎに来て、経営者の父と結婚したのであるが、漁船の紹介者は、その母親の親戚にあたる。つまり、婚姻により形成された親族ネットワークが、漁船の購入に際して機能したのである。

　ところで、前述の事例は視点を変えれば出稼ぎを契機として形成されたネットワークとみることができる。こうした出稼ぎに関わるネットワークについては、漁具の購入に際しての事例でもみられる。Bの経営体は大阪湾でバッチ網漁業が許可され、この漁業に参入するに際して、使用する漁具を小松島市の網屋から購入した。その経緯はつぎのようなものであった。バッチ網漁業の着業が許可された頃、この経営体のキンチャク網漁船のノリコ（乗組員）であった男性が、やはりこの経営体が営むイリヤで働いていた女性と結婚するという出来事があった。両者とも出稼ぎ者で、男性は詫間町生里から、女性は小松島から来ていた。結婚後、男性は小松島へ移り住んだが、引き続きBの経営体に出稼ぎに来ていた。いっぽう、Bの経営体はバッチ網漁業着業に際して、小松島の漁具がよいという情報を入手した。そこで、この男性の伝手を頼って漁具を購入したという。つまり、出稼ぎ者を通じて構築されたネットワークが漁具購入において機能したわけである。

第6章　大阪湾のバッチ網漁業にみる漁撈集団の構成とネットワーク

おわりに——問題の整理と今後の課題——

　以上、北中通におけるバッチ網漁業について、漁撈活動の実際を報告、検討するとともに、漁業経営体の構成要素、ネットワークを中心に考察した。そのなかで明らかになった点を整理する。

　まず、漁業経営体の構成を検討するため、漁撈体ごとに漁船の属性をみると、操業時、中核的役割を果たしている者は、その多くが経営体の経営者とその親族によって占められていることがわかった。このことから、各経営体は親族的経営の色彩が強いことを指摘できる。

　つぎに、漁撈活動の現場においては、同業者とのあいだで構築されたネットワークに基づき漁業に関わる情報の交換がなされている。これには漁業無線や携帯電話が活用され、情報のやりとりの頻度には、海上での作業内容との関連がうかがわれる。ネットワークの構成要素については、イカナゴシラスの共同出荷グループとの関わりを指摘できるとともに、それには含まれない、経営者どうしの個人的な関係を見いだすことができる。また、ネットワークは、経営者が在住する北中通という地域的枠組みを越えた広がりを有するものとなっている。

　さらに、各経営体のネットワークには、同業者である経営体間で構築された者だけではなく、親族、漁業出稼ぎ者に関わるものがある点を指摘できる。それらは漁撈活動のみならず、たとえば、漁船の建造や購入、漁具の購入といった技術導入に際して、重要な役割を果たしている。

　こうした、本章のなかで指摘した点を踏まえたうえで、現代の漁業を対象とした民俗研究を行うに際しての問題点を、若干提起しておきたい。

　本章で述べたとおり、今日の漁撈活動の現場では、漁船に装備されたさまざまな近代的機器を駆使した漁が行われている。それらは、漁業者の「勘」といった、漁業者が父祖から学んできた伝承知や、みずからの経験を通じて獲得してきた経験知を代替するばかりではなく、それら従来からの民俗知を

第Ⅱ部　現代の漁業者における漁撈活動の実際

越える漁業情報を漁業者にもたらしている。たとえば、無線の使用は広域の漁業情報をリアルタイムでやりとりできるという点で、それがない場合と比較して情報収集能力を飛躍的に向上させた。もはや、漁業の実際を把握するに際しては、近代機器の存在を看過することはできまい。しかし、旧来の漁撈活動に関する民俗学的研究では、そうした点に注意を払う視点は希薄であった。今後の民俗学における漁業研究では、こうした近代化した側面を視野においたアプローチが必要であろう。

　本章は、聞き取り調査に依存する部分が多く、経営体間で構築されたネットワークにおける情報の交換が、操業現場でどのように漁撈活動へ反映していったかを実際に裏付けることができなかった。このことを把握するためには、船上での観察に基づいて、実際の漁場利用を把握してゆくことが不可欠となる。今後の課題としては、漁船同乗を継続的に行うなかで、この点に関する資料の集積とその分析が求められよう。

注
(1) 卯田論文では、「技術トレード」について、「漁業や農業などの生業活動」において、技術の発展に伴う新・旧技術の採用と放棄、また局面に応じた技術の使い分けのありよう」と定義している（卯田 2001、p.101）。
(2) 「漁撈体」ならびに「漁業経営体」という語について、『総合水産辞典』では、以下のように定義している。すなわち、「漁撈体」とは、「漁業を営むための漁労作業の単位．複船操業の場合，複数の漁船で構成している一組が一漁労体である．」とあり、「漁業経営体」とは、「利潤又は生活の糧を得るために生産物（海面養殖の収穫物を含む）を販売することを目的として漁業生産を行う事業所」（金田 1985）とする。両者の関係については、第2次漁業センサスで的確に解説している。すなわち「漁撈体とは、漁業生産を行うための最少の単位であり、漁船、漁網、漁具、施設、従事者よりなる一体であるが、一経営体でいくつもの漁撈体を構成している場合があるわけである。」（農林省統計調査部 1955、p.12）著者が本文で用いる「漁撈体」「経営体」は、こうした定義に沿ったものとする。
(3) たとえば、河野通博は香川県観音寺市伊吹島より泉佐野へ移住した漁業者のライフヒストリーを紹介している（河野 1997、p.491）。このなかでは泉佐野の小型機船底びき網漁漁業に携わる者の中に、香川県三豊市詫間町生里出身

第6章　大阪湾のバッチ網漁業にみる漁撈集団の構成とネットワーク

者がいるとの指摘がある。また、松本博之は、岸和田市春木のキンチャク網漁業では伊吹島・生里のほか詫間町詫間・大浜などからの出稼ぎ者が従事していたことを述べている（松本 1997、p.567）。さらに、『堺市史』ではキンチャク網漁業の漁夫として詫間町の属する荘内半島や伊吹島からの出稼ぎ者が雇われていたとの記述がある（堺市役所 1971、p.1605）。これらはいずれもその事実を指摘するにとどまっており、大阪湾岸地域への香川県漁業者の漁業出稼ぎや移住について詳細な検討を行うまでには至っていない。いっぽう、人文地理学の立場から漁業者の移動にアプローチしている河原典史は、伊吹島の漁業者の大阪湾周辺におけるはしけ運送業への転職の問題を論考したが、そのなかで活用されたライフヒストリーでは、泉佐野のキンチャク網漁業への出稼ぎについて触れられている（河原 1998、p.150）。

（4）著者の聞き取りによる。中国新聞「瀬戸内海を歩く」取材班によれば、「泉佐野の漁協組合員八十六人のうち、伊吹島出身者は二十八人。」とある（中国新聞「瀬戸内海を歩く」取材班 1998、p.187）。また河原典史の調査では、「現在（1996年　著者注）、泉佐野漁協の組合員は一四一名である。そのうち伊吹島出身者は、全体の二八・四％を占める四〇名を数える。」（河原 1997、pp.66-79）

引用・参考文献

泉佐野市史編さん委員会（2006）『新修　泉佐野市史　9・10　考古編・民俗編』清文堂出版
卯田宗平（2001）「新・旧漁業技術の拮抗と融和─琵琶湖沖島のゴリ底曳き網漁におけるヤマアテとGPS─」『日本民俗学』226、pp.70-102
金田禎之（1985）『総合水産辞典』成山堂書店
河原典史（1997）「泉佐野市をとりまく漁船の流通形態─『漁船原簿』の地理学的分析の試み─」『泉佐野市史研究　3』、pp.66-79
河原典史（1998）「伊吹島漁民のはしけ運送業への転業─大阪湾周辺における地域的変化との関連において─」『京都地域研究　13』、p.150
河原典史（2001）「漁業をめぐる空間利用─漁民のまなざしから─」吉越昭久編著『人間活動と環境変化』古今書院、pp.225-229
國重和民（1997）「船びき網漁業」大阪府漁業史編さん協議会『大阪府漁業史』、pp.581-585
河野通博（1997）「他県からの漁民の来住と定着」大阪府漁業史編さん協議会『大阪府漁業史』、pp.491-492
堺市役所（1971）『堺市史　続編　第1巻』、p.1605
桜田勝徳（1981a）「村とは何か」『桜田勝徳著作集　第5巻』名著出版、pp.12-13
桜田勝徳（1981b）「漁村民俗探求の経過とその将来」『桜田勝徳著作集　第5巻』

第Ⅱ部　現代の漁業者における漁撈活動の実際

　名著出版、pp.73-76
篠原徹（1995）『海と山の民俗自然誌』吉川弘文館、p.2
谷口貢（1996）「民俗学の目的と課題　Ⅰ　民俗とは」佐野賢治・谷口貢・中込睦子・古家信平編『現代民俗学入門』吉川弘文館、p.5
中国新聞社「瀬戸内海を歩く」取材班（1998）『瀬戸内海を歩く　下巻』中国新聞社、p.187
農林省統計調査部（1955）『第二次漁業センサス　海面漁業』第1報、農林統計協会、p.12
野地恒有（1998）「篠島におけるシロメ・コウナゴ曳きの漁獲活動と漁場利用」「愛知県史研究」編集委員会『愛知県史研究』第2号、p.230
野地恒有（2001）『移住漁民の民俗学的研究』吉川弘文館、p.13、pp.95-96、pp.164-165、p.178、pp.204-205
増﨑勝敏（1999）「泉佐野市域における小型機船底曳網漁の漁撈活動—特にイシゲタ網漁に関する事例報告より」『泉佐野市史研究』第5号、pp.33-50
増﨑勝敏（2000）「大阪湾のなりわい—泉佐野のイシゲタ網漁」八木透編著『フィールドから学ぶ民俗学—関西の地域と伝承』昭和堂、pp.97-114
松本博之（1997）「巾着網漁業」大阪府漁業史編さん協議会『大阪府漁業史』、p.567

第7章

大阪府下における香川県漁業者の出稼ぎの実態とその経緯
―大阪府泉佐野市北中通のイワシキンチャク網漁業の事例を中心に―

はじめに―研究の意義―

　本章では昭和時代における香川県下から大阪府下への漁業出稼ぎについて検討する。具体的には香川県三豊市詫間町生里から泉佐野市北中通へイワシキンチャク網漁業の漁船乗組員として出稼ぎを行った漁業者の事例を取り上げる。そのなかでこの出稼ぎの実態を報告するとともに、出稼ぎ者の輩出および受容の経緯について考察する。

　民俗学において漁業出稼ぎや移住といった漁業者の移動を取り上げた研究は、管見ながら充分な蓄積がなされているとはいいがたい。そうしたなかでこの分野の先駆的な業績と位置づけられるものに、桜田勝徳の論考を挙げることができる。桜田は1949年に発刊された『海村生活の研究』[1]所収の「出漁者と漁業移住」において、各地の諸事例を引用しつつ、漁業者の他所出漁や移住について、その過程に関する考察を行っている（桜田 1975）。『海村生活の研究』は、当時の漁業に関する民俗学的な関心の網羅を志向した著作であるが、そこで漁業者の移動に項目が割かれている点は、この問題が重要な課題として意識されていたことを証左するものである。しかし、これ以降、漁業者の移動の問題が漁業民俗の研究において主たるテーマのひとつとして継続的に取り上げられることはなかった。

　そうしたなか、近年の漁業者の移動に関する研究として着目されるものに、野地恒有の業績がある。野地はその著作『移住漁民の民俗学的研究』（野地

第Ⅱ部　現代の漁業者における漁撈活動の実際

2001a)において、柳田國男や桜田勝徳が示した漁業者の移動についての視点を整理するとともに、冒頭論文「鹿児島県屋久島における与論島漁民の移住史研究」では、漁業者が移住先で展開する漁業の実態とその特徴を、漁撈技術の観点から明らかにし、その成果に基づいて漁業者の移住誌の構築を試みた。このなかで野地は、これまでの民俗学では「技術革新が進む現代漁業の漁撈技術の民俗的研究」が看過されていると指摘し（野地 2001b)、自らの論考ではこの方面からの移住誌研究を試みている。

ところで、今回取り上げる香川県下から大阪府下への漁業出稼ぎについても、研究の進展は充分でない。松田睦彦は瀬戸内海地域における漁業を含む出稼ぎについて、特に島嶼部の事例に関する検討を行ったが（松田 2003)、そこではこの地域での出稼ぎ研究が充分でない点を指摘している。本章で取り上げる漁業出稼ぎは、島嶼部ではないものの、瀬戸内海地域の事例であり、これまでその事実が若干紹介されるのみで[2]、その実態把握は看過されてきた。この地域での漁業出稼ぎについては、先行研究が希薄であり、松田の指摘に該当する。

また、松田は『明治大正史世相篇』における柳田の言説をふまえたうえで、出稼ぎ先を仮に「近代的出稼ぎ」、すなわち日本の近代化、工業化に伴う専門的技術を持たない者の出稼ぎと、その前史的なものとしての「伝統的出稼ぎ」に分類し、従来の民俗学では、後者の研究が主として行われ、前者は等閑視される傾向にある点を指摘している。そのうえで松田は前者について「人が生活するために重ねてきた工夫と努力の結果であり、それを見ることこそが生業研究の目的とするところ」（松田 2003)であると看破し、近代的生業研究を民俗学の対象とすることの必要性を述べている。

本章で著者が立脚する視座は、野地や松田が出稼ぎ、もしくは移住研究で提示した視点と多くの部分で共通する。それらを本研究の意義として整理するとつぎのようになる。

第1は出稼ぎに関する地域研究の分野における新たな資料の提示である。そもそも、香川県から大阪府下に漁業出稼ぎ者を輩出した事実自体は周知

第7章　大阪府下における香川県漁業者の出稼ぎの実態とその経緯

のところである。たとえば、中央職業紹介事務局『勞働移動調査　第五輯　昭和三年中に於ける道府縣外出稼者に關する調査概況』から、昭和時代初期の出稼ぎについてみると、香川県は1928年において24,196名の出稼ぎ者を全国に輩出し、うち1,631名が養殖や水産加工を含む水産業に従事、1,328名が漁業に携わっている。大阪府下への出稼ぎ者については、8,906名の出稼ぎ者のうち、水産業へ従事している者は167名に過ぎず、出稼ぎ者の多くは紡績業を中心とする工業へ従事している（中央職業紹介事務局 1930）。しかしながら、通常、当時の府下における漁業出稼ぎでは、被雇用者と雇用者が厳密な契約を結ぶわけではないので、その実数を正確に把握することは困難である。この報告に示された数字は、中央職業紹介所による道府県への質問票に基づくものであり、行政が把握していないものも含めば、漁業出稼ぎ者の実数はさらに多いものとなろう。また時期は下がるが、文部省社会教育局『全国漁業出稼青年滞留情況調査概要』には、1934年における尋常小学校卒業から20歳以下の漁業出稼ぎ者について、香川県から大阪府へ12名計上されている。この出稼ぎ者について、出身郡町村は明らかでないものの、出稼ぎ先は泉北郡浜寺町（現堺市浜寺）で、従事した漁業はキンチャク網であることが記載されている（文部省社会教育局 1996）。この資料についても、先に挙げた中央職業紹介事務局の報告同様の資料的限界があるものの、香川県から大阪府への漁業出稼ぎについて、より詳細にうかがうことができる。

　香川県下から大阪府下への漁業者の移動については、従来、観音寺市伊吹島からの漁業移住がよく知られている。たとえば、河野通博は香川県志度郡志度町から大阪府岸和田市春木に移住した漁業者とともに、伊吹島から泉佐野へ移住した漁業者の生活史的報告を行っている（河野 1997）。また、河原典史は泉佐野のみならず、伊吹島の調査を踏まえて、泉佐野への漁業移住者の輩出・受容の社会的要因を明らかにするとともに、個人が移住を志した要因についての検討も行っている（河原 2003）。

　このように、香川県下から大阪府下への漁業者の移動については、これまで伊吹島の事例がもっぱら紹介され、研究の対象となっている。しかしな

第Ⅱ部　現代の漁業者における漁撈活動の実際

ら、実際には他地域からの移動も認められ、特に三豊市詫間町生里からの漁業出稼ぎは顕著であった。そこで本章では生里からの出稼ぎの実態を紹介することを試みたい。

　第2は、近現代の事例として出稼ぎを取り上げる点である。今回検討する生里から北中通への漁業出稼ぎは、昭和時代初期にその萌芽がみられ、第2次世界大戦後に本格化する。そうした点では近現代的な様態であるといえる。

　こうした事例を漁業出稼ぎの対象とする著者の視点は、松田が出稼ぎを通じた生業研究の課題として提示した、現代の事象を民俗学の研究対象に措定する必要性、さらには現代漁業を技術的側面から研究対象とした野地の方向性と通底する。本研究もこれまで民俗学研究で等閑視されてきた近現代の漁業出稼ぎ、あるいは生業研究の分野に新たな資料を提示することを志向する。

　第3は、生活史的な方法に基づいて出稼ぎの検討を行う点である。本研究では、聞き取りに調査に際して、生活史的手法に多く依存している。この手法に依存したのは、積極的・消極的両面からの理由による。後者の理由としては、調査対象の資料的限界がある。生里から北中通への出稼ぎについては、統計資料やその他文字化された資料が非常に少ない。したがって、個人からの聞き取りによる生活史の検討によって、漁業出稼ぎの実態を復原する方法に依存する必要が高くなる。いっぽう、前者の理由としては、生活史の手法が主体的存在としての個人の生活構造に焦点をあてたものである点が挙げられる。生活史の手法は、個人をとりまく諸環境のなかで、個人がどのような生活戦略に基づいて活動しているのかを分析するのに有効である。出稼ぎに際してはしばしば個人的なネットワークが活用されるが、その理解には個人の属性を踏まえたうえでの生活史の把握が近道である。

　こうした生活史的手法への依拠について、松田は出稼ぎ研究の方向性として、特定の地域における出稼ぎを時間軸に沿って把握する視点を措定し、そのひとつとして「個人の時間の流れ」に注目して、「出稼ぎが地元の生活のどのような背景のもとに行われ、その過程と帰結はどうであったか」を検討する「民俗誌的視点」を提示している（松田 2003c）。そして出稼ぎの実態

第7章　大阪府下における香川県漁業者の出稼ぎの実態とその経緯

把握ではなく、出稼ぎの契機、過程、帰結を踏まえた動的把握を提唱する。

　本章で著者が依拠する視点は、こうした松田の姿勢と通じる部分が多い。本章は野地が示したところの「移住誌」に対して、「出稼ぎ生活史」と位置づけられる。

　ところで、この松田が示した、出稼ぎを動態的に把握しようとする姿勢と共通する視点を提起したものとして、鷹田和喜三の論考がある。鷹田は富山県黒部市生地出身者の北海道羅臼町への漁業出稼ぎを取り上げ、その事例の報告とともに、移住者の定着過程や母村からの輩出要因を考察した（鷹田1989a）。この鷹田の考察には、松田の問題提起と通ずるものがある。さらに鷹田の研究において注目したいのは、生業とアイデンティティの問題に着目している点である。漁業者がたとえば農業者と比較して投機的性格の強い点や、移動性の高い点は、これまでもしばしば指摘されてきたことである。しかしながらそうした生業と性格との関わりについて検討した事例は管見ながら乏しい。著者はこの問題について前章でその検討の必要性を提起したが、鷹田は先に挙げた移住研究のなかで、明治時代末期の史料を引用しつつ、つぎのように述べている。

　　進取果敢、冒険心に富む漁民の気風が、明治中期以降、生活の困窮、
　　沿岸漁業の不振、町当局の出稼ぎ奨励、先駆者の勧誘・斡旋と相まって、
　　北海道漁場へ多数の出稼者、移住者を送出した社会的背景にあるものと
　　考えられる。（鷹田 1989b）

　ここで鷹田は出稼ぎが行われる契機として、これまで一般的に考えられてきた経済的・社会的要因のほかに、漁業者の気風の問題に着目している。これは生業がその生業に携わる者のアイデンティティに関わるとするものであり、漁業者の移動が経済的、社会的な外的要因だけでなされるわけでないことを示している。生業活動は第一義的に経済的、社会的な営みである。しかしながら人間はそれのみに生きるわけではない。その生業に関わるパーソナ

第Ⅱ部　現代の漁業者における漁撈活動の実際

リティの形成や、生業をとおして得られる生き甲斐、満足感といった、内発的な動機も重要な要素となる。本研究における第4の意義は、こうした出稼ぎ者の内的要因、いわば「労働価値観」を視野に置いた検討を試みる点である。

　使用する資料は、おもに聞き取り調査によって得られたものである。聞き取りは複数の漁業出稼ぎ経験者と、彼らが従事したイワシキンチャク網漁業経営体の経営者を対象に実施した。調査地は香川県三豊市詫間町生里および大浜、大阪府泉佐野市北中通である。また、必要に応じて、各種統計資料ならびに調査地で得られた記録類を使用する。

　なお、本章は『新修　泉佐野市史』（泉佐野市史編さん委員会 2006）に伴う調査の一端を活用したものである。

1．北中通のイワシキンチャク網

　北中通の地域的概要は第5・6章で述べたとおりである。ここでは、北中通でのイワシキンチャク網漁業の概要に触れておく。

　北中通漁協では2001年現在7経営体の10漁撈体が、バッチ網漁業を営んでいる[3]。このうちの2経営体は、第2次世界大戦以前からイワシキンチャク網業を営んできた流れを汲む。

　キンチャク網漁業の着業時期をみると、泉佐野市の前身である佐野町の統計によれば、1918年に新たな漁業種類として登場している（泉佐野市役所 1980）。北中通村については、1928年において7漁撈体の着業を数えている。いっぽう、これと近い時期の佐野町の統計では、1925年において、キンチャク網漁船が3隻であるのに対し、打瀬網漁船は55隻を数える（泉佐野市役所 1980）。現在、泉佐野漁協組合員の多くが小型機船底びき網漁業に従事するのに対し、北中通ではバッチ網漁業を特徴とする点は、すでに大正時代においてその萌芽が見られたと考えられる。

第7章　大阪府下における香川県漁業者の出稼ぎの実態とその経緯

2．イワシキンチャク網漁の実際

　北中通においてイワシキンチャク網漁業を営んだ経営体数には年次推移が認められる。しかし、戦前期から北中通でイワシキンチャク網漁業が廃業される1980年代後半まで一貫してこの漁業を営んだのは2経営体である。ここでは、そのうちのひとつ、A丸の経営者であったA氏（男性　1933年生まれ　鶴原在住）からの聞き取りをもとに、イワシキンチャク網漁業の操業の実際を述べてみたい。

　大阪府のイワシキンチャク網漁は、昭和初期より漁船の動力化がはじまり、漁獲高の上昇につながった。戦時下では食糧増産のため、一挙に操業統数が増加し、一時は30漁撈体から60漁撈体が操業していたという。しかし、戦後の漁業改革などによりその漁撈体数は急激に減少し、操業数は1960年に20漁撈体、1966年以降は10漁撈体前後で推移している（松本 1997）。A氏の経営体においては、網船の動力化が1945年頃、漁労機械の装備は昭和40年頃から50年頃の間に行われたという。今回述べるのは、漁船の動力化以降、漁労機械の整備が進む以前の、イワシキンチャク漁の実際についてである（**写真7-1**）。

　操業は複数の漁船が1漁撈体となって行われた。1漁撈体の単位はつぎのとおりである。アミブネ（網船）は17、8tの漁船2隻よりなる。進行方向右側に位置し、反時計回りに投網する網船をマアミ（真網）、左側に位置し、時計回りに投網する網船を逆網（サカアミ）

写真7-1　イワシキンチャク網漁操業のようす（1971）（提供：歴史館いずみさの）

と呼んだ。乗組員は各船20名程度であった。運搬船はテブネ（手船）と呼ばれ、1、2t程度の櫓船で、1名が乗り組んだ。1漁撈体に5、6隻が随行し、漁獲物をオカへ運搬した。魚探船はイロミセン（色見船）と呼ばれた。3名が乗り組み、1漁撈体に2隻が伴った。イロミセンは魚群の探索のほか、アミブネへの投網の指示など、海上作業の指揮を行った。イロミセンの乗組員はオヤカタ（漁撈長）、センドウ（船長）、機関長の3名であった。1漁撈体の乗組員数は50名程度となる。

　イワシキンチャク網漁業の漁期は6月から10、11月いっぱいであった。夏季は天候さえ良ければ、毎日出漁した。漁獲対象はカタクチイワシ、マイワシであった。季節的にどちらかが出現するのではなく、年周期でいずれかが多く漁獲されたという。漁場は大阪湾一円で、漁期の初めには阪南市尾崎沖で操業した。夏季に最も漁獲するのは、水深15から20mの海域が多かった。出港時間は、夜明け頃に漁場に到着できるよう、逆算して決めた。これは夜明け頃が漁に適していたからだという。漁場に到着するとイロミセンからイロを見た。イロとは、海中で遊泳している魚群の赤い色（赤というわけではないのだが）をいう。こういう魚群のいる海域は海面の色が雲の影のように変わっており、経験を積めば1里先からでも目視できるという。このイロを見て、アミブネに投網の指示をした。投網は1日に5、6回行った。1日の操業を終えるのは夜7時か8時が普通だった。

　漁獲物は当初イリコ加工用として、地元に出荷していた。しかし1975年頃からはハマチ養殖の餌としての出荷に転換した。出荷先は九州や淡路島、伊勢方面の養殖場であった。

3．漁業出稼ぎの実態

1）出稼ぎ者受容地としての北中通

　表7-1a-dに挙げたのは、第2次漁業センサスに示された、1954年における泉佐野市の漁業生産構造である。ここでは、泉佐野漁協と北中通漁協に関

第 7 章　大阪府下における香川県漁業者の出稼ぎの実態とその経緯

表7-1a-d　泉佐野市の漁業生産構造（1954年）

a　経営組織別経営体数

	総数	個人経営	共同経営	無動力漁船
泉佐野市	77	75	2	8

b　経営体階層別経営体数

	動力漁船				
	1t未満	1～3t	3～5t	5～10t	10～20t	20～30t
	-	62	5	-	-	2

c　主として営む漁業種類別経営体数

	総数	小型機船底びき網	イワシキンチャク網	その他のまき網	その他の釣・はえ縄
泉佐野市	77	65	2	1	9

d　従事者数別経営体数

	総数	1人	2～3人	4～5人	6～9人	10～19人	20～29人	30～49人	50～99人	100人以上	従事者数
泉佐野市	77	8	3	64	-	-	-	1	1	-	423

資料：『第2次漁業センサス』

わる数値は泉佐野市として一本化されており、北中通に限定した分析はなしえない。しかし、この資料は第2次世界大戦後の泉佐野市の漁業概要を比較的詳しく示すものとしては、もっとも古いものである。

　ここでは、主としてイワシキンチャク網漁業に従事する経営体が2つあり、従事者別経営体数については、30から49名、50から99名の範囲にそれぞれひとつの経営体が計上されている。泉佐野で営まれた漁業で1経営体あたりこれほど多数の従事者を要する漁業はイワシキンチャク網漁業以外には考えられないうえに、前述の北中通における経営体数と同一であることから、この経営体がこの漁業を営んでいたものと考えられる。いっぽう、センサスでは泉佐野市の同漁業従事者として、賃労働者9名、共同従事者8名が計上されており、人数的にみればこの地元労働者だけでは労働力が不足する。この不足分が出稼ぎ労働者で充足されていると解釈すべきであろう。

　つぎに、**表7-2a-c**は、沿岸漁業臨時調査に示された、1958年における北中通の漁業生産構造に関するものである。この資料は唯一、泉佐野市の漁業について、泉佐野と北中通を漁協別に統計化したものである。

　この資料によれば、北中通には3つの漁業経営体が存在し、合計190名が漁業に従事していたとされる。その内訳は、家族6名、雇用者184名であり、各経営体は労働力のほとんどを雇用者に依存していることになる。漁業種類

第Ⅱ部　現代の漁業者における漁撈活動の実際

表7-2a-c　北中通の漁業生産構造（1958年）

a　経営組織別経営体数・階層別経営体数

経営体総数	漁家	企業体		所有漁船			漁撈作業従事者数				出漁日数	漁獲高	
		総数	個人企業体	無動力漁船	動力船		総数	家族	出資者	雇用者		数量	金額
					隻数	総トン数							
				隻	隻	t	人	人	人	人	日	t	千円
3	−	3	3	13	11	101.6	190	6	−	184	572	1,069	17,451

資料：『沿岸漁業臨時調査』

b　専兼業別経営体数

総数	専業	兼業総数	第1種兼業			第2種兼業		
			総数	自営兼業のみ	自営兼業とやとわれ	やとわれのみ	総数	自営兼業のみ	自営兼業とやとわれ	やとわれのみ
3	−	3	3	3	−	−	−	−	−

資料：『沿岸漁業臨時調査』

c　漁業種類別経営体数・漁獲金額

漁業種類	経営体数	漁撈体数	漁獲金額（千円）
巾着網	3	3	16,451
地びき網		2	1,000
計	3	5	17,451

資料：『沿岸漁業臨時調査』。

別経営体数をみると、前述の3経営体はキンチャク網漁業を営み、2経営体が地びき網漁業を兼業している。

　調査年が近接する両統計では、泉佐野と北中通を一括する点と、北中通を単独に取り上げるという違いがあるものの、前者は後者を包括することから、センサスのイワシキンチャク網漁業と関連する項目に、北中通の数値が含まれるものと考えられる。ゆえに、ここから北中通のキンチャク網漁業の生産構造を類推することは可能であろう。それにしたがえば、沿岸漁業臨時調査

第7章　大阪府下における香川県漁業者の出稼ぎの実態とその経緯

に挙げられた同漁業の雇用者は、北中通以外の労働力を多く含むものと考えられる。そして、そのなかに漁業出稼ぎ者が含まれることと推測できる。

　北中通での聞き取りでは、終戦後まもなくの漁業バブルともいえる好況期においては、他産業の復興が途上であったこともあり、地元労働者の多くが漁船乗組員に流れたとされる。しかし、次第に諸産業の復興が進むと、地元労働者は泉佐野ブランドとして知られるタオル産業といった、より好条件のオカの産業へと吸収されたという。そこで、不足した漁船員の補充に、出稼ぎ者が充当されたと考えることができる。

2）出稼ぎ者輩出地としての生里

　漁業出稼ぎ者の輩出地である生里は、香川県西讃地域、三豊市に属する集落である（図7-1）。荘内半島の先端近くに位置し、生里区と仁老浜区より構成される。生里の漁業者は西詫間漁業協同組合三崎支所に所属する。現在、生里で営まれる漁業は、小型機船底びき網漁業などの個人漁であるが、昭和30年代中頃までは、燧灘を漁場としたイワシキンチャク網漁業が中心であった。

図7-1　荘内半島と周辺地図

第Ⅱ部　現代の漁業者における漁撈活動の実際

表7-3a-e　三崎地区の漁業生産構造（1958年）

a　経営組織別経営体数・階層別漁業生産状況

総数	漁家	企業体				所有漁船			漁撈作業従事者数				出漁日数	漁獲高	
		総数	個人企業体	個人共営	無動力船 隻数	動力船 隻数	動力船 総トン数		総数	家族	出資者	雇用者		数量	金額（千円）
75	56	19	15	4	29	63	199		286	106	84	96	5,854	444	14,816

b　専兼別世帯数

総数	専業	兼業総数	第1種兼業				第2種兼業			
			総数	自営兼業のみ	自営兼業とやとわれ	やとわれのみ	総数	自営兼業のみ	自営兼業とやとわれ	やとわれのみ
71	−	71	27	2	25	−	44	2	42	−

c　兼業種類別世帯数

総数	自営兼業					漁業外やとわれ
	農業	水産加工業	内職・行商職人	事務職員教員	漁業やとわれ	
71	70	44	6	5	60	10

d　経営耕地面積別世帯数および農産物販売金額別世帯数

総数	1反未満	1〜3反	3〜5反	5反〜1町	販売しない	1万円未満	1〜5万円	5〜10万円	10万円以上
70	6	31	30	3	5	9	37	11	8

e　漁業種類別経営体数・漁獲金額

漁業種類	経営体数	漁獲金額（千円）	漁業種類	経営体数	漁獲金額（千円）
底びき網	16	1,216	釣・はえ縄	34	1,709
キンチャク網	3	10,500	地びき網	1	180
敷網	2	265	船びき網	0	60
刺網	13	620	その他の漁業	6	266
			計	75	14,816

資料：『沿岸漁業臨時調査』

　表7-3a-eは沿岸漁業臨時調査に示された、1958年における三崎、つまり生里の漁業生産構造を整理したものである。この資料からは、漁獲金額のうえでイワシキンチャク網漁業が生里の主力漁業と位置づけられていた点をうかがうことができる。また、71を数える漁業世帯のうち70世帯までが農業を兼業し、その耕地面積は1から5反程度と小規模であった点、兼業業種では農業についで漁業雇われが60世帯の多数を占める点を指摘することができる。つぎの事例は、こうした生里における半農半漁の暮らしを述べたものである。

第7章　大阪府下における香川県漁業者の出稼ぎの実態とその経緯

〔事例1〕B氏（男性　1933年生まれ　生里在住）

　生里（生里区）は波止・南・北・空の4組にわかれている。波止は今も昔も36軒ほどの戸数で、おおかたの家が半農半漁である。漁業ではイワシキンチャク網漁業に従事していたほか、はえ縄漁、タコつぼ漁といった個人漁を営んでいた。このときは、各家の漁船に親子や兄弟で乗り組んで漁を行っていた。農業では以前は麦やサツマイモを栽培していた、そののち一時タバコ栽培が盛んになった。花卉栽培が盛んであった頃もある。私の家は5反の田畑を持っていた。タバコ1反と稲4反を作付けていた。農作業にはもっぱら女性が従事していた。

　聞き取りによれば、生里におけるイワシキンチャク網漁業は、戦後の最盛期において5漁撈体の着業を数えたとされる。**表7-4**は生里におけるイワシキンチャク網漁業の漁撈体数の年次推移を示したものである[4]。これによると許可数は1954年から1960年までは57年の1漁撈体を除き、2から4漁撈体の間で変動している。しかし、1961年に1漁撈体となり、以降、許可数を認められない。ちなみに同表には西讃地区全体のイワシキンチャク網漁業の漁撈体数を挙げたが、いくらかの変動があるものの全体としては減少傾向で推移しており、1961年を最後にして操業数はなくなる。

表7-4　イワシキンチャク網操業実績
（三崎漁協および西讃）

年	統数	
	三崎	西讃
1954	4	27
1955	2	15
1956	4	17
1957	1	13
1958	3	12
1959	3	5
1960	3	4
1961	1	1
1962	0	0

資料：『香川県農林統計年報』。

第Ⅱ部　現代の漁業者における漁撈活動の実際

表7-5　イワシキンチャク網漁業経営体数の変遷（泉佐野）

年	経営体数	従事者別経営体数				漁獲量(t)
		10～19人	20～49人	30～49人	50～99人	
1954	2			1	1	
1958	3					
1963	5			5*		2,772
1968	2					2,918
1973	2		2			6,008
1978	2		2			5,841
1983	2	2				9,639
1988	1	1				

＊20-29名に4経営帯が計上されている。
資料：『漁業センサス』・『大阪農林水産統計年報』

　いっぽう、**表7-5**は泉佐野市におけるイワシキンチャク網漁業の経営体数と従事者別経営体数、漁獲量の推移を示したものである。沿岸漁業臨時調査では、泉佐野漁協所属漁船について、その規模からみると、イワシキンチャク網漁業に使用されたものが見受けられないため、1958年以降の統計は北中通のものと考えられる。

　ここでは、1968年から1983年まで、ほぼ2経営体で推移し、漁獲量についてはいくらかの増減をしつつも全体としては増加傾向にある。そのいっぽう、経営体ごとの従事者数は減少傾向にある。

　以上の統計資料から導き得るひとつの推論は、生里の漁業者が地元のイワシキンチャク網漁業の低迷により漁業出稼ぎを選択し、同漁業の漁業生産が拡大している北中通に流動したのではないかという点である。こうした北中通への出稼ぎは経済的な面からもよかったようである。

〔事例2〕C氏（男性　1923年生まれ　生里出身　北中通在住）
　　出稼ぎは金儲けがよかった。生里の給金の倍はもらえた。

　漁業出稼ぎ経験者からは、出稼ぎに出た理由として、この事例のような経済的動機が口をそろえたように強調して語られる。北中通のイワシキンチャク漁業への出稼ぎは、地元のキンチャク網漁業に従事するよりも、経済的に

第7章 大阪府下における香川県漁業者の出稼ぎの実態とその経緯

魅力的であったようである。そこで生里の漁業者たちは出稼ぎへと能動的に進出したものと考えられる。こうした状況は逆に、生里のキンチャク網漁業において従事者の不足という問題を引き起こした。その状況を〔事例3〕からみてみよう。この事例は生里のキンチャク網4組のうえの波止組に関わった漁業者からの聞き取りに基づいている。

〔事例3〕B氏（男性　1933年生まれ　生里在住）

　波止組は1統のイワシキンチャク網を経営していた。この操業には40から50名を必要とした。組には波止36軒のうちの20から30軒が株主として属しており、その各家から最低1名がこの漁業に従事した。これはだいたいが長男であったが、家によっては次男以下も加わって、波止組のキンチャク網は営まれていた。昭和20年代後半、27、8年頃までは組の者で従事者を充足できたが、カミ（阪神方面）への出稼ぎが盛んになると、不足をきたすようになった。そこで、近隣の積や大浜（鴨ノ越）などの集落の農家の者を雇い、不足を充足した。カミへの出稼ぎは新制中学卒業後、地元のキンチャクで2から3年経験を積んで行くものであったが、カミで人手が不足するようになって、新卒後すぐに赴くようになった。

　ここからは、阪神方面、おそらくは北中通を中心とする地域での強い労働力需要を背景に出稼ぎが盛んになっていったさまがうかがえる。生里の漁業者や漁業新規就業予定者が漁業出稼ぎを行ったことにより、地元のキンチャク網漁業は経営を維持するために近隣集落から労働力を確保したことがわかる。

　ところで、漁業出稼ぎに関して、生里の属した旧荘内村を単位にみると、出稼ぎ者の輩出が生里にとどまらず、旧荘内村各地域でみられる傾向であったことを知ることができる。**表7-6a-c**は1954年における旧荘内村の漁業種類別賃労働者数、共同漁業出資従事者数と、漁業出稼ぎ者数を整理したもの

表7-6　漁業種類別賃労働者数・共同経営漁業出資従事者数・漁業出稼ぎ数（1954年）

a　漁業種類別漁業賃労働者数

	総数	小型機船底びき網	その他の底びき網	イワシキンチャク網	アジ・サバキンチャク網	その他のまき網	その他の敷網	その他の刺網	その他の釣・延縄	小型定置網	地びき網	その他
荘内村	698	3	17	422	102	109	25	9	3	1	5	2

資料：『第2次農業センサス』

b　漁業種類別共同経営漁業出資従事者数

	総数	イワシキンチャク網	その他のまき網	その他の敷網	その他の刺網	その他の釣・延縄	地びき網
荘内村	375	295	17	41	1	6	15

資料：『第2次農業センサス』

c　漁業種類別漁業出稼者数

	総数	県内出稼	県外出稼	小型機船底びき網	イワシキンチャク網	アジ・サバキンチャク網	その他のまき網	地びき網	その他
荘内村	542	15	527	2	313	99	73	2	53

資料：『第2次農業センサス』

である。ここからは、旧荘内村においてイワシキンチャク網漁業に従事した漁業者の人数が、他の漁業種類に比べて突出していることがわかる。いっぽう、同年の旧荘内村からの漁業出稼ぎ者は542名であったが、これは村内の漁業賃労働者数と出資従事者数1,073と比較してきわめて高い数字である。しかも全出稼ぎ者のうちの527名は県外出稼ぎであり、出稼ぎ者が従事した漁業種類をみると313名がイワシキンチャク網漁業に携わっている。ここからいえることは、生里を含む旧荘内村では県外への漁業出稼ぎがきわめて盛んであり、出稼ぎ先において、地元で習得したイワシキンチャク網漁業の技能を生かして従事する傾向が強いという点である。

さて、出稼ぎ者の輩出要因として、経済的要素の強さを先に挙げたが、この要因だけでは解釈できない要素もある。具体的な事例を引用してみよう。

第7章　大阪府下における香川県漁業者の出稼ぎの実態とその経緯

〔事例4〕B氏（男性　1933年生まれ　生里在住）
　自分は親や親類などの身内の者から言われたことはないが、「他所のカマの飯を喰わないと一人前にはなれない」と年寄りが言っているのを聞いたことがある。

〔事例5〕B氏（男性　1933年生まれ）・D氏（男性　1925年生まれ）・E氏（男性1928年生まれ）・F氏（男性　1930年生まれ）の談話（全員生里在住）
　当時（注：出稼ぎの最盛期）、阪神方面に出稼ぎに行くことを「カミへゆく」と言った。一度は「カミへはゆくものだ」という風潮があった。

　このふたつの事例からうかがえることは、彼らにとって阪神方面へ出稼ぎに行くことが、ライフサイクルのなかで経験すべきことであると認識されている点である。2001年現在、三崎支所（当時は三崎漁協）組合員は35名であったが、聞き取りでは60歳以上28名のうち、23名ほどが泉佐野（北中通）への出稼ぎを経験したという。さきに出稼ぎ者の増加によって、地元のキンチャク網漁業が人手不足に陥ったという話題にふれたが、出稼ぎが純然たる経済的理由に基づいて、余剰労働力である次男以下を輩出したとするのであれば、この数値は明らかに大きすぎる。むしろ、漁家の長男であっても、出稼ぎを経験していたと考えるのが自然である。聞き取りでもこの推測を裏付けることができる。

〔事例6〕B氏（男性　1933年生まれ）・D氏（男性　1925年生まれ）・E氏（男性1928年生まれ）・F氏（男性　1930年生まれ）の談話（全員生里在住）
　生里には以前、イワシキンチャク網が4統あった。終戦の頃は皆、地元のキンチャク網漁船に乗り組んでいた。地元のキンチャク網漁業が下火になってから、泉佐野（北中通）への出稼ぎが増えた。出稼ぎに行く

第Ⅱ部　現代の漁業者における漁撈活動の実際

のは次男以下が多かった。しかし、長男であっても、短期間、何らかのかたちで出稼ぎを経験していた。たとえばDさん、Eさんの長兄であるGさんは、地元のキンチャク網漁の責任者をしており、ほとんど出稼ぎには行かなかったが、それでも1942年（昭和17年）頃に堺へボラのまかせ網のノリコ（乗組員）として出稼ぎに行っている。またBさん、Fさんはともに長男だが、1964年、66年に鶴原のイワシキンチャク網漁船のノリコとして出稼ぎを経験した。

ところで、こうした漁業者たちの出稼ぎに関して、輩出地の人々が出稼ぎ地に対して抱いている意識をうかがうものとして、生里と隣接する大浜から岸和田市春木、神戸方面、そして北中通に出稼ぎした人々に対する思いも興味深い。

〔事例7〕H氏（男性　生年不明　大浜肥地木出身）
　父親はタイのしばり網のオヤカタをしていたが、戦死した。戦後になって阪神方面への出稼ぎが盛んになったが、子供心に大阪へ出稼ぎへ行った人がたくさんの土産を持って帰ってくるのがうらやましかった。土産は大きな木箱に入ったリンゴや、大阪名物の粟おこしなどであった。

〔事例8〕I氏（女性　1938年生まれ　大浜出身　北中通在住）
　1954年に北中通のイリヤ（イリコ加工業）へ出稼ぎに来た。当時、大浜は電気もない田舎で、娯楽といえばたまに移動の映画が来るようなところだった。だから大阪という大都会に行くのが楽しみで仕方がなかった。出発日が近づくと毎日、大きな四角いトランクに荷物を詰めながら、大阪はどんなところだろうと、期待に胸をふくらませた。

こうした事例からは、出稼ぎ者の大阪という都会に対する憧憬を感じ取ることができる。出稼ぎ者にとって、ムラにもたらされたモノや情報を通じて

形成された、大都会大阪への関心が内的な動機として出稼ぎを促進する要因のひとつとなったとも考えられよう。

4．漁業出稼ぎの変遷と出稼ぎを支えるネットワーク

　生里から北中通への漁業出稼ぎが開始され、増加に至った経緯はどのようなものだったのであろうか。ここではその問題を検討したい。その要因として考えられるのは、親族・地縁のネットワークの活用と、ヒトガシラと呼ばれるキーパーソンの存在が挙げられる。

　この問題を考えるに際して、まず、ふたつの事例を挙げてみよう。これらは、生里から北中通への最初の漁業出稼ぎ者とされる、J氏に関するものである。語り手であるC氏とF氏は従兄弟で、両氏からみて、J氏はおじとなる。

〔事例9〕C氏（男性　1923年生まれ　生里出身　北中通在住）
　　わたしは4人兄弟の次男として生まれた。生家は雑貨商を営むかたわら、3反程度の畑を耕作していた。1941年、はじめてわたしは鶴原へ出稼ぎに来た。キンチャク網漁船A丸に乗り組んだ。わたしのおじであるJさんが、A丸のオヤカタ（経営者）であるKさんの妹と結婚していたので、その伝手を頼って友人3人と出かけた。翌年も出稼ぎに行ったが、1943年に応召した。復員後、1946年に再びA丸に出稼ぎに来た。網船のセンドウをつとめるいっぽうで、A丸のヒトガシラとなり、生里からの出稼ぎ者の世話をした。

〔事例10〕F氏（男性　1930年生まれ　生里在住）
　　生里の者が鶴原へ出稼ぎに行った先駆けは、わたしのおじのJさんである。Jさんは男3人女3人の6人兄弟の3男である。生家は半農半漁で、長男は戦前にまかせ網のノリコとして堺へ出稼ぎをしていた。Jさんも同様に堺へ出稼ぎをしていたのだが、のちに友人3人と鶴原のA丸のノ

第Ⅱ部　現代の漁業者における漁撈活動の実際

リコとなった。そしてオヤカタの妹と結婚した。1943年頃にはすでに結婚していたと記憶している。

　これらの事例からは戦前期に生里から北中通へ出稼ぎしたJ氏が、そのキンチャク網漁業経営者の近親者と婚姻関係を結んだ結果、親族としての強固な関係を構築し、その関係をC氏が活用した状況をうかがうことができる。
　生里から北中通への漁業出稼ぎはJ氏を萌芽とし、戦後期に本格的に展開する。その展開に際しては、C氏の果たした役割が大きい。C氏はA丸のヒトガシラとして、地縁的ネットワークを活用し、出稼ぎ者のリクルーターの役割を果たした。
　ところで、出稼ぎ者の世話をしたヒトガシラとは、具体的にどのような役割を果たしたのだろうか。聞き取りに基づいて解説してみよう。
　ヒトガシラは地元において前述のように出稼ぎ者を募り、出稼ぎ先においては出稼ぎ者の世話をするとともに、オヤカタと出稼ぎ者とのあいだの仲介役をつとめた。つぎに示す事例は、ヒトガシラのリクルーターとしての役割の一端をうかがわせるものである。

〔事例11〕L氏（男性　1930年生まれ　生里在住）
　　わたしは半農半漁の家の3男で、長兄は北中通のA丸のノリコであった。しかし林兼のキンチャク網漁船の責任者に転じることになったため、その補充として、1949年頃にA丸に乗り組むこととなった。これはCさんの紹介であった。

〔事例12〕D氏（男性　1925年生まれ　生里在住）
　　わたしの家は漁業をしていた。兄弟は男4人、女3人の7人で、わたしはその次男である。長兄は地元のキンチャク網の責任者をしながら、タイのごち網漁を周年行ったり、春先にはスズキやゴチのはえなわ漁をしていた。わたしが最初に鶴原に出稼ぎしたのは、1947年頃である。A

第7章　大阪府下における香川県漁業者の出稼ぎの実態とその経緯

丸のヒトガシラをしていたCさんに誘われて、14、5人で出稼ぎをした。

　C氏はA丸のヒトガシラをつとめたのち、イリヤの経営に転じ、北中通に移住する。しかし、漁船を下りたのちも、しばしば出稼ぎ者の勧誘にあたった。たとえば、さきに登場したF氏、B氏はそうしたなかで出稼ぎに誘われ、北中通に赴いたという。
　C氏ののち、A丸のヒトガシラとなったのは〔事例12〕のD氏であった。D氏の語りから、ヒトガシラの役割について、さらに詳しくみてみよう。

〔事例13〕D氏（男性　1925年生まれ　生里在住）
　　わたしはA丸に乗り組んで、4、5年してから網船のセンドウとなった。そして、Cさんがイリヤになってから、ヒトガシラになった。ヒトガシラの仕事は、出稼ぎ者を集めることと、出稼ぎ中、彼らの世話をすることであった。特にオヤカタと出稼ぎの若い衆との「なかをとる」のが大切だった。「なかをとる」というのは、オヤカタと若い衆、それぞれの言い分を聞いて、その間を調整して円満な関係をつくることである。出稼ぎの衆を集めるのは、こっち（注：生里）に戻ってきているときである。自転車で家々を回って、心当たりの者に頼んだ。出稼ぎでノリコになることが決まった者には、前金を渡した。1967年でひとり2,000円だった。前金はあらかじめオヤカタから預かってきていた。わたしがヒトガシラとしていちばん多く人を雇ったのは、45名くらいだった。そのときは生里だけでなく、仁老浜や大浜の人も雇った。伊吹島の女性を雇ったこともあった。鶴原にゆく前には、出稼ぎの契約をした者が集まって、ヒトガシラの家で酒宴をした。

　この事例に述べられた、出稼ぎ者の輩出地と前金について、D氏が所蔵する「昭和四十一年度巾着人名簿」と、同年の「前金」名簿にしたがって検討してみよう。このふたつの資料はD氏がヒトガシラをつとめたA丸の1966年

における出稼ぎ者に関するものである。前者には原則として出稼ぎ者の氏名・居住地が、後者には出稼ぎ者の氏名と前金の金額が記載されている。

まず、「昭和四十一年度巾着人名簿」には、48名の出稼ぎ者が記載されている。このうち居住地の記載がない3名を除く45名についてみると、生里12名、仁老浜19名を数える。他の出稼ぎ者の居住地も、荘内半島の集落が占めている。いっぽう、「前金」名簿には37名の記載があり、このうち前金のない3名を除く34名についてみると、前金の金額は3,000円1名、2,000円31名、1,000円2名であった。

さて、漁業出稼ぎ者はその受容地において単なる労働力としての役割を果たすのみではなかった。たとえば、漁撈に関する新たな技術の導入に貢献する場合もあった。このことをA丸の事例に基づいて検討しよう。

A丸は1948年に動力化した網船を建造する。「漁船原簿」[5]によれば、この漁船は10.30tで50psの焼玉エンジンを搭載していた。造船所をみると、三豊郡庄内のM造船所と記載されている。聞き取りによれば、この造船所は生里にあったという。A丸がわざわざ遠隔地で新船を建造した理由は、生里からの出稼ぎ者がもたらした情報が大きな要因になったという。すなわち、M造船所は「手がきれる（技術が高い）」という出稼ぎ者の話によって、A丸は新船建造をこの造船所に依頼したとされる。出稼ぎ者輩出地における漁撈に関わる情報が、出稼ぎ者を仲介した情報のネットワークによって、その受容地で活用されたといえよう。

また、A丸が新たな漁法を導入するに際しても、出稼ぎ者のネットワークが活用される。大阪府環境農林水産課資料ならびに聞き取りによれば、A丸は1975年にバッチ網漁（機船船びき網漁業）を開始する。その際に使用する漁具を徳島県小松島市和田島から購入した。この経緯を整理すると、つぎのとおりである。

A丸のノリコである生里出身の出稼ぎ者の男性が、同じくA丸の経営するイリヤに出稼ぎに来ていた小松島の女性と結婚した。彼はのちに小松島に移住するが、引き続きA丸のノリコを続けていた。その頃、大阪湾でバッチ網

第7章　大阪府下における香川県漁業者の出稼ぎの実態とその経緯

漁業が許可され、A丸はこれに参入することにしたという。その際、小松島の漁具が優秀であるという評判を聞いたA丸の経営者は、この小松島に在住するノリコを通じて、同地の網屋から漁具を購入したという。

　この事例においても、出稼ぎ者が新技術の導入に際して仲介的な役割を果たしていたことをうかがうことができる。繰り返しになるが、出稼ぎ者を単なる労働力として見るのでは、漁業出稼ぎの実態を正しく把握したとは言い難い。

5．漁業出稼ぎ者の生活

　ところで、北中通のキンチャク網漁船へノリコとして出稼ぎに来ていた生里の漁業者は、北中通においてどのような生活を送っていたのであろうか。その一端を聞き取りに基づいて描いてみよう。

　終戦直後の出稼ぎ者たちは、生里より陸路で多度津に行き、関西汽船の定期航路で大阪に向かった。天保山埠頭に到着したのち、難波駅から南海電車に乗り、鶴原駅で下車し、出稼ぎ先に入った。のちに動力船のナマセン（運搬船）が生里まで迎えに来るようになり、さらに網船が動力化すると、その船で行き帰りするようになった。鶴原から生里へは、動力船で12時間程度を要した。生里に戻るときは網船に大漁旗を立て、ハマに近づくと汽笛を鳴らした。逆に出港する際には、オキで一回りしてから鶴原に向かった。

　終戦直後、米が配給制であった頃は、出稼ぎ者は麦を1俵持参した。食糧事情が好転すると、こうしたことは行わなくなった。A丸の場合、漁繁期の食事は、3食とも漁船上で調理したものを食べていた。炊事は漁船に乗り組んだ女性が行った。麦を持参した時代には、この麦に米を混ぜた麦飯を炊いた。米を洗うときには麦が浮き、とぎ汁を流す際に麦がいくらか一緒に流れてしまう。麦が多く流れれば、米の多い飯になるので、ノリコの若い衆は女性に「麦を流せ」と促したものだという。食事の献立としては、朝食に味噌汁、夕食におかずがついた。おかずとして、操業中に獲れたばかりのイワシ

やハネ（スズキの若魚）、スズキを煮て食べることもあった。また、食事にはいつもナスの一夜漬けがついた。佃煮もよく食べた。食材は宵のうちに決まったヤオヤで仕入れて、漁船に積みこんでおいた。

オカでは出稼ぎ者15、6名がオヤカタの家の2階で寝起きしていた。朝3時頃に起床して漁に出て、夜10時頃に家へ戻ってきた。風呂は鶴原3丁目にあった銭湯に行った。時間が遅いので本来なら営業していないのだが、オヤカタがあらかじめ頼んでいるので、入浴することができた。風呂に入った後、雑用をしていると、寝るのは11時か12時頃になったという。

出稼ぎ中の娯楽は、酒を飲んだり、喫茶店にいったりすることだったという。皆、酒は大好きで、とにかくよく飲んだものだった。盆や神社の祭りの日には、オヤカタが酒を振る舞った。また映画もよく観にいったという。泉佐野に日本劇場という映画館があって、そこへしばしば出かけた。時々、羽目を外して貝塚の色街に出かけることもあった。

漁期前の春先には、A丸の場合、オヤカタが出稼ぎのノリコを讃岐の金刀比羅宮近くにあるトラヤという旅館で接待した。また「漁が上がった後（漁期終了後）」にも生里から金刀比羅宮に参った。のちの時代になると、アミアゲ（漁期終了後）、オヤカタがノリコを京都の嵐山や和歌山の白浜へ旅行に連れて行った。

6．出稼ぎの衰退

1966年には、A丸のみで45名を数えた生里と荘内半島からの漁業出稼ぎであるが、現在は北中通に移住した人々がいるものの、それはごく少数であり、この方面からの出稼ぎは途絶えている。2001年現在、出稼ぎ者自体、イワシキンチャク網漁業の流れを汲むバッチ網漁業についてみても、漁船乗組員55名のうち、大阪府外出身者は17名であり、うち出稼ぎ者は愛媛県川之江市からの1名を数えるのみである。

それではいかなる要因で生里からの漁業出稼ぎが衰退したのか、聞き取り

第7章　大阪府下における香川県漁業者の出稼ぎの実態とその経緯

に基づいて述べてみよう。

　A丸経営者であったA氏は、漁業出稼ぎ衰退の要因について、つぎのように語っている。

〔事例14〕A氏（男性　1933年生まれ　鶴原在住）
　　出稼ぎが減ったのは、出稼ぎ者の地元である荘内、詫間に働き口ができたことと、キンチャク網に漁労機械が導入されてノリコが以前ほど必要なくなったことによる。わたしと同年配の出稼ぎ者は、漁業をやめて地元の工場で働くようになった。

　ここからうかがい得るのは、出稼ぎ者輩出地での雇用の創出と、受容地での漁業の機械化による省力化という、輩出地、受容地でのそれぞれの要因が相まって、出稼ぎが衰退に至ったという点である。それではまず、出稼ぎ者輩出地の要因について、具体的にみてゆこう。これから述べるのは、生里に隣接する大浜肥地木の漁業者と地元企業との関係を示す話題である。
　三豊市にあるN水産（詫間町）およびO食品（仁尾町）は、冷凍食品の製造販売を行い、従業員150名強の企業である。両者は業種および規模の点から共通する部分が多いが、その創業について両者は無縁と言いがたい。すなわちN水産と1966年創業のO食品は、創業者がともに肥地木のイワシキンチャク網漁業の経営幹部であった。具体的に述べると、肥地木においては昭和時代前期には着業していた元網と、第2次世界大戦後着業した新網の2統のキンチャク網があったが、N水産創業者のN氏と、O食品創業者のO氏はともに新網の経営に携わっていたとされる。その両氏が両社を創立し、地元である肥地木と大浜の漁業者や女性を雇用したという。このことが、漁業出稼ぎの衰退につながったとされる。
　以前は地元の漁業労働力を吸収していたキンチャク網漁業の幹部が企業を創立して、地元から流動していた漁業出稼ぎ者を吸収するという過程は、それ自体として興味深い事例である。こうした構造を生里について確認するに

は、さらに調査検討を進める必要性が求められるものの、出稼ぎ衰退の要因のひとつとして想定することは可能であろう。

　いっぽうの受容地の問題として、イワシキンチャク網漁業の機械化に伴う省力化の問題についてみると、以下のような経過をとる。前述のように大阪府下におけるイワシキンチャク網漁業の機械化は昭和30年代後半にはじまるが、A丸では昭和40年頃から50年頃に機械キンチャクへの切り替えが行われたという。この導入によって網船の乗組員は昭和63年頃では1隻につき10〜12名に減少したという。ちなみに、2001年における北中通のバッチ網漁船では、網船2隻、魚探船兼運搬船を1隻とする1漁撈体で平均5.5名である。こうした乗組員の顕著な省力化が出稼ぎの衰退につながったものと考えられよう。

おわりに―問題の整理と今後の課題―

　以上、大阪湾のイワシキンチャク網漁業について、それに関わった出稼ぎ労働者に焦点をあてて報告と検討を行った。そのなかで明らかになった点を整理する。

　生里から北中通への漁業出稼ぎは、昭和時代前期を嚆矢として、第2次世界大戦後まもなくして盛んとなった。歴史的には比較的新しいものと位置づけられることが明らかとなった。そして、その出稼ぎの拡大には、ヒトガシラと呼ばれるキーパーソンの存在が不可欠であった。あるヒトガシラの事例では、北中通の初期出稼ぎ者である親族が、出稼ぎ先のキンチャク網経営者の家族と婚姻関係を築いた縁故を頼って出稼ぎに赴き、のちにヒトガシラとして地元で出稼ぎ者のリクルートにあたったとの構図を描くことができた。つまりここからは、生里から北中通への出稼ぎが、親族のネットワークと地縁のネットワークを活用して展開されてゆく過程をみることができた。

　出稼ぎの衰退については、出稼ぎ者輩出地と受容地のそれぞれにおける要因が働いていた。輩出地では地元企業の創立による雇用創出がなされたいっ

第7章 大阪府下における香川県漁業者の出稼ぎの実態とその経緯

ぽう、受容地ではキンチャク網漁業の機械化による省力化が進行した。こうした両要因が出稼ぎの衰退につながったと考えられる。

つぎに、出稼ぎ者は地元においてもイワシキンチャク網漁業に従事し、出稼ぎ先でも同漁業に関わった。これは出稼ぎ者が自らの保持する技能を活用することで、出稼ぎ先に受容されていったことを物語る。

出稼ぎ者の輩出については、経済的な要因が第一義的なものであったが、そうした既成概念に当てはまらない要因を明らかにすることができた。それは「カミへゆく」という言葉に示される、阪神方面への出稼ぎを人生経験のうえで体験すべきものであるとする点である。この方面への出稼ぎは彼らのライフサイクルのなかに位置づけられた過程であると考えられる。また、出稼ぎ者輩出地に暮らす人々が抱く、「大阪」というまだ見ぬ大都会への憧憬も、人々を出稼ぎに導いた要因として働いていた。彼らにとって、出稼ぎは生きてゆくなかで労働をどう位置づけるかという内的な営み、いわば「労働価値観」に関わる行為としての側面を持つ。

しかし、こうした要素は先に述べた経済的要因に対しては、あくまでも副次的なものである。それは地元での雇用の創出や、北中通でのキンチャク網の省力化により、出稼ぎが衰退したことからうかがえる。

最後に、出稼ぎ者の流動によって構築された輩出地と受容地とのネットワークは、新たな漁業技術の移入を可能とした点を明らかにすることができた。たとえば、生里での漁船の建造や、小松島での漁具の購入といった、出稼ぎ者からもたらされる情報が北中通で活用されていた点がこれを示している。

今後の課題としては、北中通への出稼ぎ者輩出地のさらなる調査が求められる。北中通には本文でも若干ふれたように、生里と同じ旧荘内村に属する三豊市詫間町大浜からの出稼ぎ者も散見される。また、愛媛県南宇和郡、広島県走島、香川県女木島など、瀬戸内海沿岸部、島嶼部などからの漁業出稼ぎが多く行われていたようである。こうした諸地域からの出稼ぎは北中通に限らず、堺市や岸和田市といった大阪府下の漁業地区に展開していた。しか

し、その個別研究は充分になされていない。漁業出稼ぎ者輩出地と受容地の双方について、出稼ぎの実態や受容過程、要因を明らかにする必要がある。

　こうした出稼ぎの経緯は文字資料としては残りにくい性質があり、実際に出稼ぎを行った人々から聞き取りを行う方法が重要となってくる。生里から北中通への出稼ぎは現代のものとはいえ、その把握のために残された時間は充分ではない。この調査と検討は急務なものと言わざるを得ない。

注
（1）髙桑守史は、この『漁村生活の研究』について、記載項目に偏りがある点や、項目羅列主義の記載で、髙桑の言うところの、「伝承主体」、つまり伝承の関連が等閑視され、柳田の関心に従って配列されている点を指摘し、そこに柳田の民俗研究の限界を看破している（髙桑1994）。
（2）たとえば、松本博之は、大阪府岸和田市春木のキンチャク網漁業において、香川県観音寺市伊吹島、三豊市詫間・大浜などからの出稼ぎ者が従事していたことを指摘している（松本1997）。また、『堺市史』ではキンチャク網漁業の乗組員として三豊市詫間町大浜・生里の位置する荘内半島や伊吹島からの出稼ぎ者が従事していた点を指摘している（堺市役所　1971）。
（3）近畿農政局高石統計・情報センター資料による。
（4）香川県農林水産部水産課資料による。
（5）漁船は漁船法に基づき登録しなければならない。このために都道府県に届け出るものが「漁船原簿」である。「漁船原簿」には、登録番号・船名・所有者の氏名または名称と住所・使用者の氏名または名称と住所・漁業種類・主たる根拠地・船体の規格・推進機関の規格・無線機の規格・登録年月日・登録事由とその他の記事・造船所の名称と所在地・漁船の船質・進水年月日が記載されている。この「漁船原簿」の人文学的分野における活用については、人文地理学の河原典史の論考に詳しい（河原1997）。

引用・参考文献
泉佐野市役所（1980）『泉佐野市史』（原本1958）pp.409-410
泉佐野市史編さん委員会（2006）『新修　泉佐野市史9・10　考古編・民俗編』清文堂出版
河原典史（1997）「泉佐野市をとりまく漁船の流通形態―「漁船原簿」の地理学的分析の試み―」泉佐野市史編さん委員会『泉佐野市史研究』3、pp.66-79
河原典史（2003）「伊吹島からの漁民の移動と展開」平岡昭利編著『離島研究』海青社、pp.58-70

第7章　大阪府下における香川県漁業者の出稼ぎの実態とその経緯

河野通博（1997）「他県からの漁民の来住と定着」大阪府漁業史編さん協議会『大阪府漁業史』、pp.489-493
堺市役所（1971）『堺市史』続編1、p.1605
桜田勝徳（1975）「出漁者と漁業移住」柳田國男編『海村生活の研究』国書刊行会、pp.104-113
高桑守史（1994）『日本漁民社会論考—民俗学的研究—』未來社、pp.19-20、32-34
鷹田和喜三（1989a）「釧根地方の漁民の定着過程と漁業移住の社会的背景—目梨郡羅臼町の富山県漁民の事例—」『釧路公立大学紀要社会科学研究』第2号第1分冊、pp123-154
鷹田和喜三（1989b）『前掲書』（1989a）p.152
中央職業紹介事務局（1930）『勞働移動調査　第五輯　昭和三年中に於ける道府縣外出稼者に關する調査概要』、p.7、83、141
野地恒有（2001a）『移住漁民の民俗学的研究』吉川弘文館、pp.1-168
野地恒有（2001b）『前掲書』（2001a）p.13
増﨑勝敏（2005）「大阪湾のばっち網漁業にみる漁撈集団の構成とネットワーク—大阪府泉佐野市北中通の事例より—」『日本民俗学』第241号　pp.31-52
増﨑勝敏（2007）「ライフヒストリーを用いた漁撈民俗研究の一試論—高知県中土佐町久礼の漁業者を例にとって—」『日本民俗学』第252号、pp.209-228
松田睦彦（2003a）「瀬戸内海島嶼部の出稼ぎ—研究史の整理と若干の提言—」『民俗学研究所紀要』27、pp.125-148
松田睦彦（2003b）『前掲書』（2003a）p.134
松田睦彦（2003c）『前掲書』（2003a）p.143
松本博之（1997）「巾着網漁業」大阪府漁業史編さん協議会『大阪府漁業史』、pp.562-569
文部省社会教育局（1996）「全国漁業出稼青年滞留情況調査概況」南博編『近代庶民生活誌』第12巻、p.230、257
柳田國男（1975）『海村生活の研究』国書刊行会
柳田國男（1963）「明治大正史世相篇」『定本柳田國男集』第24巻、筑摩書房

第8章

大阪湾のイワシキンチャク網漁業
―その産業構造とネットワーク―

はじめに―研究の目的と方法―

　本章は大阪府岸和田市春木の漁業経営体が大阪湾を漁場として営む、イワシキンチャク網漁業に関するものである。イワシキンチャク網漁業とは、中型まき網漁業の一種である。この漁業はカタクチイワシを漁獲対象として、魚探船によって探知した魚群を、2隻の網船から敷設した幕状の漁網で包囲して捕獲する漁法である。揚網時に網具の底部を絞り込む形状が巾着袋の口に似ているところから、この呼称が生まれたという。

　『大阪府漁業史』によれば、大阪府下におけるイワシキンチャク網漁業は、大正時代に導入されたとされる（松本 1997）。『泉佐野市史』では1918年において旧佐野町で2統のキンチャク網が着業されていたとされ、1925年には旧北中通村で7統の着業を数える（泉佐野市役所 1958）。著者の聞き取りによると、大阪府下の同漁業は、現在の泉佐野市鶴原の漁業者が最初に手がけたとの伝承を得ている。現代のイワシキンチャク網漁業は、漁船の装備や経営形態について、著しく近代化が進んでいる。

　本章においてイワシキンチャク網漁業を研究の対象とするのは、ふたつの目的による。

　ひとつめは、近代化の進んだ漁業へ民俗学の立場からアプローチを試みようという点である。従来、民俗学において近代化の進んだ漁業は、等閑視されてきた対象であった。

　そもそも、漁業の近代化をいかに定義するか。この点からまず着目されるのは、漁業現場における生産活動に関わる新技術の導入である。具体的には、

第Ⅱ部　現代の漁業者における漁撈活動の実際

漁船の動力化や漁具の材質の変化、漁労機械や電子航行機器の発達と利用などが挙げられる。また、漁業経営体についても、生産組合化や会社化など、組織的な変化を指摘することができる。さらに、漁業を産業たらしめる諸要素にも注意を払う必要がある。たとえば、漁獲物の加工・流通・販売のシステムや、水産物消費動向の変化も視野に置かなければならない。

　先に述べたとおり、民俗学において近代化の進んだ漁業を取り上げた研究は少ない。しかし、この分野に積極的にアプローチした試みはある。たとえば野地恒有は愛知県篠島における機船船びき網漁業に関して、漁撈活動の実態と漁場利用を詳細に分析した。ここで野地は、民俗学において機械化・電子化の進んだ現代の漁業が看過されてきた点を指摘し、その検討の必要性を積極的に主張した。そのうえで、現代化の進んだこの漁業における民俗を、聞き取りや漁船同乗による直接観察、ならびに漁業日誌の検討に基づいて考察した。そのなかでは、漁船上における乗組員の作業実態や、漁撈時間と漁場利用の日中変化、漁場利用の季節変化について検討している（野地 1998）。

　また、卯田宗平は滋賀県琵琶湖の沖島の漁業者が営むゴリ底びき網漁について、伝統的な測位技術であるヤマアテとGPSによる測位との連関を分析した。卯田も聞き取り調査と漁船同乗による直接観察、携帯型GPSを用いた漁船の航跡解析によって、漁撈活動のなかで新旧技術が相互補完的に機能していることを指摘している（卯田 2001）。

　こうした、野地や卯田の業績は、近代化の進んだ漁業を民俗学の立場から取り上げている点において、大きな意義がある。だが、その視点はおもに漁業者の海上活動に関わる、生業現場の検討に主眼をおいたものである。前述のように、漁業の近代化は生産の場だけに限られない。漁業を産業として成立せしめる諸要素についても、研究の視点を広げる必要がある。

　葉山茂は、1960年代から現在にかけての、宇和海におけるブリ養殖業を取り上げ、聞き取りと直接観察に基づいた論考を行った（葉山 2011a）。葉山は、これまで民俗学では対象化されることの少なかった魚類養殖業について「産業化」という枠組みに基づいて、その生業活動を検討している。葉山の言う

第 8 章　大阪湾のイワシキンチャク網漁業

「産業化」とは、生業活動が「市場経済のもとで科学的な知識と機械技術を使って」（葉山 2011b）行われるようになることを指している。葉山は特に養殖魚の飼料と給餌の問題について詳細な分析を加えている。そこでは各養殖業者が飼料の種類を選択するに際して、養殖魚の販売を視野に置いた経営戦略を展開する点や、飼料の価格高騰、養殖魚の産地間競争に対応して作業の効率化を図るといった点に言及している。葉山が対象としたのは養殖漁業であるものの、漁業経営体の経営効率や販売の問題を踏まえて生業活動を捉えている。こうした経済的視野に立った葉山の視点は、民俗学における今後の方向性を考えるうえで重要なものとなろう。

著者は別章で大阪府泉佐野市北中通の漁業者が営む、バッチ網と呼ばれる小型機船船びき網漁業について論考を試みた。ここでは、近代化の進んだこの漁業の実態を、聞き取りと漁船同乗による直接観察調査に基づいて検討した。そのなかでは、漁獲物の仕向け先の問題に言及し、漁業経営体間に構築された漁獲物販売に関わるネットワークの存在を明らかにした。本章でも、漁獲物販売の問題は、検討課題のひとつとなる。

これまで大阪湾のイワシキンチャク網漁業について、民俗学の立場から取り上げた業績としては、小藤政子の報告がある（小藤 1986a）。小藤は現代のこの漁業を「漁獲から出荷まで一連の工場として関わる企業的漁業経営」（小藤 1886b）であるがゆえに存立しうるものと位置づけた。小藤の指摘は、イワシキンチャク網漁業を検討するに際して、漁業者の海上活動のみならず、漁獲物の流通や販売、経営形態の問題を視野に置く必要性を述べた点から慧眼といえる。ただし、小藤がその分析を自らの視野に基づいて深化させなかったことは惜しまれる。

つぎに大阪湾のイワシキンチャク網漁業に関する研究として注目されるものは、水産学の立場からなされた松本博之の論考である。松本はおもにこの漁業の第 2 次世界大戦後の実態を取り上げ、操業形態、機械化の進展、漁獲物の仕向け先の変化や、漁船乗組員の労働力供給の点から述べている（松本 1997）。ここに挙げられた諸点からうかがえるように、松本はイワシキンチャ

第Ⅱ部　現代の漁業者における漁撈活動の実際

ク網漁業をひとつの産業体として把握しようとしたものであり、著者の視点と近いものがある。

　本章では、こうした先行研究を踏まえて、近代化の進んだ岸和田市春木のイワシキンチャク網漁業を取り上げる。それに際して、この漁業の産業構造の枠組みから捉えようと考えている。すなわち、海上活動の側面から着目されがちであった漁業について、それが産業としていかなる経営形態をとり、存立し得ているのかを検討したい。この観点から本章で著者が取り上げたのは、1点目として漁撈体の構成とその漁業暦、2点目として漁船乗組員の雇用形態と給与体系、3点目として漁獲物の仕向け先についてである。1点目に着目したのは、漁船団を単位として営まれるイワシキンチャク網漁業においては、漁船や乗組員の構成、着業日数が漁業生産の基盤として看過し得ない対象であるからである。つぎに2点目を取り上げたのは、この漁業を経営の側面からみるうえでは、乗組員の雇用の様態を知ることが不可欠と考えたからである。そして、3点目については、交換（換金）を前提とした漁業という生業を考える際には、その生産物の流通販売の問題を視野に入れることが必要だからである。これらの諸点を通して、産業体としてのイワシキンチャク網漁業の一端を明らかにしたい。

　本章のもうひとつの目的は、イワシキンチャク網漁業に関わる出稼ぎ労働者の問題に検討を加えたいということである。岸和田市春木のキンチャク網経営体は、漁労機械の普及による省力化を進める以前、香川県荘内半島からの出稼ぎ漁業者によって乗組員を充足してきた。これまで、大阪府下への漁業出稼ぎについては、香川県観音寺市伊吹島から、泉佐野市への事例がよく知られている。たとえば、河野通博は伊吹島から泉佐野へ小型機船底びき網漁船の乗組員として出稼ぎを行い、のちに同漁業の権利を得て定住をはかった漁業者の事例を、生活史的に紹介している。河野はまた、香川県さぬき市志度町から岸和田市春木へ来住し、イリコ加工業からイワシキンチャク網業経営へと転じた漁業者の事例も併せて述べている（河野 1997）。人文地理学の河原典史も、伊吹島出身の漁業者が泉佐野のイワシキンチャク網漁船の乗

第8章 大阪湾のイワシキンチャク網漁業

組員として出稼ぎをしたのち、小型機船底びき網漁業の漁業権を得て、泉佐野に定住をはかった経緯について、詳細な検討を行っている（河原 2006）。

しかしながら、荘内半島からの漁業出稼ぎについては、前出の松本の報告のほか、いくらかの資料がその事実に言及しているのみであり、その経緯は具体的に検討されていない。数少ない成果としては、別章で述べたとおり、著者が大阪府下のイワシキンチャク網漁業に関して、香川県三豊市詫間町生里から、泉佐野市旧北中通村の鶴原への出稼ぎを論考したものがある。著者はそのなかで生里から鶴原への出稼ぎが、昭和時代前期を萌芽とし、第2次世界大戦以降に本格化した点、出稼ぎ漁業者の増加に際しては、ヒトガシラと呼ばれるリクルーターによる、地縁・血縁を活用した勧誘活動が重要な役割を果たしていた点に言及した。本章では、荘内半島から春木への漁業出稼ぎに関して、出稼ぎ者の生活史に基づいた検討を加える。そのなかでは出稼ぎに関わる人的ネットワークの問題と、出稼ぎ者がいかなる経緯で春木の漁船に乗り組むに至ったかを述べる。そして、出稼ぎ者が春木において、どのような暮らしをしていたのかという点も、若干紹介したい。

本章を執筆するに際して使用した資料は、岸和田市春木に在住するイワシキンチャク網漁業経営者と、三豊市詫間町に在住する出稼ぎ経験者、ならびに関係者を対象とした聞き取り調査によって得られたものである。また、現在のこの漁業の実際を述べるに際しては、漁船同乗による直接観察で得た資料を活用した。

1. 調査地と漁業の概要

春木の属する岸和田市は、大阪府の南西部に位置する（図8-1）。市域は大阪湾に面した平野部と内陸部の丘陵地、和泉山脈の北端地域よりなる。江戸期には岸和田藩主岡部氏の城下町として繁栄し、近代には紡績工業が盛んにおこなわれている。市域の交通は、主な道路網として阪和自動車道、阪神高速湾岸線、国道26号線がある。鉄道はJR阪和線のほか、市域の中心部を

149

第Ⅱ部　現代の漁業者における漁撈活動の実際

図8-1　春木と周辺地図

南海電鉄南海線が通っている。同線の特急列車を利用すれば、大阪市南部の中心地である難波から、約20分で岸和田駅に至ることができる。

　市内を第1次産業についてみると、農業では商品作物の栽培が盛んである。以前は、「泉州タマネギ」の産地として知られたが、現在、その生産は大きく減少している。いっぽう、「泉州水茄子」に代表されるナスの生産が、増加の傾向にある。

　漁業に関しては、岸和田市は大阪府下の市町村のうちでも、盛んな地域に数えられる。その概要を『大阪農林水産統計年報』に挙げられた2008年の資料からみてゆきたい。

　大阪府下には668の漁業経営体が存在するが、うち92は岸和田市に所在する。これは府下全体の13.8％を占めており、岬町の124経営体についで、第2位

第8章 大阪湾のイワシキンチャク網漁業

表8-1 経営組織別経営体（岸和田市 2008年）

計	個人経営	漁業生産組合	共同経営
92	81	1	10

資料：『大阪農林水産統計年報』

表8-2 海上作業従事者別経営体数（岸和田市 2008年）

	海上作業従事者別経営体数					
計	1人	2	3・4	5〜9	10〜19	20人以上
74	35	16	10	7	6	−

資料：『大阪農林水産統計年報』

表8-3 岸和田市の使用漁船隻数（2008年）

	動力漁船					総t数	無動力漁船隻数	船外機付漁船隻数
計		隻　数						
	1t未満	1〜3	3〜5	5〜10	10t以上			
174	−		4	22	111	37	1,643.9	−	

資料：『大阪農林水産統計年報』

に位置づけられる。いっぽう、漁獲量のうえからみると、大阪府下の20,213tのうち、岸和田市が15,662tを占める、これは府下全体の77.5％にあたり、卓越した数値となっている。

　岸和田市の92漁業経営体のうち81は個人経営体である（**表8-1**）。海上作業従事者数別にみると、1名の経営体が35を占める（**表8-2**）。特徴的なのは、10名から19名の経営体が6を数える点である。この数値は府下の他市町村ではみられないものだが、こうした比較的経営規模の大きな漁業経営体のなかには、今回取り上げるイワシキンチャク網漁業（統計では中・小まき網として計上）を営む経営体が含まれる。

　使用漁船は174隻であり、そのすべては動力漁船である。トン数別の漁船隻数は5t以上10t未満が111隻、ついで10t以上が37隻となっている。漁船規模についても府下の他市町村に比べて大きい（**表8-3**）。

　主とする漁業種類を、漁業経営体のうえからみると、その他の刺網漁業、小型機船底びき網漁業、機船船びき網漁業が中心となっている（**表8-4**）。しかし、漁業種類別漁獲量では、イワシキンチャク網漁業が13,368tと、全

第Ⅱ部　現代の漁業者における漁撈活動の実際

表8-4　主とする漁業種類別経営体数（岸和田市　2008年）

計	小　型底びき網	船びき網	中・小型まき網	その他の刺　網	左記以外の漁　業
92	24	14	4	33	17

資料：『大阪農林水産統計年報』

表8-5　漁業種類別漁獲量（岸和田市　2008年）

単位：t

計	小　型底びき網	船びき網	中・小型まき網	その他の刺　網	左記以外の漁業
15,662	378	1,814	13,368	45	57

資料：『大阪農林水産統計年報』

表8-6　イワシキンチャク網漁業魚種別漁獲量（岸和田市　2008年）

単位：t

| 合計 | イワシ類 | | コノシロ | マアジ | サバ類 | ブリ類 | タチウオ | クロダイ | サワラ類 | スズキ類 | 左記以外の魚類 |
	マイワシ	カタクチイワシ									
13,368	461	10,915	415	499	3	1	29	19	6	94	927

資料：『大阪農林水産統計年報』

体の85.4％を占める（**表8-5**）。

　イワシキンチャク網漁業の主な漁獲物はイワシ類である。全漁獲量に占めるイワシ類の割合は、85.1％である。その組成をみると、95.9％がカタクチイワシである。他の漁獲物ではマアジ、コノシロ、スズキ類などが挙げられる（**表8-6**）。

　2010年現在、岸和田市でイワシキンチャク網漁業を営む4経営体は、この漁業を5漁撈体で着業している。4経営体のプロフィールをみると、2経営体はこの漁業を第2次世界大戦前より、地びき網漁業と兼業して営んできた。他の2経営体は戦後にこの漁業の漁獲物加工業、販売業より参入した。いずれの経営体も、現在はバッチ網漁業を兼業している（**表8-7**）。

表8-7　春木におけるイワシキンチャク網漁業経営体のプロフィール（2011年）

経営体	着業に至る経緯
A	戦前よりイワシキンチャク網漁業と地びき網漁業を兼業で営む。地びき網漁業については、1963年に岸和田港貯木施設整備事業・泉北臨海工業用地造成事業に伴い漁業権喪失・抹消。1971年以降に、兼業バッチ網漁業を着業。現在はB丸と共同経営。会社法人。
B	もと大阪市此花区でイワシ飼料買い付けを行う。1970年代中頃にイワシキンチャク網漁業を着業。1971年以降に兼業バッチ網漁業を着業。現在はA丸と共同経営。生産組合。
C	現経営者の父親は香川県さぬき市出身。1935年頃、春木に定住し、イワシキンチャク網漁船に乗り組んだ。戦後、岸和田でイリヤを営んだのち、1970年頃にイワシキンチャク網漁業を着業。1971年以降に兼業バッチ網漁業を兼業。会社法人。
D	戦前よりイワシキンチャク網漁業と地びき網漁業を兼業で営む。地びき網漁業については、1963年に岸和田港貯木施設整備事業・泉北臨海工業用地造成事業に伴い漁業権喪失・抹消。1971年以降に、兼業バッチ網漁業を着業する。

資料：大阪府環境農林水産部水産課と経営者からの聞き取りによる。

2．昭和20年代初頭のイワシキンチャク網漁業とイリコ加工業

1）当時のイワシキンチャク網漁業

　現代のイワシキンチャク網漁業の産業構造を検討するに際して、まず、その前史としての昭和20年代初頭の春木におけるイワシキンチャク網漁業の操業の実態を紹介する。聞き取りにより辿り得て、機械化の進行する以前のこの漁業の様態を述べることは、かつての出稼ぎ乗組員の問題を検討するうえでも不可欠である。

　当時のイワシキンチャク網漁業は、6月頃から11月にかけて行われた。1漁撈体は2隻の網船とイロミセン（色見船：魚探船）、随行する6隻から7隻程度のテンマセン（伝馬船：運搬船）から構成された。網船以外は動力船であった。網船には1隻につき20名程度のノリコ（乗子：乗組員）が乗り組んだ。イロミセンには、魚群を探し、漁の指揮をするイロミのほか、キカンシ（機関士）、カジモチ（舵持ち）の計3名が乗り組んだ。1漁撈体につき海上作業に従事した者は50名程度となる。

　出漁は日の出前の、空が白んできたホノアカリ（ほの明かり）の時分であった。この時分はイワシが群になっているので、漁を行うのに適していた。日没前も好漁時であった。出漁の是非は潮汐（大潮・小潮）や潮の干満にはこ

だわらないが、潮の流れが速い時は漁に適さない。逆にヤエ（停潮時）がよい。イワシは満潮時、ジカタ（オカの近くの海域）に入ってきて、干潮時はオキへゆく。そのことを勘案して漁場を選択した。また、イワシは夜になるとオカの灯火の近くに集まった。

　魚群を探索するのをイロミという。イロミをつとめたのはオヤカタ（親方）であった。オヤカタとは、イワシキンチャク網漁業を営む経営者である。イワシをねらうカモメが海に飛び込むのを見て、魚群の位置を見定めた。当時は魚群探知機がなかったので、魚群を探す際は「勘九分、あとは目の勝負」であった。その日どの海域に出漁するかは、前日の漁の模様をもとに決め、海上で魚群を見つけられるかどうかは視力頼みであった。この漁では、「上に浮いて飛んでいる魚をとる」ので、イロミセンやテンマセンは魚群に近づくと音を立てないようにエンジンを切って、櫓で操船した。

　動力化されていなかった網船は、出港時、舫った状態で漁場までタグボートに曳航された。漁場に到着すると、舫いを解いて、10丁の櫓を漕いで漁網を敷設した。イワシはシオウワテ（潮上）を向いて泳いでいるので、魚の頭が向いている方から投網した。その方向がわからない時は、「シオにつかして（潮流にしたがって）」投網した。そうすると「網の働きもよかった（海中で漁網がよく機能した）」。潮向は大阪湾内に停泊する「本船（商船）」の向きを見て判断することもあった。「本船」は船首を潮上に向けて停泊しているからである。

　漁網は魚群を包囲するように敷設した。この際、反時計回りに投網する網船をマアミ（真網）、時計回りに投網する網船をサカアミ（逆網）といった。魚群を包囲すると網具の下端を絞りつつ揚網した。揚網は網船に設置したロクロ（轆轤）を人力で回して行ったり、手で網を引き揚げたりした。

　漁業無線のなかった頃、投網や漁網の敷設、揚網の指示はイロミセンから網船に赤い手旗を振って行った。

　イワシを漁獲するとその目印に網船にハタ（ノボリともいう：大漁旗）を立てた。これを見たイリヤ（イリコ加工業者）のナマセン（運搬船）は網船

第 8 章　大阪湾のイワシキンチャク網漁業

に近づいてゆき、海上で直接イワシを買い付けた。これをデガイ（出買い）といった。各網船は他船と競い合って、いち早くハタを立てようとした。イリヤは決まった漁業経営体から買い付けを行う場合があり、1漁撈体につき、6、7軒が契約を結んでいた。この特定のイリヤのナマセンを、ツキブネといった。漁獲物の販売がツキブネで賄える場合は、ハタを立てなかった。漁獲物の購入時は「巾着組合」の焼印を押した4貫目の升で量った。この升1杯でトロバコ1つに相当した。決済はツキブネにはつけ払い、他には現金で行った。

2）イリコ加工業

　漁業という生業を考える際には、漁獲物の仕向け先の問題を看過することができない。これは、今日のイワシキンチャク網漁業のみならず、かつてのこの漁業を検討するうえでも変わることはない。そこで、ここではイワシキンチャク網漁業の仕向け先であったイリコ加工業について、その作業の実態を春木の事例に基づいてみてゆこう。

　現在のように大阪湾岸の埋め立てが進む以前、春木の海岸線にはハマ（砂浜）が広がっており、そこを干し場としてカタクチイワシをイリコに加工するイリヤが20軒ほどあった。

　イリヤの運搬船はイワシをオキで買い付けると、オカに戻ってくる。波打ち際に船を停泊させると、セイロ（蒸籠）にイワシを移して氷をかけ、加工場に運んだ。セイロとはトロ箱のような形状の箱で底が浅く、1箱にイワシが2貫目入った。これをテンビンボウ（天秤棒）で担って運搬した。男性の場合はテンビンボウの両端にセイロを下げて1名で担った。女性の場合は2名でテンビンボウのそれぞれの端を担い、中央にセイロを下げた。

　加工場に着くとイワシを別の形状のセイロに広げて洗った。このセイロは1辺が2尺の正方形の木枠に、竹で編んだ網を張ったものであった。セイロは市内の篭屋から購入した。水を張った水槽にセイロを入れ、その中でイワシを洗いながら広げた。各イリヤは加工場用の井戸をハマ近くに持っており、

155

第Ⅱ部　現代の漁業者における漁撈活動の実際

そこから汲み出した塩分の混じった水を作業に用いた。

　セイロに広げたイワシはカマ（釜）で炊いた。カマは耐火煉瓦のヘッツイサン（竈）のうえに据えられていた。鉄製で長さ3m、幅1mの大きさがあり、深さはセイロを10枚重ねて入れることができるほどであった。カマは銭湯の釜を作っている業者に頼んで製作してもらった。このカマに一度に3列のセイロを入れてイワシを炊いた。燃料は石炭を用いた。

　炊き上がったイワシはセイロごとハマで干した。ハマに竹竿をレール状に敷き、そのうえにセイロを並べた。竹竿の上に置くのは、イワシに砂がつかないようにするためと、通気性をよくするためであった。乾燥には7、8時間を要した。この時間はイワシの大きさや脂分によって変わった。ちなみに、イリコに適するのは10cm以下のカタクチイワシである。

　乾燥させるとイワシの目方は6割ほどになる。途中、ある程度乾燥すると、空のセイロを上に重ねて、イワシの裏表を返す。これをトコガエシといった。イワシの両面が乾燥すると、その日の作業は終了となった。

　翌朝は朝からハマにムシロ（蓆）を敷いて、その上に前日乾燥させたイワシをばらまき、さらに乾燥を進めた。乾燥が終わる前には、竹のサライ（杷）で、くっついたイワシをほぐした。朝、ムシロに広げたイワシは、昼には製品として箱詰めした。なお、加工場でイワシを炊いた湯は、魚脂として石鹸の原料にした。脂分が水に浮くので、それをシャク（杓）ですくい、溜めておいて業者に売った。

3．現代のイワシキンチャク網漁業経営体の漁撈活動

1）イワシキンチャク網漁業の操業実態

　さきに述べたように2011年現在、春木においては4経営体に属する5つの漁撈体がイワシキンチャク網漁業を営んでいる。そのいずれもがバッチ網とよばれる機船船びき網漁業を兼業している。

　イワシキンチャク網漁業を論じるに際しては、その漁撈活動を説明する必

第 8 章　大阪湾のイワシキンチャク網漁業

要がある。そこで本節では現在営まれているこの漁業の操業実態を紹介したい。

イワシキンチャク網漁業は、おもにカタクチイワシを対象に行われる漁である。このほかにアジ類、コノシロ、サバ類、スズキ、ボラなどが混獲される。

漁期は6月から12月頃までである。休漁日は水曜・土曜・日曜のほか、盆休み（8月11日〜8月17日　2010年）、岸和田祭り（ホンマツリ、9月17日〜19日・ウエノマツリ、10月9日〜10日　2010年）である。

漁場は岸和田より湾奥部の海水が濁った海域がよい。水深は10m〜20mで、泥質海底の海域が適する。水深が20m以上で、潮の流れが速いところだと「網がきかない（働かない）」ので漁には適さない。イワシは海水の赤茶色いところにかたまり、それを捕食するためにスズキやサワラも集まってくる。魚群がいる海域は海水の色が変わっており、また海鳥がついている。

ひとつの漁撈体は2隻の網船と3隻程度のイロミセンならびに魚探船兼運搬船から構成される。網船は19.9t以下の動力船で、1隻につき6名が乗り組む。進行方向に向かって右側の網船をマアミ、左側の網船をサカアミと呼ぶ。イロミセンは17、8tから12、3tの動力船で1名が乗り組む。魚探船兼運搬船は18tから19tの動力船で各1名が乗り組む。

各船には魚群探知機・GPS・漁業無線が装備されている。加えてイロミセンと魚探船兼運搬船にはソナー魚探・レーダー・潮流計も搭載されている（写真8-1）。また、網船の甲板にはボールローラー4台・フィッシュポンプが据えられている。

漁船は夏季なら4時前、秋季なら4時30分頃から5時頃に出港する。網船は舫った状態で港を出る。漁場ではイロミセンならびに魚探船兼運

写真8-1　イロミセン操舵室（2011年7月24日著者撮影）

第Ⅱ部　現代の漁業者における漁撈活動の実際

搬船が魚群を探知する。GPSで自船の位置を確認しつつ、魚群探知機を使用して魚群を探す。その普及以前は目視でイロミをしたので、うっすらと明けてこなければ、出漁できなかった。しかし、魚群探知機を使用することで、夜明け前の暗い時間でも操業が可能となった。こうした機器に頼って漁を行うことにより、漁撈体間での漁獲量にそれほど差がつかなくなったというが、もっぱら魚群の探知を目視に依存した頃は、その能力の差によって漁の多寡があり、そこが漁を行うことの面白さであったという。もっとも、現在でも目視でカモメを捉え、漁場を決めることがある。

　魚群が見つかると、イロミセンの指示で網船は舫いを解き、漁網を海中に投入する。漁網は長さ1間（1.5m）のものを20間連結し、これを14組繋いだものをそれぞれの網船に積んでいる。網の高さは80間である。操業時はそのそれぞれを連結して使用する。網具は漁網を包囲するように円形に敷設する。漁網の敷設は、潮上から行う。潮下からだと漁網が伸びず、潮を含んで着底しない。網具の敷設には3分から5分を要する。漁網のイワ（沈子）側が着底すると、網具の下側を絞りつつ、揚網する（**写真8-2**）。網船に各4基ずつ装備したボールローラーと手作業で網を引き揚げる。揚網には10分から15分を要する。揚網の終わりでは網船は再び舫った状態になる。2隻の網

写真8-2　揚網作業（2011年7月24日著者撮影）

第8章　大阪湾のイワシキンチャク網漁業

写真8-3　フイッシュポンプによる漁獲物の収納（2011年7月24日著者撮影）

船に挟まれた漁網に集まった漁獲物を、網船に横付けした魚探船兼運搬船に移す。この際には網船に装備されたフィッシュポンプを使用する（**写真8-3**）。最盛期では1日に10バン（回）程度、網を入れる。漁は昼頃に終える。

漁船間の情報のやりとりは、漁業無線を用いるほか、携帯電話も活用する。携帯電話は他の経営体の漁業者に情報を傍受されない点で、漁獲や漁場に関して秘匿したい情報をやりとりするのに有力なツールとなっている。

魚探船兼運搬船で漁港へ運ばれた漁獲物は、選別機でより分けられる。選別機はベルトコンベヤー状の機械である。コンベヤーに流れてくる漁獲物のうちより、まず、鮮魚として出荷するものを手作業で取り上げる。そののち、カタクチイワシを15kg単位で、パンカンと呼ばれるアルミ製の四角い箱に選別する。パンカンに入れられたカタクチイワシは、フォークリフトで選別場に隣接する冷凍倉庫に運ばれ、貯蔵される。

2）バッチ網漁業の操業実態

岸和田市春木のイワシキンチャク網漁業経営体の漁業暦は、この漁業と

第Ⅱ部　現代の漁業者における漁撈活動の実際

バッチ網漁業との兼業により構成される。そこで、この漁業について、操業の実態を報告しておきたい。

　バッチ網漁業は、イカナゴシラスとイワシシラスを対象にして営まれる漁である。

　漁期は２月末頃から３月にかけて（イカナゴシラス）、４月20日頃から６月中頃（イワシシラス）である。キンチャク網漁の漁況によっては、10月から12月にかけても操業する。休漁日は日曜と水曜である。イカナゴシラスを対象に漁を行う時期は水曜も出漁する。

　漁場はイカナゴシラスの場合、明石海峡や由良瀬戸といった潮流の速い海域である。潮目となっている海域を選ぶ。イワシシラスの場合、大阪湾一円を漁場とするが、岸和田沖より北の湾奥部での操業が多い。水が濁っていて、赤みがかっている海域が漁に適する。

　バッチ網漁業は２隻の網船と１隻の魚探船兼運搬船を１漁撈体として操業する。網船は10t未満、漁業法35ps以下に制限されている。魚探船兼運搬船はイワシキンチャク網漁業で使用される漁船と同じである。網船の装備もイワシキンチャク網漁船とほぼ同様であるが、甲板上の漁労機械がドラムとボールローラー１台となる点で相違がある。漁船に乗り組むのは５名である。各船を操舵する者各１名、もっぱら網仕事に携わるもの２名から構成される。

　バッチ網漁業ではだいたい日の出頃にその日最初の投網を行い、昼頃にその日最後の揚網を行う。操業時間は兵庫、大阪の同業者間の協議によって決められる。イカナゴシラスを対象として淡路島洲本沖に出漁する場合は３時頃出漁する。

　出港時、網船は舫った状態で出漁する。網仕事に携わる者２名は、網船に乗り組む。漁場では魚探船兼運搬船が魚群を探知すると、その指示で網船は舫いを解き投網、曳網に移る。使用する漁具は袖網を有する袋網で、これを曳網によって２隻の網船で曳航する。１回の曳網時間は１時間から１時間30分である。揚網の際は網仕事に携わる者２名が魚探船兼運搬船に移乗し、この漁船に袋状の網船を引き揚げる。この作業はデリックと人力による。網尻

第8章　大阪湾のイワシキンチャク網漁業

の部分はチャックで脱着可能となっており、それを外して新たな漁網と付け替える。

　漁獲物はイカナゴシラスとイワシシラスとでは仕向け先が異なる。Cの経営体ではイカナゴシラスを生のまま出荷する場合、兵庫県神戸市の仲買業者や、泉州のE・Fといった大手スーパーに出入りする仲買業者に販売する。昼過ぎには販売店の店頭に商品が並ぶようにするため、朝10時までには出荷しなければならない。出荷価格は最高額の時期で27kgで20,000円から30,000円、平均で15,000円から20,000円である。出荷時間に間に合わない分は、自家でくぎ煮に加工する。ちなみに、泉州でイカナゴのくぎ煮がもてはやされるようになったとは、20年くらい前からであるという。

　イワシシラスは自家でチリメンジャコに加工するほか、余剰分は和歌山県御坊市の加工業者に出荷する。20kgで10,000円から3,000円である。

4．イワシキンチャク網漁業の産業構造

1）漁撈体の構成と漁業暦

　ここではまず、春木でイワシキンチャク網漁を営む経営体について、その生産構造をみるために、使用漁船とその乗組員の構成を検討したい。具体的に取り上げたのは、春木でこの漁業に携わる4経営体のうちの3経営体である。兼業するバッチ網漁業についても併載した（**表8-8**）。

　A・Bの経営体は、併せて2漁撈体、Cの経営体は2漁撈体でイワシキンチャク網漁業を営んでいる。漁船乗組員は、各網船に6名、イロミセンおよび魚探船兼運搬船に各1名である。

　兼業するバッチ網漁業は、A・Bで7漁撈体、Cで6漁撈体を数える。漁船乗組員数は各網船に1名、イロミセンに各1名である。併せて、各漁撈体ごとに専ら網仕事に従事する者が各2名加わる。よって、各漁撈体ごとの乗組員数は5名となる。各経営体は漁業種類ごとに漁撈体の漁船・乗組員編成を組み替えて操業している。

第Ⅱ部　現代の漁業者における漁撈活動の実際

表8-8　イワシキンチャク網漁業経営体の構成（2010年）

経営体	キンチャク網漁業		バッチ網漁業	
	漁撈体数	漁船数ならびに従事者数	漁撈体数	漁船数ならびに従事者数
A・B (35名)	2	網船　2隻×2 　　1隻につき6名　計24名 イロミセン　1隻×2 　　1隻につき1名　計2名 魚探船兼運搬船　4隻 　　1隻につき1名　計4名 （水揚げ作業　計5名）	7	網船　2隻×7 　船長　1隻につき1名　計14名 　シリヌキ　1漁撈体につき2名　計14名 　イロミセン　1隻×7 　　1隻につき1名　計7名
C (34名)	2	網船　2隻×2 　　1隻につき6名　計24名 イロミセン　1隻×2 　　1隻につき1名　計2名 魚探船兼運搬船　4〜6隻 　　1隻につき1名　計4〜6名 （水揚げ作業　計3名）	6	網船　2隻×6 　船長　1隻につき1名　計12名 　ノリコ　1漁撈体につき2名　計12名 　イロミセン　1隻×6 　　1隻につき1名　計6名

資料：経営者からの聞き取りによる。

　図8-2・8-3はA・Cの2010年における漁業暦である。イワシキンチャク網漁業とバッチ網漁業をあわせた年間出漁日数は、Aが178日、月平均14.8日、Cが168日、月平均14日である。月別出漁日数では較差が認められる。各月の出漁日数についてみると、A・Cとも3月、6月から8月、10月から11月が月別平均を上回る。漁業種類別の月別出漁日数では、各経営体で共通して、3月、6月、8月、11月が月別平均を上回る。漁業種類の内訳についてみると、3月はイカナゴシラスを対象としたバッチ網漁業、6月・11月はイワシシラスを漁獲対象としたバッチ網漁業、8月はイワシキンチャク網漁業である。また、年間のすべての月において、いずれかの漁業での出漁が認められる。A・Cとも、月較差はあるものの、イワシキンチャク網漁業とバッチ網漁業を組み合わせて営むことによって、周年操業を可能としていることがわかる。

　ところで、イワシキンチャク網漁業を営む経営体がバッチ網漁業を兼業するに至ったのは、つぎのような経緯による。

　大阪府下におけるイワシキンチャク網漁業とバッチ網漁業は、ともに府知事の許可漁業となっている。イワシキンチャク網漁業との兼業バッチ網の着

第8章　大阪湾のイワシキンチャク網漁業

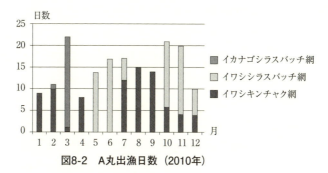

図8-2　A丸出漁日数（2010年）

資料：大阪府鰮巾着網漁業協同組合

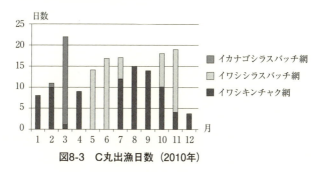

図8-3　C丸出漁日数（2010年）

資料：大阪府鰮巾着網漁業協同組合

業は1971年10月15日にはじめて許可された。許可当初は、イワシキンチャク網1漁撈体につき、1漁撈体の枠であった。現在は2漁撈体へと枠が広げられている。

　兼業バッチ網が許可された背景には、キンチャク網漁業の漁獲減少と、水質汚濁による漁獲物の価格低下による、漁業経営体の経営不振があった。そこで、新たな収益を目途として、着業が認められた。

　イワシキンチャク網漁業経営体が、バッチ網漁業を兼業することにより、周年操業が可能となったことは、漁船乗組員の常雇い化に結びついている。しかし、現況に至るまでには、つぎのような経緯があった。

　たとえばAの経営体の場合、イワシキンチャク網漁船の乗組員を出稼ぎ者

第Ⅱ部　現代の漁業者における漁撈活動の実際

によって充足する状況は、バッチ網漁業兼業後も変わらなかった。バッチ網漁業はイワシキンチャク網に比べて少ない労働力で操業可能なため、この漁船乗組員は、イワシキンチャク網漁業経営者の親族で充足していた。のちに、B丸との共同経営による省力化と出稼ぎ者の高齢化による引退が契機となり、漁船乗組員は経営者の親族である地元出身者を中心に構成され、その雇用形態も常雇い化した。

　年間における漁獲金額は、A・Bの経営体の場合、6億円から7億円程度であるという。このうちバッチ網漁業が占める割合は5千万円から1億5千万円程度である。イワシキンチャク網漁業での採算ラインは、1漁撈体につき年間3億円とされる。

2）雇用形態・給与体系

　現在のイワシキンチャク網漁業経営体は、どのような形態で乗組員を雇用しているのだろうか。また、乗組員たちはこの漁業に従事することによって、どれだけの収入を得ているのだろうか。ここでは、漁船乗組員の雇用形態と給与体系をみてゆくことにする。具体例として挙げるのは、A・Cの各経営体における2011年の事例である。

　Aは会社組織で経営を行っている。漁船乗組員として雇用されている者は、Bと併せて男性35名で、雇用形態は常雇いである。このうち、Aに雇用されているのは12名である。彼らは地元に在住する経営者の親族を主とする。このほかに、陸上での漁獲物の選別作業に女性が4名ほど従事している。

　漁船乗組員の給与は月給制となっている。AはBと共同経営をする前まで日給制であったが、共同経営をきっかけに、Bの行っていた月給制に切り替えた。基本給は税込みで月20万円である。あわせて出漁日1日につき5千円の沖手当と、漁手当が支給される。漁手当はその日の水揚げによる歩合制で、5千円から3千円である。また、1ヶ月皆勤すると皆勤手当1万円が支給される。このほか、通勤者には通勤手当も支給される。これらを加算すると、手取りの給与は月額30万円程度となる。また、賞与として盆頃に20万円、12

第8章　大阪湾のイワシキンチャク網漁業

月頃に40万年が支給される。漁撈体内で役職を有する者には、その手当も支給される。ふたつの漁撈体を統括するセキニン（責任）と呼ばれる漁撈長には、給与に月額10万円が加算される。また、いっぽうの漁撈体の漁撈長のみをつとめる者には、月額5万円が加算される。

　Cは会社組織で経営を行っている。漁船乗組員として雇用されている者は男性34名で、常雇いである。うち15名は経営者の親族である。ほかに陸上での漁獲物の処理や加工のため、女性が10名ほどパートタイムで雇われている。

　漁船乗組員の給与は日給月給制である。日給はその日の漁獲金額によって決まる。1万8千円から1万5千円程度の開きがある。この金額に月毎の漁獲金額をもとにした歩合が、5万円から3万円程度、陸上作業について支給される手当が5万円程度加算される。手取りでは月額30万円程度となる。給与は銀行振り込みである。このほかに年1回の賞与がある。これをハマアガリといい、12月に支給される。漁船乗組員の給与は役職に関わらずほぼ均等であるので、ハマアガリで差額をつける。最低額で1ヶ月の給与程度、上限額は給与2ヶ月分弱である。

　ところで、漁船乗組員の給与が月給制となる以前は、日給制をとっていた。1960年頃の事例に基づいて述べてみよう。

　当時は、その日の漁獲金額よりアブラダイ（油代：漁船の燃料費）といった、漁の必要経費を差し引いた残りを、経営者と漁船乗組員で配分した。その比率は、経営者6割、乗組員4割であったが、のちに均等となった。漁船乗組員への配当は人数割りだが、漁船での役職に応じて、金額に傾斜をつけた。たとえば、一般乗組員を1人前とすると、漁撈長2人前、網船の船長・機関長が1.5人前、フネモチ（船持ち：運搬船用として自船とともに出稼ぎに来ている者）2人前であった。フネモチは地元で小型機船底びき網漁を行っている者であった。春木では自船を運搬船として活用した。

3）漁獲物の仕向け先

　それでは、春木のイワシキンチャク網漁業経営体は漁獲物をどこに出荷す

165

第Ⅱ部　現代の漁業者における漁撈活動の実際

るのであろうか。その仕向け先について、A・BとCの経営体の事例に基づいてみてゆこう。

　イワシキンチャク網漁業の主な漁獲物であるカタクチイワシは、魚類養殖の飼料として出荷される。A・Bでは、漁獲したカタクチイワシを自家冷蔵して、その80％を香川県魚連を仲介し、香川県直島の魚類養殖業者に販売する。この養殖業者はBの親族にあたる。残りのカタクチイワシは、鹿児島県や四国の飼料仲買業者に販売する。混獲する鮮魚類については、東京都の築地市場に出荷する。大阪の市場に出荷しないのは、価格的に安いからであるという。

　Cが漁獲したカタクチイワシの95％は、三重県津市のG商店、同県のH商店、兵庫県淡路市志筑のI物産に出荷する。前2者に漁獲の7割が販売される。カタクチイワシと混獲する鮮魚類の出荷先は、築地市場から福岡市の中央卸売市場まで多岐にわたる。出荷に際しては、各市場での価格動向に注目し、少しでも価格の高い市場を選択する。

　ところで、さきに述べたようにイワシキンチャク網漁業で漁獲したカタクチイワシは、もともとイリコの原料として出荷されていた。しかし、1963年にはじまった春木地先海岸部の埋め立てで、イリヤはイワシを乾燥させる海浜場所を失った。なかには機械乾燥を導入することで事業の継続をはかったイリヤもあったが、多くは廃業に追い込まれた。また、大阪湾の富栄養化によるいわゆる「あぶらイワシ」の問題による品質の低下、化学調味料の普及によるイリコ需要の低迷化は、イワシキンチャク網漁業を営む経営体にとって大きな打撃となり、廃業を余儀なくされる経営体も多かった。

　そうしたなかで、いくつかのイワシキンチャク網漁業を営む経営体が生き残りをはかれたのは、カタクチイワシの仕向け先を魚類養殖の飼料へとシフトさせたことによる。ここではカタクチイワシの消費動向の変化に応じた、漁業者側の経営戦略をうかがい知ることができる。

第8章　大阪湾のイワシキンチャク網漁業

5．出稼ぎ乗組員のネットワーク―その輩出の経緯と生活―

1）J氏の事例とその検討

　春木のイワシキンチャク網漁業には、多くの出稼ぎ者が従事していた。特に、香川県荘内半島に位置する、三豊市詫間町大浜・肥地木は多数の出稼ぎ者を輩出していた。春木のイワシキンチャク網漁業経営体がノリコとして出稼ぎ者を受容していた理由について、その経営者からはつぎのような聞き取りを得ることができた。

　出稼ぎ者が受容された理由としては、ノリコとなる地元労働力の不足が挙げられたという。Cの経営者（1939年年生まれ）によれば、第2次世界大戦後、経済成長が進むにつれ、地元岸和田の者は「オカの仕事の景気がよかった」ので、漁船乗組員にはならなかったという。そこで、イワシキンチャク網漁業を営む各経営体は、労働力を出稼ぎ者に依存することになったという。

　こうした出稼ぎ者への依存は、漁業経営者にとって労働力確保とは別の側面からも利点があったという。出稼ぎ者の雇用は、漁期に限られた季節的なものであった。したがって地元出身者を常雇いするよりも、人件費を低く抑えることができる。こうした漁業経営者側の思惑も出稼ぎを支えたとされる。

　しかしながら、なぜ春木のイワシキンチャク網漁業経営体が、荘内半島の出稼ぎ者に多くの労働力を依存したのか、漁業経営者の側からその受容要因について詳細な話を聞くことはできなかった。しかし、つぎに述べるJ氏の事例にも示されるとおり、荘内半島の漁業集落では昭和時代においてイワシキンチャク網漁業が行われ、その集落に在住した漁業者はこの漁業に携わってきた。そのなかで体得した技能が、春木における同漁業へ出稼ぎするに際して、経営者側から期待されていたことは想像に難くない。

　ところで、荘内半島から春木への漁業出稼ぎがいかなる経緯で始まったのか、その発端は明らかでない。ここではまず、聞き取りを通じて得られた、Aの乗組員であったJ氏の事例を通して、出稼ぎの萌芽期の様子や出稼ぎ者

が春木に赴くに至った経緯を紹介しよう。

J氏は1927年生まれ、三豊市詫間町肥地木の出身で、男5人、女3人の8人兄弟の4男である。生家は半農半漁で、夏場にイワシキンチャク網漁業の出稼ぎにゆくほか、所有する6反の畑で、除虫菊や唐辛子、麦などを栽培していた。

J氏は1938年に箱浦尋常高等小学校を卒業し、肥地木のイワシキンチャク網漁船に乗り組んだ。当時、肥地木は60戸ほどの集落で、うち40戸は漁業に携わっていた。集落内にはシンアミ（新網）とモトアミ（元網）というふたつのイワシキンチャク網があった。このうちのシンアミは、J氏のオモヤ（本家）がシャ（共同）で営む網であった。ちなみにシンアミのシャに属したのは18戸ほどであった。

1943年頃、J氏は広島県呉の航空廠に徴用され、終戦を迎えた。終戦後、J氏は再び2年ほどシンアミのキンチャク網漁船に乗り組んだ。その頃、J氏は大阪でもっとも漁獲実績をあげていたイワシキンチャク網漁船（Aのこと）に、詫間町粟島から単独で出稼ぎをしているK氏の話題を詫間の者から聞いた。そこでK氏の家を訪ね、自分をAで雇ってくれるように頼んだ。しかし、色よい返事がなかったので、J氏は大阪府堺市のL水産のタイ網漁船、イワシキンチャク網漁船に乗り組んだ。L水産は現在の三豊市詫間町箱出身者が創立した会社であった。

L水産のイワシキンチャク網のオキアイは詫間町鴨ノ越のM氏であった。オキアイとは、漁の指揮を行う者である。彼は大浜のタイしばり網漁のミオクリや春木のAのニバンオキアイをしていた。ミオクリとは、テブネ（魚探船）に乗ったオキアイの指示を受けて、網船で投網や揚網の合図をする役職である。J氏の父親はL水産が漁業を手がけたとき、そのノリコとなった。その折にM氏の腕前を見込んで、L水産のイワシキンチャク網のオキアイになるよう依頼したのである。

のちに、M氏が神戸のキンチャク網漁船に移ったので、J氏はその船に乗り組むことにした。このキンチャク網は大浜のN氏が経営して、大阪湾で操

第8章　大阪湾のイワシキンチャク網漁業

業していた。やがてM氏から「若いのだから春木のAに行け」と言われたので、友人2人とAのノリコになった。Aでは、「この若い衆はよう働く」と見込まれ、また、粟島のK氏からも頼まれて、以降Aに乗り組むようになった。25歳頃の話である。

　J氏は27歳で結婚し、それをきっかけにインキョ（分家）して、漁業を専業的に営むようになった。6月中頃から10月いっぱいにかけて、イワシキンチャク網漁船の乗組員として出稼ぎにゆき、このほかの季節は、地元でコショク（小職）と呼ばれる、ナマコのヒッカケ漁、メバル、キス、カレイの刺網漁を行った。

　J氏がAのノリコとなった当時、Aはイワシキンチャク網漁を1漁撈体で営んでいた。漁船乗組員は堺や岸和田、泉佐野の鶴原といった地元泉州の者が主であった。出稼ぎで来ていたのは、J氏たちくらいであった。時代的に見て、出稼ぎには男性よりも女性が早い時期から来ていた。大浜、肥地木、伊吹島の出身で、イリヤで働いていた。彼女らは1年の多くの期間を出稼ぎで過ごしたため、夫婦で雇ってほしいとオヤカタに依頼した。その結果、夫である男性がノリコとして出稼ぎに来るようになった。肥地木の男性がまとまって出稼ぎに来るようになったのは、J氏が35歳になった頃であった。粟島のK氏が「讃岐の若い衆はよう働く」とうわさしてくれて、多くの者が来るようになった。J氏が大阪へ漁業出稼ぎに来たのは、地元で働くより、高収入を得られたからだという。

　ここまでのJ氏の語りによれば、香川県荘内半島からの出稼ぎは昭和時代後期、特に1960年代頃に盛んになったことがうかがえる。出稼ぎの嚆矢とされる粟島のK氏については、1902年生まれで戦時中よりAのノリコとして出稼ぎをしていたことが、K氏の子息からの聞き取りにより確認できた。K氏は、5月の麦の収穫が終わると春木のイワシキンチャク網漁の出稼ぎにゆき、冬場である1月から2月は兵庫県明石市大蔵でイカナゴ漁の出稼ぎをしていたという。J氏、K氏、L水産、そしてM氏をめぐる同郷者のネットワークが、荘内半島から春木への漁業出稼ぎを盛んにする契機となっていたことがうか

第Ⅱ部 現代の漁業者における漁撈活動の実際

がえる。

　ところで、J氏は親戚のO氏とともにAのヒトガシラをつとめた。ヒトガシラとは、出稼ぎ者のリクルーターであり、出稼ぎ先では出稼ぎ者の日常生活の世話をする。Aの元経営者によれば、最初のヒトガシラはK氏であったという。ヒトガシラについて、再びJ氏の語りに戻ろう。

　ヒトガシラは、「ハマがあがったら（漁期が終わったら）」、オヤカタから来年雇用する人数に応じたマエキン（前金）と交通費を預かった。マエキンとは乗り組みの決まった者に予め渡す支度金で、当時、2千円であった。ヒトガシラは郷里に戻ると、ノリコの家を1軒1軒まわって、来年もノリコとして来てくれるように頼んだ。ノリコには酒を飲まない、喧嘩をしない、真面目な者を選りすぐって声を掛けた。妻帯者には妻に来年も夫がノリコとして来てくれるように頼んだ。男は妻に頼むと、どうとでもなるという。盆にはノリコの子供に小遣いをやったり、正月には自分で獲ったナマコや魚をノリコのうちの幹部連中に贈ったりした。ノリコを確保する際には、他船と競合する場合もあり、そういった時には「ブ（歩）をつけてやる」といって勧誘することもあった。「ブをつける」とは、漁の配当にいくらかの加算をすることである。給与が日給制であった当時、その日の漁の決済や、それに基づいてノリコへの給金の配当を行うことをカンジョウ（勘定）といった。この際、ヒトガシラがオヤカタに、「この者にはブをつけてやってくれ」「マワシをやってくれ」と頼むと、オヤカタはカイケイ（会計）にブギン（歩金）をつけるように指示した。ブギンは給金とは別の袋に入れられ、他の者が見ていない時を見計らって当人に渡された。給金を渡す時、ノリコたちは他の者の前でも平気で給金の納められた袋を開けるので、その時に金額に差があると、諍いの原因となるからである。なお、給金やブギンとは別に、その年の漁期が終わるとオヤカタから給金が支給された。これをワリサゲといった。ワリサゲには来年もノリコとして来てくれるように依頼する意味合いもあったという。

　以上の語りからは、ヒトガシラが地元において展開した、漁船乗組員の募

第 8 章　大阪湾のイワシキンチャク網漁業

集活動の実際をうかがうことができた。ヒトガシラは、ノリコのみならず、その妻や子供にまで日常的に気を配り、同郷者の人的ネットワークを構築していった。そして地元でそのネットワークを活用して、出稼ぎ漁業者の確保を果たしたのである。

２）Ｐ氏の事例とその検討

　Ｊ氏の事例が、同郷者の地縁的なネットワークに基づいた出稼ぎであったいっぽう、親族のネットワークによって出稼ぎに赴く場合もあった。つぎに挙げるのは、Ｃの漁船乗組員となった出稼ぎ者の事例である。

　Ｐ氏は1933年生まれで、出身地はＪ氏と同じく詫間町肥地木である。男４人、女５人の９人兄弟の長男として生まれ、生家は半農半漁であった。父親が釣り漁や網漁を営むかたわら、３反の棚畑で花卉栽培などを行っていた。

　Ｐ氏は中学卒業後、19歳の頃より神戸のキンチャク網漁船のノリコとなった。この漁船へは、肥地木の知り合いの紹介で乗り組んだ。出稼ぎをしたのは、地元で働くより収入がよかったからだという。そののち、大阪で左官の仕事に就いたが、実姉の夫がＣのヒトガシラをしており、この義兄に頼まれてそのノリコとなった。Ｐ氏は最初、春木へは出稼ぎで赴いていたが、のちに岸和田市内に居を構えた。そして、３月から11月頃はイワシキンチャク網漁業やバッチ網漁業に従事し、11月から３月は網仕事などを行った。

　この事例ではＰ氏は親族関係からＣへの乗り組みを経歴したことがわかる。広義の血縁によるネットワークがＰ氏の出稼ぎにおいては機能したのである。

３）出稼ぎ者の生活

　それでは、春木において出稼ぎ者たちはどのような暮らしをしていたのだろうか。その一端をＡの元経営者とＪ氏からの聞き取りに基づいてみてゆこう。

　Ａは、オヤカタの家の敷地内にナヤ（納屋）と呼ばれる別棟があり、出稼ぎ者たちはそこで寝起きした。10畳くらいの部屋が３間あり、30名程度が暮らせた。オヤカタの親戚の女性をメシタキ（飯炊き）として２、３人雇い、

第Ⅱ部　現代の漁業者における漁撈活動の実際

出稼ぎのマカナイ（賄い）をさせた。

　出稼ぎ者たちは、朝、夜明け前にハマに行き、漁船を海に下ろした。当時はまだ海岸部が埋め立てられておらず、漁船は砂浜に引き揚げられていた。漁船を海に下ろす際は、砂浜にソロバンと呼ばれる道具を敷いて、その上を滑らせた。

　朝食はオキに出て、網を入れる前に摂った。出稼ぎのノリコは木の弁当箱に白米の御飯を詰めて携行した。ここには朝昼の2食分が入っていた。弁当箱はオヤカタの家の近所の大工に注文して作らせた。オヤカタは5反ほどの水田を持っており、そこで穫れた米を出稼ぎ者の食事に充てた。漁の休みの日には、出稼ぎのノリコたちと水田の草刈りに行ったという。オヤカタや地元のノリコは御飯をオヒツ（お櫃）に入れて持参した。オカズはナスの漬け物や、干しイワシと大豆を炒めて甘辛く味付けたものなど、日持ちのするものであった。この他に各自で佃煮や塩昆布を持参した。また、漁船上では漁獲した魚を調理した。漁船にはプロパン、鍋、醤油、砂糖などの調理具や調味料を積んでいた。それらを用いて、イワシ、ツバス、ハマチなどを煮た。調理にはノリコの男性が携わったが、出稼ぎにきた女性をマカナイとして乗せたこともあった。彼女らは調理だけでなく、網仕事にも従事した。伊吹島出身の漁業経験者であった。

　日没後、オキから戻ると風呂に入った。オヤカタの家には10人くらい入ることができる風呂があったが、皆は入れないので近所の風呂屋にも行った。

　その年の最初の出漁をアミオロシといった。アミオロシの前には網船の船長と機関長が陸路で春木に赴き、網船を1隻大浜へ回航した。5月か6月のはじめであった。そして、天気が良い、大安などの吉日を選んで、網船に出稼ぎのノリコを乗せて讃岐の金刀比羅宮へ参詣した。この費用はオヤカタが負担した。参詣のあと、アミオロシの日をオヤカタが伝えてきたら、出稼ぎ者たちは網船に乗って春木に赴いた。

　その年の漁期の終わりをアミアゲといった。アミアゲの後、郷里に戻って2、3日してから、オレイマイリといってノリコ全員で金刀比羅宮に参詣し

第8章　大阪湾のイワシキンチャク網漁業

た。貸切バスで出かけた。トラヤやシキシマといった門前の旅館に泊まって宴会をした。

おわりに──問題の整理と今後の課題──

　以上、大阪湾を漁場としてイワシキンチャク網漁業を営む、岸和田市春木の漁業経営体を取りあげ、その産業構造と出稼ぎの問題を中心に述べてきた。ここで明らかにした点を、再度整理しておこう。

　まず、現在のイワシキンチャク網漁業を述べるに際して、その前史として昭和20年代の同漁業の実態を紹介した。そこでは漁船の動力化が部分的であり、海上作業も機械化が進んでいなかった点が明らかとなった。そのことにより同漁業の操業には多くの労働力を要したことがわかった。漁獲物はおもにイリコの原料として販売されており、そのイリコ加工業についても言及した。

　つぎに、現代のイワシキンチャク網漁業について、操業の実態を紹介した。ここでは、漁船の動力化、電子航行機器、漁労機械の装備といった点で近代化が進んでいる点を指摘した。このことにより同漁業は労働力の省力化をはかることができた。

　また、本章ではイワシキンチャク網漁業の生産基盤をみるために、漁撈体における漁船と乗組員構成、漁業暦を検討した。ここでは各漁撈体が兼業するバッチ網漁業と、漁船・乗組員の構成を巧みに組み替えて操業していることと、漁期ごとに両漁業を併せ行うことで操業の周年化がはかられていることを明らかにした。

　漁業経営体の経営形態をみると、会社組織が主であり、漁船乗組員は月給制で常雇いされていることがわかった。こうした経営体の姿や、乗組員の就労形態は、いわゆる「伝統的」な漁業とは大きくかけ離れた、近代的な産業そのものである。

　さらに、イワシキンチャク網漁業の漁獲物の仕向け先について、その変遷

173

第Ⅱ部　現代の漁業者における漁撈活動の実際

を述べた。各漁業経営体はイリコ原料としての漁獲物の販路を断たれたことで大きな打撃を被ったが、仕向け先を魚類養殖飼料業者へシフトすることにより生き残りをはかってきた。このことは、イワシキンチャク網漁業を存続させる大きな要因となった。

　最後に、省力化進展以前のイワシキンチャク網漁業では、香川県荘内半島からの漁業出稼ぎ者にその労働力を依存していた時期があった点を明らかにした。出稼ぎ者の嚆矢は第2次世界大戦中であり、本格化したのは1960年代であった。出稼ぎを促したのは、収入面での条件の良さであった。また出稼ぎ者の輩出に際しては、地縁・血縁に関わる人的ネットワークが活用された。そのなかで出稼ぎ者の募集にはヒトガシラと呼ばれるリクルーターが関与し、荘内半島の地元集落において出稼ぎ者の確保を行っていた。

　今後の課題としては、イワシキンチャク網漁業の漁撈活動自体をより深く分析する必要が挙げられる。そのためには漁船同乗による直接観察と、その観察を傍証するための漁業者からの聞き取りが重要となる。本章では操業実態の紹介を目的として、直接観察の資料を限定的に使用したが、漁業者の民俗を知るために、これでは充分と言い難いことは、著者も了解している。漁業者たちが保持するさまざまな民俗知が、近代化による技術とどう関わりあって、漁撈現場で駆使されているのかという点や、漁業者が陸上を労働の場とした生業とは異なった、どのような労働観を有しているのかという点を検討することは、漁業に関わる人々の民俗を探求するうえで本質的な課題となってくる。今後は、こういった方面からも研究を進めたい。また、漁獲物の仕向け先の変化については、養殖漁業の動向との兼ね合いから検討を進める必要がある。この点も今後の課題となる。

　さらに、漁業出稼ぎの問題については、春木における出稼ぎ者の受容要因について検討を進める必要がある。本章では生活史的手法で出稼ぎ者の輩出経緯を辿ったが、当然のことながら、春木のイワシキンチャク網漁業経営体がいかなる要因で荘内半島の出稼ぎ者を受容し、そのことがこの漁業にどのような影響をもたらしたのかを明らかにする必要がある。現在、イワシキン

チャク網漁業に携わっている漁業経営体と出稼ぎ経験者がともに減少してゆくなかで、出稼ぎの事例を把握すること自体が困難となりつつある。調査を継続することは、喫緊の課題であろう。

今日、大阪湾を取り巻く漁業環境は厳しい。関西国際空港開港に伴う埋め立てに代表される、湾内や湾岸域で進められる開発事業は、漁業に多大な影響をもたらしている。そうしたなか、漁業者に対する「漁業補償」問題がマスコミによってしばしば報じられる。なかにはこの補償によって漁業者が一方的な利益を得ているような論調もある。しかしそれは正鵠を射たものではなかろう。漁業者たちとの語らいのなかで、自分たちは地域の発展のため、父祖から受け継いできた海をやむなく手放しているのだという声を聞くことがあった。漁業者のなかには、大阪湾を生活の場として子や孫の代まで受け継いでゆきたいという思いがある。わたしたちは、こうした漁業者の声に対して謙虚に耳を傾ける必要があることを申し添えて、この章を終えたい。

引用・参考文献
泉佐野市役所（1958）『泉佐野市史』、pp.408-410
卯田宗平（2001）「新・旧漁業技術の拮抗と融和―琵琶湖沖島のゴリ底曳き網漁におけるヤマアテとGPS―」『日本民俗学』第226号、pp.70-102
河原典史（2006）「伊吹島からの出稼ぎと移住」泉佐野市史編さん委員会『新修泉佐野市史　第9巻別巻考古編　第10巻別巻民俗編』清文堂出版、pp.241-246
河野通博（1997）「他県からの漁民の来住と定着」大阪府漁業史編さん協議会『大阪府漁業史』、pp.489-492
小藤政子（1986a）「イワシ漁船団」山内篤・森田良・西田光男編『変貌する大阪―その歴史と風土―』東京法令出版、pp.258-267
小藤政子（1986b）『前掲書』（1986a）p.265
野地恒有（1998）「篠島におけるシロメ・コウナゴ曳きの漁獲活動と漁場利用」「愛知県史研究」編集委員会・愛知県総務部県史編さん室『愛知県史研究　2』、pp.214-230
葉山茂（2011a）「産業化した生業活動における自然と人間の関わり―愛媛県宇和島市津島のブリ養殖を事例に―」『日本民俗学』第266号、pp.1-36
葉山茂（2011b）『前掲書』（2011a）p.2
松本博之（1997）「巾着網漁業」大阪府漁業史編さん協議会『大阪府漁業史』、pp.562-569

第Ⅲ部
漁業者のライフヒストリー研究

第9章

漁船乗組員のライフヒストリー的検討
―高知県中土佐町久礼におけるカツオ一本釣り漁業者の事例から―

はじめに―研究の意義―

　本章はひとりの近海カツオ一本釣り漁船に乗り組んだ漁業者の、生活史に関する民俗学的な研究である。検討に際しては、ライフヒストリーのうちでも、漁船の乗船経歴を軸にして分析する。生活史的手法という、民俗学では多くは活用されていない方法を用いて、個人という枠組みから、カツオ一本釣り漁業に従事した漁業者の職業意識や船上生活の一端を明らかにしたい。

　調査地としたのは、高知県高岡郡中土佐町久礼である（**図9-1**）。久礼は

図9-1　久礼と周辺地図

179

第Ⅲ部　漁業者のライフヒストリー研究

近海カツオ一本釣り漁業の基地として知られてきた。2007年現在は3隻の近海カツオ漁船が操業するのみだが、1975年には土佐鰹漁業協同組合所属の近海カツオ一本釣り漁船を13隻も擁し、これらは久礼船団として勇名を馳せていた（高知新聞社 1978）。そうした、近海カツオ一本釣り漁業の盛んな土地柄であった点が、この地を調査地に選定した理由である。

そもそも、近海カツオ一本釣り漁業に携わる漁業者を検討の対象としたのは、管見ながら民俗学における漁業研究の分野で、この漁業に携わる個人を対象に、その職業意識や船内行動、漁船での生活などを検討した研究が、あまりなされてこなかったことによる。たとえば、いわゆる従来の民俗学の主力手法である聞き取りに基づいた漁具・漁法・船上儀礼などの調査研究はなされている。しかし、漁業者各人が、いかなる職業意識からこの漁業に携わり、船上生活を営んでいるかという点に触れた業績はきわめて少ない。そこで、著者は、生活史という側面から漁船員個人の検討を試み、そのなかで先に挙げた諸点を探ってゆきたいと考えている。

調査の対象としたのは、1941年生まれの男性である。彼は現在、カツオ漁業からは退いているが、彼の実家は久礼でも歴史のある近海カツオ漁船を経営しており、彼はその家の6男として、1963年から1999年まで自家船に乗り組み、船長・漁撈長といった幹部乗組員を経歴してきた。ちなみに本章では、久礼の自家船の幹部乗組員を取り上げるわけだが、当然のことながら、近海カツオ一本釣り漁船の乗組員といっても、彼のようなケースや、幹部乗組員として自家船以外に雇われる場合、一般乗組員として乗り組む場合など、さまざまなケースがある。当然、そのそれぞれについては、職分に基づいて漁業に対する職業意識に違いがあるだろう。本章では自家船に幹部乗組員として乗り組むケースを対象とするが、次章以下では、幹部乗組員として他所船に乗り組んだ漁業者の事例、さらにカツオ漁船乗り組みを経歴したあと、商船など漁船以外に乗り組み、のちに自船で旅漁を行った漁業者事例を紹介してゆきたい。

本章の構成は以下のとおりである。まず、この調査で活用したライフヒス

第9章　漁船乗組員のライフヒストリー的検討

トリー調査の位置づけについて述べる。つぎに民俗学における漁業研究の動向をライフヒストリー研究との関わりから整理する。そして事例を述べるに際して、地域の漁業と近海カツオ一本釣り漁業の概要を紹介したのち、本章で取り上げる漁業者の生活史についての検討を行う。最後に、その検討から明らかになった点を整理するとともに、漁業民俗研究におけるライフヒストリーの有用性に言及する。

1．ライフヒストリーと民俗学

ライフヒストリー研究は、周知のとおり、従来、社会学の分野で進められ、多くの蓄積がなされてきた。この分野において中心的な存在である中野卓は、ライフヒストリーについてつぎのように定義している。

> ライフヒストリー（生活史、個人史）は、本人が主体的にとらえた自己の人生の歴史を、調査者の協力のもとに、本人が口述あるいは記述した作品である。（中野卓 1995a）

ここで中野は、個人が主体的に把握した自らの歴史を記録したものとしてライフヒストリーをとらえている。そこでは調査者は話者に対するアシスト、もしくは語りをコーディネートする存在として位置づけられている。

つぎに桜井厚は、ライフヒストリーに代表される「変動する社会構造内の個人に照準している」（桜井 2002a）諸社会調査の方法論について、その性質を述べている。すなわち、桜井はこれらの方法を、調査協力者たる個人における、人生の軌跡全体、または一部を分析対象として、その個人の経験を通じ、社会や文化を解析するものと規定している。そして、その特徴は、個人の主観やアイデンティティを重視する点にあると述べている（桜井 2002b）。

こうした桜井の主張に沿えば、ライフヒストリーの視点は調査協力者を単

第Ⅲ部　漁業者のライフヒストリー研究

なるインフォーマント（情報提供者）としてみるのではなく、彼ら自身を重要な分析の対象と位置づけ、彼らの行動やその根底にある意識をとおして、社会をみつめてゆくものであるといえる。

ところで、社会学においてライフヒストリーが論じられる際、ライフストーリーとの関係が問題となる。中野卓は「個人史の場合、本人が自己の現実の人生を想起し述べているライフストーリーに、本人の内面からみた現実の主体的把握を重視しつつ、研究者が近現代の社会史と照合し位置づけ、註記を添え、ライフヒストリーに仕上げる。」（中野卓 1995b）と述べている。つまり、中野の立場からはライフヒストリーを社会史的諸資料を物差しとして再構築したものと位置づけている。また、有末賢はライフヒストリーについて『個人の主観的リアリティの構成が「回想」、「想起」という軸に沿って行われるものと、日々の生活の中で記録されるものとは、ライフヒストリーの性格を異にしている。』（有末 1995）としたうえで、前者を「ライフ・ストーリー的側面」、後者を「ライフ・ドキュメント的側面」と区別している。これをうけて中野紀和は、両者に共通する視点として、ライフヒストリーとライフストーリーが峻別されてきたことを指摘し、ライフヒストリーについては、調査協力者の語りを、聞き手の編集により再構成したものと位置づけている（中野紀和 2003）[1]。

こうした位置づけと著者が取る立場を照合すると、著者のそれは中野の言説から逸脱するものではない。すなわち、本章では話者の自伝的語りを題材としつつも、話者の中学校の卒業生名簿台帳や『船員手帳』、海技免許といったライフドキュメントを活用しながら、それを再構成したものであり、その手法からはライフヒストリー研究の領域に位置づけられるものである。

民俗学ではこれまで、ライフヒストリー研究は看過される傾向が強かった。柳田國男はわが国の民俗学の誕生と確立において中心的な役割をはたしてきたが、その柳田が指導的立場となった民俗学の主流としての傾向をみると、個別の民俗資料にのみ関心が注がれ、その資料の母体である、村落や個人に目を注がれることは少なかった。この点に関し、漁業民俗の分野で先駆的か

第9章 漁船乗組員のライフヒストリー的検討

つ中心的役割を果たした桜田勝徳は、次のような批判を加えた。

> 柳田氏を指導者とする上記の主流（著者注：雑誌『民間伝承』[2]等で唱えられた民俗学の傾向）の中では、実をいうと、村は単なる民俗採集の有力な場であるにすぎなかったといってよいと思う。（桜田 1981a）

これは1930年代以降に柳田の主導で実施された山村調査（柳田 1975a）ならびに海村調査（柳田 1975b）、および『民間伝承』で示された民俗学の主流としての傾向に対するものだが、桜田が民俗学研究において伝承資料とその母体との関わりを決して看過すべからざるものと認識していたことは疑いない。この姿勢は彼の漁村民俗の研究においても貫かれてきた。すなわち桜田は、『漁村民俗の研究に就いて』（桜田 1981b）において、以下のような指摘を行っている。

> 吾々は一つには民間に伝承されて来た資料と、もう一つにはその資料を伝承してきた伝承管理体である所の個人、家、村落等の事情とそれ等の管理状況に付き勉強して来ていた筈であるが、その伝承管理体に付ては、之も一つの民間伝承資料としてのみ取り扱い勝ちであり、最も大切であるように思う管理体と資料との間のつながりが充分に取り扱われず、従って之に付いての整理に付き考慮が払われなかったと思う。

ここで桜田は、「伝承管理体」という語を用いて、調査協力者自体を重要な調査の対象と位置づけている。その視点はライフヒストリー、ひいてはライフヒストリー調査と通底するものがあり看過できない。

一般に漁撈においては、漁業者個人がさまざまな人的ネットワークに基づいて漁撈技術を習得するとともに、個人の現場での経験を通じて技能の向上をはかる傾向が強い。また、近海カツオ一本釣り漁業のような集団的な漁業については、漁業への新規就業時にどの漁船への乗り組みを選択するか、と

第Ⅲ部　漁業者のライフヒストリー研究

いった点や、他船に乗り換える場面で、やはり個人の持つ人的ネットワークが活用される。こうした傾向を跡づけるためには、従来の民俗学が対象としたような伝承を収集するよりも、個人のライフストーリーや、それらにさまざまなライフドキュメントを加えたライフヒストリーを検討するほうが、その実態を精確に把握することにつながろう。

　こうした、漁業民俗を研究するにあたって、桜田の指摘した民俗資料とその担い手である人間を対象とする視点に注目した研究者として、別章にもあげた高桑守史の存在がある。

　高桑は漁業民俗の理解にあたって、漁業者の持つ特性の把握と検討を目的とする点を指摘したうえで、現在の民俗学研究において民俗を担う常民が軽視され、客体である民俗事象のみが着目されている点を批判した。そして、現代の社会情勢への対応に欠く民俗学の閉塞的状況を打破するためには、イエや家族、個人といった「伝承主体（著者注：桜田がいうところの伝承管理体）」が生活の諸相でみせる主体的選択との関わりを通して、民俗事象を検討する必要を提唱している（高桑1994a）。そのうえで高桑は桜田について、「漁撈民俗を常に伝承主体との関係の中で把握しようとした点」に優れた特徴があると述べている（高桑1994b）。いっぽう高桑は、桜田の研究を跡づけて、伝承主体が専業漁業者から半農半漁村へ転換していったことを指摘したうえで、農業者の生活論理や秩序とは異なった特性を持つ前者への視点が後退したことにも触れている（高桑1994c）。これまでの民俗学では、祭事といった習俗そのものを重視しすぎて、伝承主体、つまりそれらを伝承し、営む個人・諸集団（イエ・同族・地縁etc）の意思や論理を軽視しすぎていた。伝承（行為）はそれを行う主体的存在である人間（または集団）と有機的に連関しており、両者は不可分な関係にあることと著者も考える。そうした点からも高桑が民俗研究においてライフヒストリー的手法に着目したのは慧眼といえよう。

　高桑は漁業民俗研究に際してのライフヒストリーの活用に関して、この手法が持つ諸問題を指摘しつつも、その有効性を強調している。高桑は漁業者

第9章　漁船乗組員のライフヒストリー的検討

　個人ならびに家族のライフヒストリーをとおして、彼らの漁業者としての自立過程、日常生活上の言動の根底にある民俗のありかたや価値観を検討することが漁業者ならびに漁業者の社会の特性を理解するうえで有効であると指摘し、北海道のニシン漁を営む漁業者の事例分析から、その実践を試みている（高桑 1994d）。高桑のこの分析では、被調査者を少数に限定し、微視的かつ詳細な生活史の記述を行っている。

　いっぽう、漁業民俗研究においてライフヒストリーを活用した研究者としては、前章でも紹介した野地恒有の存在も特筆される。野地は移住漁民を対象として、彼らが移住後に展開する漁業の様相と特徴を漁撈技術の側面から検討を試みた（野地 2001）。野地も高桑同様、桜田の研究に関してその意義の重要性を指摘したうえで、移住漁業者研究においてもライフヒストリー調査が有効である点を指摘した。ただし、野地が示した手法は漁業者の移住についての全体的傾向を把握することに主眼を置くがゆえに、各個人における主体的生活戦略、たとえば魚家経営や本人ならびに家族のライフコースに応じた生活設計、個人のアイデンティティに関わる部分を深化して検討し得ない、換言すれば話者の存在と語りとの内容に乖離をもたらす結果となっている。本章でさきに述べたようなライフヒストリーの手法が持つ特性に鑑みると、こうした野地の手法はその利点を減殺する側面がある点は否めない。

　本章での手法は、高桑に近い視点に基づいている。すなわち、漁業者の行動や思考の底に流れる漁業者特有ともいえる論理や心意を認識することを目的として、話者である漁業者と、その主体的選択としてあらわれた言動を有機的にとらえるために、ひとりの話者について微視的かつ詳細なライフヒストリー調査に基づいて分析を行うことにした。使用する資料は聞き取りによって得られたものであるが、この聞き取りに際しては『船員手帳』を活用した。『船員手帳』とは、船員法により規定された船舶に乗り組む者は、船員としてその交付を受けなければならないとされている。記載内容は、船種船名・航行区域又は従業制限、総トン数、主機の種類・個数及び出力、船舶所有者の住所及び氏名又は名称、船長の住所氏名、職務、給料・手当、年齢

第Ⅲ部　漁業者のライフヒストリー研究

18年に到達する年月日、その他の労働条件、雇入期間、雇入年月日及び雇入地、雇止事由、雇止年月日及び雇止地であり、その漁業者の乗船歴や船内での役割などに関わる詳細なデータを得ることができる。漁業民俗の研究において『船員手帳』を活用した例は管見ながらあまり見受けられない。しかし、水産社会学や、人文地理学では、その記載内容を活用した研究が見受けられる。たとえば、水産社会学の若林良和は、近海カツオ一本釣り漁船の乗組員の組織研究において、特に集団におけるリーダーの実態を検討したが、このなかで聞き取りと併用し、『船員手帳』の検討を通して、船主と乗組員の陸上での社会関係に関わる検討を行っている（若林 2000a）。また人文地理学の河原典史は、『船員手帳』を活用した漁業者のライフヒストリー研究を行っている（河原 2001）。河原によれば、船員手帳の記載項目からは漁業者の活動に関する時系列的な分析、空間的な移動の理解が可能であるという。著者はこうした成果を踏襲し、『船員手帳』の記載内容をふまえつつ、話者への聞き取りを実施した。

2．調査地と漁業の概要

　具体的な事例を検討する前に、調査地である久礼とその漁業の概要について述べておきたい。
　久礼は高岡郡中土佐町に属する集落である。中土佐町は高知市の南西部に位置し、太平洋に面している。町域へは高知駅からJRの特急を利用すれば、1時間弱で赴くことができる。久礼は中土佐町の中心集落であり、集落内には町役場や消防署などの行政の諸機関があるほか、大型スーパーマーケット、商店、銀行などが集中し、経済的中心としての役割も果たしている。また、ご存じの方も多いであろうが、青柳裕介の漫画『土佐の一本釣り』の舞台となった土地でもある。中土佐町は近年、『鰹乃國』と銘打った、カツオを観光資源とした地域振興を展開している。その拠点のひとつとして設立された「黒潮本陣」は、宿泊、カツオのたたき体験、塩湯への入浴、そして鮮魚料

第9章　漁船乗組員のライフヒストリー的検討

表9-1　経営組織別経営体数（2003年）

市区町村名・漁業地区名	個人	会社	漁業協同組合	漁業生産組合	共同経営	官公庁・学校・試験場	計（実数）
中土佐町	187	4	–	–	–	–	191
久礼	108	4	–	–	–	–	112
上ノ加江	50	–	–	–	–	–	50
矢井賀	29	–	–	–	–	–	29

資料：第11次漁業センサス　農林水産省HP　農林水産統計情報総合データベースをもとに作成。

表9-2　経営体階層別経営体数（2003年）

市区町村名・漁業地区名	沿岸漁業層	うち、海面養殖層	うち、左記以外の沿岸漁業層	中小漁業層	大規模漁業層	計
中土佐町	178	10	168	13	–	191
久礼	101	–	101	11	–	112
上ノ加江	48	9	39	2	–	50
矢井賀	29	1	28	–	–	29

資料：第11次漁業センサス　農林水産省HP　農林水産統計情報総合データベースをもとに作成。

表9-3　経営体階層別経営体数

単位：経営体

| 市区町村名・漁業地区名 | 計 | 漁船非使用 | 船のみ無動力 | 漁船使用（つづき） | | | | | | | | 小型定置網 |
| | | | | 動力船使用（つづき） | | | | | | | | |
				1t未満	1～3	3～5	5～10	10～20	20～30	30～50	50～100	100～200	
中土佐町	191	–	–	15	63	80	4	9	–	–	2	2	6
久礼	112	–	–	3	40	54	2	7	–	–	2	2	2
上ノ加江	50	–	–	5	13	18	2	2	–	–	–	–	1
矢井賀	29	–	–	7	10	8	–	–	–	–	–	–	3

資料：第11次漁業センサス　農林水産省HP　農林水産統計情報総合データベースをもとに作成。

理などを売り物として、中土佐町の観光施設の核となっている。また、久礼大正町市場はレトロな雰囲気と新鮮な海産物を売り物として町内の中心的な観光スポットとなっている。さらに、毎年5月の第3日曜日には「かつお祭」が開催され、多くの観光客を集めている。

　第11次漁業センサスによれば、久礼には、2003年現在、112の漁業経営体が存在する（**表9-1**）。うち、108が個人経営体である。この漁業経営体を階層別でみると、沿岸漁業層が全体の約90.2％を占めるとともに（**表9-2**）、組織別では約96.4％を個人経営体が占めている。このことから、久礼の漁業は

おもに小規模な沿岸漁業から構成されていることがわかる。

使用される漁船は1t以上5t未満の階層が中心となっている（**表9-3**）。いっぽう50t以上の漁船が4隻を数えるが、これは近海カツオ一本釣り漁業に従事するものである。

漁業種類についてみると、ひき縄漁業、その他の釣り漁業が多く営まれている。これらはメジカ（ソウダガツオ）、ヨコワ（マグロの幼魚）などを対象として、小型漁船で営まれるひき縄釣り、ウルメイワシを対象としたテンビン釣りなどから構成される。そのほか、特徴的なものとしては近海ならびに沿岸カツオ一本釣り漁業が挙げられる（**表9-4**）。

久礼の漁業者は原則として久礼漁業協同組合に所属し、同組合の資料によれば、1999年現在、302名の組合員を擁している。しかしながら、久礼漁協の組合員株は1軒1株とされており、実際の漁業者は組合員数より多いものとなる。各経営体を経営体を階層的にみると、全経営体のうち、90.2％にあたる101経営体が沿岸漁業に携わっている。営まれる漁業種類は、1t以上5t未満を中心とする小型漁船を使用したひきなわ釣り漁や、その他の釣り漁といった釣り漁業が主であり、187の経営体がこの漁業に携わっている。具体的にみると、メジカ（ソウダガツオ）、ヨコワ（マグロの幼魚）などを対象としたひきなわ釣り漁、ウルメイワシを対象としたテンビン釣り漁などが営まれている。つまり、久礼の漁業はおもに小規模な沿岸漁業から構成されているということができる。

久礼はこれまで、近海カツオ一本釣り漁業の根拠地として知られてきた。冒頭にも述べたとおり、1975年には13隻の土佐鰹漁業協同組合所属船を擁した。過去25年におけるカツオ水揚げの推移を久礼漁協資料からみると、1975年から2000年にかけての近海カツオ一本釣り漁船の水揚金額は、1980年の17億4,300万円を最高として、最低は2000年の5億8,473万円となっている（**図9-2**）。いっぽう、漁船1隻あたりの水揚金額についてみると、最高は1999年の2億3,306万円、最低は1975年の8,330.8万円である。**図9-3**にその推移を示したが、漁船数の減少と水揚金額とのあいだに、関係は認められない。いっ

第9章　漁船乗組員のライフヒストリー的検討

表9-4　営んだ漁業種類別経営体数（2003年）

市区町村名	漁業地区名	計(実数)	刺網 さけ・ます流し網	刺網 かじき等流し網	刺網 その他の刺網	小型定置網	その他の網漁業	はえ縄 遠洋まぐろはえ縄	はえ縄 近海まぐろはえ縄	はえ縄 沿岸まぐろはえ縄	はえ縄 その他のはえ縄	釣 遠洋かつお一本釣	釣 近海かつお一本釣	釣 沿岸かつお一本釣
中土佐町		191	-	-	33	6	6	-	1	5	64	-	4	6
	久礼	112	-	-	4	2	2	-	1	4	29	-	4	6
	上ノ加江	50	-	-	15	1	1	-	-	1	25	-	-	-
	矢井賀	29	-	-	14	3	3	-	-	-	10	-	-	-

市区町村名	漁業地区名	釣(つづき) 近海いか釣	沿岸いか釣	さば釣	ひき縄釣	その他の釣	その他の漁業	海面養殖 魚類養殖 さけ・ます養殖	ぶり類養殖	まだい養殖	その他の魚類養殖	貝類養殖	その他の水産動植物類養殖
中土佐町		-	18	18	158	156	8	-	8	-	-	2	3
	久礼	-	1	18	99	88	4	-	4	-	-	-	-
	上ノ加江	-	14	-	38	41	3	-	3	-	-	2	2
	矢井賀	-	3	-	21	27	1	-	1	-	-	-	1

資料：漁業センサス　農林水産省HP　農林水産統計情報総合データベースをもとに作成。

第Ⅲ部　漁業者のライフヒストリー研究

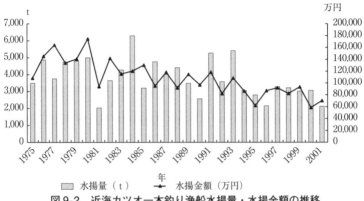

図9-2　近海カツオ一本釣り漁船水揚量・水揚金額の推移

久礼漁協資料による。

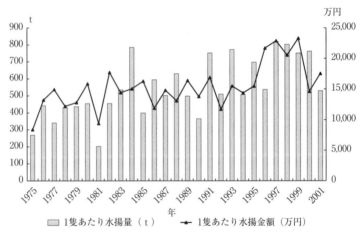

図9-3　近海カツオ一本釣り漁船1隻あたりの水揚量・水揚金額の推移

久礼漁協資料による。

ぽう、カツオのトンあたりの水揚価格をみると、1981年の46万4千円を最高に、最低は1984年の19万1千円となっている（**図9-4**）。特に1991年以降については、全般的に価格は低水準で推移している。久礼の近海カツオ一本釣り漁船減船の原因として、多くの漁業者は第1次、第2次のオイルショック、乗組員確保の難しさを挙げるとともに、近海カツオ一本釣り漁船とまき網漁

第9章　漁船乗組員のライフヒストリー的検討

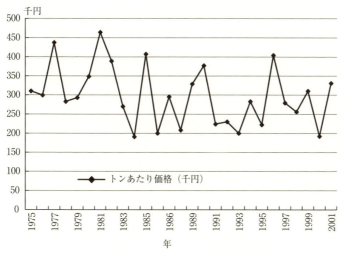

図9-4　トンあたり水揚価格の推移

久礼漁協資料による。

船との競合による価格の低迷を指摘する声が多いが、この図はその点を示唆するものとなっている。

　前述のように、現在の久礼の漁業は沿岸での小型漁船による個人経営体を単位としたものが主になっているが、こうした沿岸漁業を営む漁業者の大半は、近海カツオ一本釣り漁船への乗り組みを経験している。久礼漁協資料によれば、2002年現在、久礼で個人漁を営む197名の漁業者のうち、近海カツオ一本釣り漁船への乗り組みを経歴して、沿岸での個人漁業に転換した漁業者数は、全体の81.7％を占める。したがって、久礼の漁業者を生活史的な観点で取り上げる場合、近海カツオ一本釣り漁船での経歴に関わる内容が中心的なトピックとなる。

3．NT氏と近海カツオ一本釣り漁船

1）近海カツオ一本釣り漁船、第50丸の操業の概要

　まず、話者として取り上げるのは、現在、久礼に4隻ある近海カツオ一本

第Ⅲ部　漁業者のライフヒストリー研究

釣り漁船のうちの1隻、O丸の乗組員であった人物である。

　久礼におけるカツオ一本釣り漁船は、明治時代末年に蒸気機関搭載船により動力化がはじまった。そののち、1921年前後に焼玉エンジン搭載の5、6tクラスの漁船が複数建造された（中土佐町町史編さん委員会 1986a）。昭和時代に入ると、カツオ一本釣り漁船は15t前後に大型化するが、そのなかで建造されたのが1号O丸であり（中土佐町町史編さん委員会 1986b）、O丸は久礼におけるカツオ一本釣り漁船の先駆け的存在と位置づけられる。

　聞き取りを行ったNT氏は、前述のとおり1941年生まれで、2000年から次兄と小型定置網漁業を営んでいる。NT氏の父親であるNU氏は、近海カツオ一本釣り漁船O丸の船主であり、妻との間に男6人、女4人の10子をもうけた。その第10子がNT氏である。『船員手帳』によれば、NT氏は、1963年に第2子である次兄が漁撈長をつとめる第5O丸に船長として乗船したのを皮切りに、第8O丸の船長、第11、第21、第31O丸の漁撈長、第28O丸船長など、自家船の幹部乗組員を経歴し、1999年にO丸から引退した（**表9-5**）。ちなみに現在着業している第28O丸の船主は次兄の息子である。

　ここでは、近海カツオ一本釣り漁船乗組員としてのNT氏の漁業に関わる生活史を検討するに先だって、近海カツオ一本釣り漁船の操業の実態を、O丸の事例を通してみてゆくことにする。O丸はのちにもふれるように、何度かの新船建造を繰り返している。そのつど、漁船の大型化や装備の近代化につれて、操業海域等、操業内容に変化がみられる。そこで、ここではNT氏が最初に船長として乗り組んだ1963年頃の第5O丸の事例に基づいて述べてみよう。

　第5O丸は30.96t、ディーゼル120psエンジン搭載の近海カツオ一本釣り漁船である。NT氏の船員手帳によれば、1963年3月18日雇入で、同年9月30日雇止となっているから、この6ヶ月が操業期間となる。乗組員は20名程度であったが、NT氏の話によれば、最初のうちは「やっぱり親戚関係で13、14人は占めとったんやね」という状況であった。近海カツオ一本釣り漁船は、「兄弟で固まって、それ、まあひとつの事業をやるという形式よね。カゾク

第9章 漁船乗組員のライフヒストリー的検討

表9-5 TN氏（1941年生まれ）の乗船歴

	船舶船名	総トン数	船舶所有者の住所及び氏名又は名称	船長の住所氏名	職務	雇入期間	雇入年月日及び雇入地	雇止事由	雇止年月日及び雇止地
1	No.11KE丸	289.94	室戸市室戸岬町 NTn	土佐清水市 HT	航海科実習生	1961/12/31まで	1961.8.30 浦賀	実習終了	1962.3.14 焼津
2	第50丸	30.96	中土佐町久礼 NU	中土佐町久礼 NT	船長	不定	1963.3.18 須崎	合意	1963.9.30 須崎
3	第60丸	39.79	中土佐町久礼 NU	中土佐町久礼 NT	船長	不定	1964.3.11 山川	合意	1964.10.14 須崎
4	第60丸	39.79	中土佐町久礼 NU	中土佐町久礼 NT	船長	不定	1965.2.26 山川	合意	1965.9.29 須崎
5	第50丸	30.96	中土佐町久礼 NY	中土佐町久礼 NT	船長	不定	1965.10.7 山川	合意	1966.2.26 須崎
6	第60丸	39.79	中土佐町久礼 NU	中土佐町久礼 NT	船長	漁期終了迄	1966.2.28 須崎	漁期終了	1966.9.29 須崎
7	第60丸	39.79	中土佐町久礼 NU	中土佐町久礼 NT	船長	不定	1966.11.4 須崎	合意	1967.9.30 須崎
8	第60丸	39.79	中土佐町久礼 NU	中土佐町久礼 NT	船長	漁期終了迄	1967.11.6 須崎	漁期終了	1968.2.24 須崎
9	第60丸	39.79	中土佐町久礼 NU	中土佐町久礼 NT	船長	漁期終了迄	1968.3.2 須崎	漁期終了	1968.9.29 須崎
10	第80丸	59.83	中土佐町久礼	中土佐町久礼 NT	船長	漁期終了迄	1969.3.7 須崎	漁期終了	1969.10.22 須崎
11	第80丸	59.83	中土佐町久礼 NY	中土佐町久礼 NT	船長	漁期終了迄	1970.2.27 山川	漁期終了	1970.10.30 須崎
12	第80丸	59.83	中土佐町久礼 NY	中土佐町久礼 NT	船長	漁期終了迄	1971.3.2 山川	漁期終了	1971.10.19 須崎
13	第110丸	59	中土佐町久礼 NU		一等航海士	漁期終了迄	1972.3.1 山川	漁期終了	1972.10.28 須崎
14	第110丸	59	中土佐町久礼 NU	KM		漁期終了迄	1973.3.2 山川	漁期終了	1973.10.27 須崎
15	第110丸	59	中土佐町久礼 NU	KM	漁撈長・安全担当者	漁期終了迄	1974.3.2 山川	漁期終了	1974.10.31 入礼
16	第110丸	59	中土佐町久礼 NU	KM	漁撈長・安全担当者	漁期終了迄	1975.2.25 入礼	漁期終了	1975.10.30 入礼
17	第110丸	59	中土佐町久礼 NU	KM	漁撈長	漁期終了迄	1976.2.23 入礼	漁期終了	1976.10.30 銚子
18	第210丸	69.81	中土佐町久礼 NY	KM	漁撈長	漁期終了迄	1977.2.7 久礼	漁期終了	1977.10.31 中土佐
19	第210丸	69.81	中土佐町久礼 NYz		漁撈長	漁期終了迄	1978.2.22 中土佐	漁期終了	1978.10.31 中土佐
20	第210丸	69.81	中土佐町久礼 NYz		漁撈長	漁期終了迄	1979.2.19 中土佐	漁期終了	1979.10.30 中土佐
21	第210丸	69.81	中土佐町久礼 NTo	NYz	漁撈長・衛生担当者	漁期終了迄	1980.3.1 中土佐	漁期終了	1980.11.29 中土佐
22	第210丸	69.81	中土佐町久礼 NTo	TT	漁撈長・衛生担当者	漁期終了迄	1981.3.2 中土佐	漁期終了	1981.9.29 中土佐
23	第210丸	69.81	中土佐町久礼 NTo	NYz	漁撈長	漁期終了迄	1982.1.11 中土佐	記載なし	同左
24	第210丸	69.81	中土佐町久礼 NTo	NYz	漁撈長	漁期終了迄	1982.1.11 中土佐	漁期終了	1983.3.30 那河湊
25	第210丸	69.81	中土佐町久礼 NTo	NYz	漁撈長・衛生担当者	漁期終了迄	1984.2.6 中土佐	漁期終了	1984.11.22 中土佐
26	第210丸	69.81	中土佐町久礼 NTo	NYz	漁撈長・衛生担当者	漁期終了迄	1985.3.2 中土佐	漁期終了	1985.10.30 中土佐
27	第210丸	69.81	中土佐町久礼 NTo	NT	船長	回航まで	1986.1.13 中土佐	回航済み	1986.1.20 那覇
28	第310丸	69.59	中土佐町久礼 NS	KMn	安全担当者・甲板員	漁期終了迄	1986.3.1 中土佐	漁期終了	1986.11.27 那覇
29	第310丸	69.59	中土佐町久礼 NS	KMn	漁撈長・衛生担当者	漁期終了迄	1987.3.1 中土佐	漁期終了	1987.11.27 中土佐
30	第310丸	69.59	中土佐町久礼 NS	NYs	漁撈長・衛生担当者	漁期終了迄	1988.3.1 中土佐	漁期終了	1988.11.28 中土佐
31	第310丸	69.59	中土佐町久礼 NS	NYs	漁撈長（一等航海士）・衛生担当者	漁期終了迄	1989.3.1 中土佐	漁期終了	1989.11.28 中土佐
32	第310丸	69.59	中土佐町久礼 NS	NYs	漁撈長	漁期終了迄	1990.3.7 中土佐	漁期終了	1990.11.29 中土佐
33	第310丸	69.59	中土佐町久礼 NS	NYs	一等航海士	漁期終了迄	1991.3.1 中土佐	記載なし	1991.11.29 中土佐
34	第310丸	69.59	中土佐町久礼 NS	NYs	一等航海士・当直部員・衛生担当者	漁期終了迄	1992.3.1 中土佐	漁期終了	1992.11.30 中土佐
35	第280丸	69.63	中土佐町久礼 NS	NT	船長	漁期終了迄	1993.3.2 中土佐	漁期終了	1993.11.29 中土佐
36	第310丸	69.59	中土佐町久礼 NS	NYs	船長・安全担当者	漁期終了迄	1994.3.1 中土佐	漁期終了	1994.11.29 中土佐
37	第280丸	69.63	中土佐町久礼 NS	NT	船長・安全担当者	漁期終了迄	1995.3.1 中土佐	漁期終了	1995.11.29 中土佐
38	第280丸	72.67	中土佐町久礼 NS	NT	船長	漁期終了迄	1996.3.1 中土佐	漁期終了	1996.11.29 中土佐
39	第280丸	72.67	中土佐町久礼 NS	NYs	一等航海士	漁期終了迄	1997.5.3 那河湊	漁期終了	1997.11.29 中土佐
40	第280丸	72.67	中土佐町久礼 NS	NYs	一等航海士	漁期終了迄	1999.4.1 中土佐	漁期終了	1999.11.29 中土佐

資料：「船員手帳」

第Ⅲ部　漁業者のライフヒストリー研究

セン（家族船）は。カゾクセンやね」だったという。「カゾクセン」、つまり、船主とその家族、親戚を中核として漁船経営がなされていたのである。

漁場は九州沖の屋久島、悪石島あたりから奄美大島沖までであり、沖縄までは行かなかったという。3月初めから九州沖で操業し、次第に北上して5月の節供頃に土佐沖、夏頃に伊豆七島周辺で操業した。旧盆になると久礼に帰ってきて、1週間から10日ほどの夏休みをとった。そののち、漁期終了まで操業した。操業期間については1航海1日か2日で、長くて1週間くらいであった。

入港先は九州での操業時は鹿児島や鹿児島県山川、枕崎、土佐沖での操業時は宮崎県油津か高知県土佐清水、高知であった。それより北では、三重県の尾鷲や、伊豆七島方面での操業時は静岡県御前崎、沼津、下田であった。

2）NT氏の生活史─乗船履歴を中心に─

それではつぎに、NT氏の生活史をO丸乗船に関わる側面を中心にして検討しよう。

NT氏は前述のとおり、O丸の船長、そして漁撈長を経歴してきた。漁船における船長と漁撈長の位置づけについては、若林良和が村田治美による定義（村田 1984）に基づいて、その整理を行っている（若林 2000a）。若林によれば、船長は法規上の職務権限を有するものであるいっぽう、漁撈長は法規に基づく規定はないものの、船上における実質的なリーダーとしての役割を担う存在であるとしている

NT氏はO丸における、トップツーの役割を経歴したことになるが、そもそも彼は、その出生において、O丸の経営を担うことが決定されていたといっても過言ではない。彼は地元の久礼中学卒業後、室戸岬水産高校に進学する。当時、漁家の子弟が高校進学することは稀であったとされた。NT氏が卒業した、1956年度における久礼中学校の『卒業証書授与台帳』[3]をみると、男子卒業生66名のうち、29名が高校への進学をしており、その割合は43.9％を占めている。いっぽう、保護者が漁業に従事している男子は21名を数える

第9章　漁船乗組員のライフヒストリー的検討

が、そのうち19名が進路先として漁業を選んでおり、その比率は90.5％を占める。男子卒業生全体に占める漁業への就職者は24名で、36.4％であることから、漁家出身者における漁業への就職率はきわめて高いことがわかる。そうしたなかで、保護者が漁業に従事しながら進路先として漁業を選択しなかった者が2名認められる。彼らの進路をみると、ともに室戸岬水産高校へ進学している。そのうちの1名がNT氏である。彼が進学したことは、将来のO丸幹部乗組員を嘱望されてのことであった。NT氏の生活史に関わる〔事例1〕より具体的にみてみよう。

〔事例1〕NT氏が第50丸に乗り組む経緯について
　　やはり、久礼の土地で漁師をしている人は、若い者も漁師にしてゆくので、久礼の漁師はやはり地元出身者ばかりだった。今と違って、昔は漁師をする若い人がいた。漁家の者で高校へ行くというのはいなかった。漁師は稼ぎもよかったけれど、漁師の子は親の意向で高校に進学せず、漁師をするような空気があった。久礼の町にいる漁家出身の俺の同級生で、高校へ行ったのは俺だけではなかっただろうか。

　この話の内容は先ほど挙げた『卒業証書授与台帳』の数字を物語っており、漁家出身者は漁業者となる傾向がきわめて高かったことを傍証している。そのなかでNT氏は室戸岬水産高校に進学している。その経緯を含め、話の続きをみてゆこう。

　　俺が高等学校を卒業して、海技免許とってカツオ漁船に乗った時にロランが出てきた。それを扱うことができる者がいないうえに、自家のカツオ船の船長が欠員になって、O丸に乗らねばならなくなった。それまでの船長は親族の者がやっていたが、漁協の組合長になって、甲種の2等航海士免許を持っていた俺が船長になった。これには学校に行かせてくれた親への恩返しの意味もあったが、何年か自家のカツオ船に乗って、

恩を返してから、外へ飛び出してやろうと思っていた。

NT氏がカツオ漁船船主の家の出身でありながら水産高校へ進学したのは、息子を将来自家船の幹部乗組員にすべく、専門的な技能と資格を取得させようとした親の意向が強く働いていたと考えられる。そしてこうした家族を幹部乗組員として養成しようという経営戦略が、いわゆる「カゾクセン」という、自家の家族や親族を中心とした漁業経営を可能としてきたのであろう。

ところで、ここでNT氏は、親の意向に対し、将来的に「外へ飛び出していってやろう」と述べている。具体的にNT氏は南極に憧れ、捕鯨の本場である室戸の水産高校に進学し、いつかキャッチャーボートに乗り組むことを夢見ていた。その話題を〔事例２〕でみてみよう。

〔事例２〕NT氏が水産高校へ進学を志した動機について

　　カツオ船に乗るためには学校にいかねばならなかった。そのいっぽう。家から飛び出すために学校にいかなければならないと思っていた。久礼で自家船に乗っていても、そのままずるずる泥沼に足を踏み込んでゆくような感じがした。俺は学校へ行く時、南極に行ってみたかった。捕鯨に行って、南極というところを見てみたかった。本当に南極へは行く気だった。母船団というのは面白くないから、キャッチャーボートで行きたかった。キャッチャーボートは海技免許があれば、すぐ航海士でいける。うん、それで学校は鯨の里室戸を選んだ。ところが、南氷洋にいかなければならないという思いを強く持ちつつもずるずると久礼にいることになった。カツオ船も結構面白く魅力的なところもあった。それに何十年も続いて、親父が造ったカツオ船を兄弟でやっていたし。

NT氏の進学は、家のカツオ漁船の経営を考えつつも、地元で自家船の乗組員として生涯を送ることの閉塞感から、家を出て南氷洋へ行きたいというアンビヴァレンスな状況のなかでなされたということができる。一般に漁業

第9章　漁船乗組員のライフヒストリー的検討

者の持つ移動性またはその志向の高さと、そのもとになる進取の気質は、従来からしばしば指摘されてきたところである。NT氏の事例がそうした漁業者のパーソナリティに関わるものなのか、あるいは若者に見られがちな壮大な夢の一端なのかは断じることができない。しかし、その発想が南氷洋の捕鯨に至る点は、漁業者的であるに違いなかろう。

　こうしたなかで、結局NT氏は室戸岬水産高校専攻科卒業後、1963年に親が経営する第５０丸に船長として乗り組むこととなった。NT氏によれば、久礼の近海カツオ一本釣り漁船は先にも述べたとおり「カゾクセン」であり、親の造った漁船を兄弟親族で経営してゆくという形態をとっていた。そこで、この「カゾクセン」の実態を、NT氏が乗り組んだ当初の第５０丸について検討してみよう。

　当時、第５０丸はNT氏の父親のNU氏が船主をつとめていた。乗組員のうち、NU氏の子についてみると、第２子の次男が漁撈長、第６子である４男が機関長、第９子である５男が乗組員、そしてNT氏が船長であった。また、第１子である長男は、オカで会計をしていた。つまり、NT氏の男兄弟は１名を除いて第５０丸に関わっていたことになる。ちなみに、無線局長も親族であり、ここからは船主の家族親族が漁船経営の中核を担っていたという点で「カゾクセン」の実態を理解することができる。

　ところで、こうした家族親族で乗組員の中枢が占められる「カゾクセン」においては、乗組員どうしが近親者であるがゆえの苦労もあったようだ。そのことを〔事例３〕でみてゆこう。

〔事例３〕カゾクセンにおける人間関係
　　カゾクセンというのはいいところもあるし、悪いところもある。近親者どうしだけにストレートにズバズバ意見を言ってくる。しかし最終的にその船を動かすのはセンドウ（漁撈長）だから、センドウの判断にまでは立ち入ってこない。いくら兄弟でも漁師の仁義として、最終の判断の段階には口を挟まない。

197

「カゾクセン」の良い点としては、近親者ゆえに気心が知れており、はっきりものが言えることが挙げられているが、それは逆に、他人のような遠慮がなく本音でぶつかりあうことがあることをNT氏は苦労談として述べている。しかし、乗組員の倫理として、最高責任者である漁撈長の判断には口出ししないという不文律があることも述べられている。これは漁撈長が船長より若年者であっても同じだという。家族や親族の年齢的な序列が漁船内では必ずしも通用しない点がここからはわかる。また、「カゾクセン」では次のような問題が生起することもある。

〔事例４〕海技免許取得に伴う問題

　　カゾクセンに親族として乗っていて、乗組員がそこそこの年齢になり、海技免許などの資格を取り出すと、どの人を資格に応じた船内での役割につけるかで苦労する。皆、腕に自信を持つ年齢であるし、妻子も居るので、自分の技量に応じた、家族を養うのに充分な、よりよい収入を求める。たとえば、機関長の歩合は1.8人前であるが、単にブリッジ回りの仕事だと1.3人前程度となる。機関士の免許を持つ者でも、実際に機関長になれるか否かで、収入に大きな開きが出る。

　　そのような時に、他船から移乗の誘いが来ることがある。久礼でも13隻カツオ船があった時分は、よい乗組員を確保するのに、どの船主も必死だった。ゆえに、たとえば妻帯者の乗組員なら、自身の実家に関わる船に乗っているのに、妻方の実家に関わる船から誘いがかかったりする。夫とすれば実家と妻方とのしがらみで大変であった。

一般に近海カツオ一本釣り漁船においては、乗組員のリクルートは漁撈長がその権限を握っているとされるが、「カゾクセン」においては、そのそれぞれの乗組員が近親者であるために各人のプロフィールを熟知しており、そのために漁船内での役割分担に苦労するという。近親者との関係の場合は、

第9章　漁船乗組員のライフヒストリー的検討

単に契約関係で結ばれた他人とでは生起しえない問題であるといえよう。また、親族関係の交錯した漁村においては、各自が乗り組む船の選択に際して、その関係ゆえのジレンマも生じていることを聞き取ることができる。

　さて、NT氏の話題に戻ろう。NT氏はこののち、前述のように第6、8、11、21、28、31とO丸の乗組員を経歴する。『船員手帳』で辿りうるこの過程から、いくつかのトピックとなる点を検討しよう。

　まず注目したいのは、NT氏が1974年3月、第11O丸において、はじめて漁撈長をつとめた際の経緯である。NT氏がこの船に乗り組んだのは1972年であり、1等航海士の肩書きであった。第11O丸は1971年建造の新船で、漁撈長は第5O丸の漁撈長であった次男がつとめ、船長は海技免許をとったばかりの、NT氏の母方のイトコであるKM氏であった。NT氏はこの船長を現場で教育するとともに、兄より漁撈長の仕事を見習い、前述のとおり、翌々年である74年、漁撈長に就任したのである。

　つぎに取り上げるのは、1986年にNT氏が第31O丸に乗り組んだ時のトピックである。第31O丸は佐賀町より購入した中古船で、NT氏の次兄であるNS氏の息子、NYs氏が漁撈長であった。NT氏は甲板員として乗り組み、NYs氏の指導的立場をつとめた。第31O丸の船長であるKMn氏はNYs氏の同級生で、このほか機関長・無線局長・アミハリといった幹部乗組員もすべて同級生で固められた。つまり気心の知れた同級生チームでの漁船経営が試みられたのであるが、そのチームづくりを支える役割を担って、NT氏はこの船に乗り組むことになったわけである。

　このふたつのトピックに共通するのは、NT氏が経験の浅い幹部乗組員の教育役を果たしていたという点である。1999年、第28O丸を最後にNT氏がカツオ漁船を下りる時の話として、NT氏が語った〔事例5〕は、そのあたりのいきさつをよく示している。

〔事例5〕NT氏がカツオ船を下りる経緯

　　センドウをやめて3年して、それから、今のセンドウ（NYs氏）がセ

ンドウをやり始めて、後見人で乗ったね。4、5年ばかりだったろうか。そしてカツオ船を下りた。カゾクセンは後への道筋をつけて、次のセンドウが出てきたら勇退できるわけ。雇われた船でも、自分がやめるときはこの男なら後を託せるというように、後継者をつくっていかなければ、仁義に反する。

　この話題からは、幹部乗組員が航海を通して、後継者に技能や資質を育成し、彼らを一人前の幹部乗組員にしてからその船を後にする、という倫理観がうかがえる。

おわりに──問題の整理と今後の課題──

　以上、久礼の近海カツオ一本釣り漁船の経営者の子息として、自家船への乗り組みを経歴したNT氏の生活史を、おもに漁業に関わる側面で検討した。そのなかで明らかになった点を整理すると、つぎのようになる。
　1点目は、NT氏がカツオ船経営者である親の意向で自家船に乗り組むまでの経緯についてである。多くの漁家出身者が中学卒業後、漁業者として就職してゆくなかで、NT氏は水産高校への進学を果たす。ここには自家船の幹部乗組員となることを嘱望され、そのために必要な技能の習得と資格の取得を期待する親の意向が働いている。この意向からは近海カツオ一本釣り漁船の経営者としての思惑を読み取ることができる。
　いっぽう、NT氏自身はそうした親の考えを理解しつつも、水産高校で習得した技能や資格を活かし、捕鯨船に乗り組むことを密かに望んでいた。そこからは若者特有の大志だけでは片づけられない、いかにも漁業者的なモビリティに富んだ発想をうかがうことができる。
　2点目はO丸の「カゾクセン」という経営形態に関することである。漁撈長、船長、機関長といった、漁船の基幹を担う幹部乗組員を家族や近親者によって占めることは、乗組員同士の気安さが増すことにつながり、船内での乗組

第9章　漁船乗組員のライフヒストリー的検討

員の不要な軋轢をあらかじめ防ぐ効果がある。そのいっぽう、その気安さが遠慮のない言動を呼び、幹部乗組員として苦労を強いられることにつながる側面もある。ただし、近親者としての関係や、その中での年齢的序列が、船内における職能的な階級を越えることはない。「カゾクセン」と言いつつも、船内序列は最大漁獲を上げるべく統率された集団のものである。

　3点目は、その「カゾクセン」のなかでの幹部養成に関わることである。NT氏は第8O丸の船長から、第11O丸に移乗して漁船の最高責任者である漁撈長にキャリアアップするが、移乗した当初の2年間は1等航海士として、漁撈長である次兄から漁撈長として必要な知識や資質に関わる指導を受けつつ、新任船長であるイトコの教育係もつとめた。このうち、後継者育成の役割は、第31、28O丸においても担ってきた。つまり、O丸において幹部乗組員は、その必要な技能や資質の育成を航海を通じて後継者に行ってゆくことが明らかになった。

　以上のような所見は、『船員手帳』のようなライフドキュメントを活用した聞き取りによって、検証・再構築が可能なものである。このなかで検討された諸点は、現代（昭和時代後期から平成時代）にかけてのO丸という近海カツオ一本釣り漁船についての、幹部乗組員誕生から引退までのいくつかのライフステージにおけるトピックである。管見ながら、著者のような手法による久礼における近海カツオ一本釣り漁船の乗組員に関する検討は、あまり民俗学では見受けられない。

　今回の事例は、近海カツオ一本釣り漁船経営者の子息として幹部乗組員を経歴した漁業者の生活史に関するものだったが、久礼の漁業者のプロフィールを近海カツオ一本釣り漁船との関わりのうえからみると、さまざまな差異が認められる。たとえば、今回のような漁船経営者の近親者として漁船への乗り組みを経歴した場合もあれば、非親族の乗組員である場合もある。また、地元船への乗り組みを経歴するいっぽう、他県船への乗り組みを経歴する場合もある。このように異なったプロフィールを持つ漁業者各人が漁業を営むうえで展開した生活戦略には差異が認められて当然であり、彼らを久礼にお

第Ⅲ部　漁業者のライフヒストリー研究

ける近海カツオ一本釣り漁業に携わった漁業者という枠組みで一律に把握するのは危険である。

　民俗学では、伝承母体を無視した事例主義への批判から、近年、地域研究が推し進められている。しかし、地域という枠組みから同一の漁業地区に在住する漁業者を検討の対象にするとしても、その枠組だけで議論を進めるのは望ましくない。同一の漁業地区に居住する漁業者であっても、個人の属性、たとえば親の経歴や、所属する漁業経営の構造、パーソナリティといった要素や、営んでいる漁業種類などの諸要素によって、さまざまな差異が生じる。いわば前述の諸要素に内包され、そこから発現する「動機づけ」によって、各人は漁撈活動を展開する。そこには、漁業者自身やその家族のライフコースに対応する生活戦略があり、漁家経営を可能とする戦略には漁業者ごとの違いが生じる。そうした漁業者ごとの特徴を具体的に把握できるのがライフヒストリーであり、この方法による微視的な対象把握の集積を踏まえたうえで、はじめて地域の漁業民俗が把握できると著者は考えている。こうした点からいえば、著者の立場は高桑の枠組みに近いものの、それ以上に「個人」に力点を置いたものであり、この点からは著者が行ってきた漁業者個人を対象とした直接観察と聞き取りに基づいた漁業民俗の検討と通底するものがある。

　今後の研究の方向性として、著者は久礼における非漁船乗り組みを経歴した個人漁業者の生活史と、久礼に在住しながら他県のカツオ一本釣り漁船に船に乗り組んだ漁業者の生活史を追究している。そうした異なったプロフィールを持つ漁業者の事例を比較し、久礼の漁業者たちの多様なライフヒストリーを明らかにしたい。

注
（１）中野紀和は、桜井による定義をうけて、「ライフヒストリーはある一定の時間軸上の生活史が主観的に語られたストーリーであり、インタビューという相互作用をとおして生み出された口述の自伝的語りを指す。ライフヒストリーは、語りを聞き手が時系列的あるいはトピックごとに並べ替えたり、補助的デー

タを補うなどして編集を経て再構成されたもの」と明解に規定している（中野紀和（2003）「民俗学におけるライフヒストリーの課題と意義―祭礼研究との関連から」『日本民俗学』第234号、pp.4-5)。
(2)『民間伝承』は1935年に発足した「民間伝承の会」の機関誌。「民間伝承の会」はわが国初全国レベルでの民俗学研究の学会組織で、現在の「日本民俗学会」の前身である。
(3)中土佐町立久礼中学校所蔵の『卒業証書授与台帳』には、1947年度の第1回卒業生から現在に至るまでの卒業生が年度ごとに記載されている。併せて卒業生各自について、保護者名、進路などが記載されているが、その内容は年度ごとに差異が認められる。内容が詳細な年度には、たとえば保護者の職業や住所、卒業生が漁業に従事した場合、乗り組んだ船名などが記載されている。

引用・参考文献

有末賢（1995）「彷徨するアイデンティティ　ライフ・ドキュメントとしての日記と作品」中野卓・桜井厚編『ライフヒストリーの社会学』弘文堂、p.167
河原典史（2001）「漁業をめぐる空間利用―漁民のまなざしから―」吉越昭久編著『人間活動と環境変化』古今書院、pp.217-231
高知新聞社（1978）『黒潮を追って』土佐鰹漁業協同組合、p.240
桜井厚（2002a）『インタビューの社会学―ライフヒストリーの聞き方―』せりか書房、p.14
桜井厚（2002b）『前掲書』（2002a）、p.14
桜田勝徳（1981a）「村とは何か」『桜田勝徳著作集　第5巻』名著出版、p.12
桜田勝徳（1981b）「漁村民俗の研究に就いて」『桜田勝徳著作集　第5巻』名著出版、p.54
高桑守史（1994a）『日本漁民社会論考―民俗学的研究―』未來社、pp.13-14
高桑守史（1994b）（前掲書 1994a）、p.22
高桑守史（1994c）（前掲書 1994a）、pp.22-28
高桑守史（1994d）（前掲書 1994a）、pp.349-400
中土佐町町史編さん委員会（1986a）『中土佐町史』中土佐町、p.528
中土佐町町史編さん委員会（1986b）（前掲書 1986a）、p.591
中野紀和（2003）「民俗学におけるライフヒストリーの課題と意義―祭礼研究との関連から」『日本民俗学』第234号、pp.4-5
中野卓（1995a）「歴史的現実の再構成　個人史と社会史」中野卓・桜井厚編『ライフヒストリーの社会学』弘文堂、p.191
中野卓（1995b）（前掲書 1995a）、p.192
野地恒有（2001）『移住漁民の民俗学的研究』吉川弘文館
村田治美（1984）「漁労長と船長」『甲南法学』第25巻第1号、pp.1-34

第Ⅲ部　漁業者のライフヒストリー研究

柳田國男（1975a）『山村生活の研究』国書刊行会
柳田國男（1975b）『海村生活の研究』国書刊行会
若林良和（2000a）『水産社会論—カツオ漁業研究による「水産社会学」の確立を目指して—』御茶の水書房、pp.289-304、319-337
若林良和（2000b）（前掲書 2000a）、pp.321-322

第10章

近海カツオ一本釣り漁船乗組員のライフヒストリー
―静岡船への乗り組みを行う高知県中土佐町久礼における
漁業者の事例から―

はじめに―課題と方法―

　本章では、高知県中土佐郡中土佐町久礼に在住し、静岡県の近海カツオ一本釣り漁船に幹部乗組員として乗り組んだ漁業者のライフヒストリーを漁業民俗学の立場から分析するものである。具体的には静岡県伊東市に船主が在住したST丸で漁撈長をつとめたふたりの漁業者、SS氏（1921年生まれ）とKK氏（1929年生まれ）を調査の対象とする。彼らのライフヒストリーをとおして、ふたりがST丸に乗り組み、同船の漁撈長をつとめるに至ったか、その経緯を検討する。

　久礼の近海カツオ一本釣り漁業は2011年現在、2隻が操業するのみであるが、盛時である1975年には土佐鰹漁業協同組合所属の漁船を13隻擁し、久礼船団として名を馳せていた。久礼船団は伊東市に事務所を置いていたが、これは土佐鰹漁業共同組合の所属船の多くが下田市に事務所を置いていたのとは異にする。その理由についてはのちに述べる。

　今回考察する近海カツオ一本釣り漁業従事者のライフヒストリーを語るには、昭和時代初期以降における久礼のカツオ漁業について言及しておく必要がある。

　昭和時代に入ると久礼のカツオ一本釣り漁船は15t前後の動力漁船を使用したものとなり、同クラスの漁船が7隻程度操業していたとされる。聞き取りによれば、こうした漁船に15、6名程度が乗り組んでいたという。久礼では「学校卒業したら、カツオ船乗らんと漁師やない」といわれ、学卒後に漁

業へ就業する者は、皆カツオ一本釣り漁船に乗り組むことを志した。しかし、カツオ一本釣り漁船への乗り組みを希望する者に対して、久礼の漁船数ではその需要を満たしきれなかった。久礼の漁船の乗組員は、船主の親族や漁撈長の親族、船主と乗組員の親同士が友人である、などといった、その漁船に伝手のある者で構成されていたといい、そうした伝手を持たない者は、宇佐（高知県土佐市宇佐町）、室戸岬（高知県室戸市）など、他所の漁船に乗り組んでいたらしい。

第２次世界大戦中の動力漁船の徴用や売却によって、土佐のカツオ一本釣り漁船の船主は２家になっていたとされる。この時代、復員してきた漁業者が多く、久礼の漁船だけでは彼らが乗り組む数に足りなかった。そこで戦前同様に、宇佐や室戸へ他出して、カツオ一本釣り漁船やマグロはえなわ漁船に乗り組む者が多かったという。1957年には、「中型カツオ・マグロ漁業取締規則」が改正され、40t未満の漁船漁業は自由漁業となった。このことにより、久礼でも39t型漁船が建造され、前述の久礼船団へとつながってゆく。

1．ST丸略史

ここでは、SS氏とKK氏が乗り組むこととなるST丸について、まず、その船歴を船主であったTMy氏（1941年生まれ）からの聞き取りに基づいて述べてゆこう。

TMy氏の父親であるTM氏は、朝鮮戦争（1950年～53年）の折、横浜において船舶によるアメリカ軍の物資運搬業を兄弟で営んでいた。その際、静岡県賀茂郡東伊豆町稲取の運搬船T丸の船主であるET氏と知り合った。TM氏はこのとき人に任せて棒受け網漁船も営んでいたが、1950年、その漁船が伊豆大島沖で座礁した。これを契機にして兄が運搬業を、TM氏自身は漁業を専業的に営むようになった。この漁船がST丸である。着業にあたっては乗組員が不足したが、前述のET氏は漁業も営んでおり、それを廃業するというので、乗組員のなかにいた久礼出身者を雇ってほしいという話をもってき

第10章　近海カツオ一本釣り漁船乗組員のライフヒストリー

た。そこでS氏、IA氏、ほか1名を雇うことにした。

　初代のST丸は、1951年に建造された。カツオ一本釣り漁のほか、サンマ棒受け網漁も行っていた。船長、漁撈長は伊東の人であった。そののち、IA氏が漁撈長となると、SS氏を誘ってきた。そして、そののち久礼出身の乗組員が増えてきた。のちに挙げるKK氏によれば、IA氏はST丸乗船以前には大阪で土木関係の仕事に就いていたという。才覚のある人で、乗組員への配当の方法など船主に提言することによって信頼を得た結果、久礼からの乗組員の確保を始めたとされる。

　表10-1は歴代のST丸について、その船歴を『漁船原簿』とTMy氏からの聞き取りに基づいて整理したものである。第2ST丸から第8ST丸までは久礼を実質的な根拠地とした。これについては、KK氏の話によれば、彼が第6ST丸の漁撈長に就任した1964年からだという。各船のトップの地位にある漁撈長は、いずれも久礼出身者が占めた。

　ところで、高知県のカツオ漁船の伊豆沖出漁は、昭和初期に加領郷（安芸郡奈半利町）の漁業者が伊豆下田を根拠地として操業したことがその嚆矢とされる（高知新聞社 1978a）。1962年には、土佐鰹漁業協同組合が結成され、高知市内に本部事務所を設けるとともに、下田市に主たる事務所を置いた（高知新聞社 1978b）。組合傘下の漁船は、土佐鰹漁船団と呼ばれ、漁船の根拠地別に船団を構成していた。具体的には、加領郷、宇佐（土佐市）、佐賀（黒潮町）、土佐清水（土佐清水市）、樫ノ浦（大月町）、そして久礼の各船団であった。船団の多くは下田市に事務所を置いたが、久礼の場合は伊東市に事務所を置いた。この理由については、KK氏からの聞き取りが興味深い。すなわち、前述のように1957年の漁業取締規則改正により、40t未満の漁船は自由漁業となり、39t型の漁船が急増した。その動きは久礼においても例外ではなかった。漁船の大型化により、久礼の近海カツオ釣り漁船は伊豆沖へ進出するに至ったが、それ以前より久礼の多くの漁業者はST丸の乗組員として伊東に出入りしていた。久礼の者にとって伊東は周知した場所であったことから、事務所を設立したのではないかというのである。

第Ⅲ部　漁業者のライフヒストリー研究

表10-1　ST丸の船歴

	船名	所有者 氏名	所有者 住所	使用者 氏名	使用者 住所	漁業種類	総トン数	登録年月日	原簿閉鎖	登録事由 その他の記事
1	ST丸	ST	静岡県伊東市湯川	TM	静岡県伊東市湯川	マグロ・カツオ漁業	33.9	1951.5.15	1956.5.4	
	第2ST丸	TM	静岡県伊東市湯川	TM	静岡県伊東市湯川	一本釣り漁業	33.9	1957.3.7		改造
		TMy	静岡県伊東市湯川	TMy	静岡県伊東市湯川	一本釣り漁業	33.9	1958.12.15		相続による名義変更
		TMy	静岡県伊東市湯川	TMy	静岡県伊東市湯川	一本釣り漁業	33.9	1960.3.24	1961.4.10	改造
2	第2ST丸	TMy	静岡県伊東市湯川	TMy	静岡県伊東市湯川	一本釣り漁業	36.6	1961.4.10		
		TMy	静岡県伊東市湯川	TMy	静岡県伊東市湯川	カツオ・マグロ漁業	39.6	1967.7.17	1972.12.9	改造
3	第3ST丸	TM	静岡県伊東市湯川	TM	静岡県伊東市湯川	カツオ・マグロ漁業	62.5	1956.5.4		
		TMy	静岡県伊東市湯川	TMy	静岡県伊東市湯川	カツオ・マグロ漁業	62.5	1958.11.13	1965.5.11	相続による名義変更
4	第5ST丸	IM	静岡県伊東市新井	IM	静岡県伊東市新井	マグロ・カツオ漁業	43.14	1960.3.8		
		TMy	静岡県伊東市湯川	TMy	静岡県伊東市湯川	マグロ・カツオ漁業	43.14	1960.8.4		売買による所有者変更
		TMy	静岡県伊東市湯川	TMy	静岡県伊東市湯川	一本釣り漁業	39.89	1960.10.21		改造
		TMy	静岡県伊東市湯川	TMy	静岡県伊東市湯川	カツオ一本釣り漁業	39.89	1967.7.17	1970.2.24	改造
5	第6ST丸	TMy	静岡県伊東市湯川	TMy	静岡県伊東市湯川	カツオ一本釣り漁業	39.59	1964.1.18	1975.5.14	
6	第8ST丸	TMy	静岡県伊東市湯川	TMy	静岡県伊東市湯川	カツオ一本釣り漁業	59.05	1970.2.24	1978.1.14	
7	第23DT丸	KW漁業	静岡県伊東市湯川	KW漁業	千葉県勝浦市興津	カツオ釣り・サケマスはえなわ・サンマ棒うけ網・サバ釣り	59.86	1968.4.25	1973.2.28	
	第15ST丸	TMy	静岡県伊東市湯川	TMy	静岡県伊東市湯川	カツオ一本釣り漁業	59.86	1973.3.1	1977.5.30	所有者変更

資料：『漁船原簿』ならびに聞き取りによる。

第10章　近海カツオ一本釣り漁船乗組員のライフヒストリー

2．SS氏のライフヒストリー

1）出生から応召・復員まで―地元船への乗船―

　SS氏は1921年生まれである。2001年現在、RE丸（5t）を使用して沿岸での個人漁を営んでいる。彼は8月初旬から10月末まで、メジカ（ソウダガツオ）とヨコワ（マグロの幼魚）を対象としたひきなわ漁を、10月中旬から4月上旬にかけてウルメイワシを対象としたテンビン釣り漁を営んでいる。こうした個人漁に従事する以前に、ST丸に乗り組んでいた。

　SS氏は男5人、女5人の10人兄弟の3男として生まれた。父親は久礼で個人漁を営む漁業者であった。1933年に尋常小学校を卒業した後、久礼のキンチャク網漁船に3年間乗り組んだ。この漁船の経営者であるIU氏は、SS氏の父方の祖母の義理の兄弟にあたった。SS氏は親族の伝手で、漁船に乗り組んだことになる。

　1936年、SS氏は久礼のカツオ一本釣り漁船KR丸に乗り組んだ。この漁船はSS氏の母方のおじであるKaK氏が営んでおり、その伝手によった。KR丸は18tで、25、6名の乗組員を擁した。操業は4月から11月頃までであった。SS氏は最初、メシタキとエサハコビ（釣魚時に撒餌をエサナゲに運ぶ）をした。冬場になるとIU氏のキンチャク網漁船に乗り組んだ。

　1942年、SS氏は兵役に就いた。高知市朝倉の44連隊に入営した。中国大陸を転戦後、上海西方の集落で終戦を迎え、復員船で帰国した。

　復員後は再び親族の伝手をたどってKR丸とIU氏の漁船に乗り組んだ。そして久礼の漁家出身の女性と結婚した。

2）T丸乗船―静岡県漁船に初めて乗り組む―

　1951年、SS氏は稲取のT丸に乗り組んだ。T丸は28tの木造船で、シビ（マグロ）はえなわ漁とカツオ一本釣り漁を行っていた。乗組員は24、5名で、出身地は高知県高岡郡興津が5名、稲取が2名、他は久礼の者であった。漁

第Ⅲ部　漁業者のライフヒストリー研究

撈長は久礼出身のN氏であった。漁場は11月から3月にかけて、伊豆諸島の大島、新島から神津島の沖合、銭洲というハエ（礁）のある海域で、シビはえなわ漁を行った。漁獲物はキハダマグロ、メバチマグロであった。4月中頃から9月末にかけては、八丈島から大島の沖合でカツオ一本釣り漁を行った。

　SS氏がT丸に乗り組んだのは、漁撈長であるN氏の誘いに応じたからであった。SS氏によれば、地元の漁船に乗るほうが楽だが、他所の船のほうが収入がよかったという。SS氏の長兄は早くに亡くなっており、SS氏は実質的に跡取り息子である。しかし、跡取りでも大型カツオ漁船の乗組員として他所へ出るのは普通のことであった。

　1952年、T丸は高知県土佐清水市出身者を漁撈長として雇った。この人は気が短く、乗組員との諍いがもとですぐに船から下りた。そこで漁の腕を見込まれたSS氏が漁撈長をつとめることになった。しかし、1953年の秋に体調を崩してT丸を下り、久礼に戻った。その後、地元で父親とともにアジ釣りをしていた。

3）ST丸乗船―漁撈長への就任―

　1956年、SS氏は第2ST丸に乗り組んだ、この漁船は33.9tの木造船であった。『船員手帳』への記載がみられるのは、この年からである（**表10-2**）。第2ST丸の漁撈長はIA氏で、乗組員は30名程度、伊東、千葉出身者が各1名ずつで、他は久礼出身者が占めた。IA氏はSS氏からみて、父方の祖母のフタイトコにあたる。SS氏はIA氏の誘いで第2ST丸に乗り組み、副漁撈長をつとめた。1957年には、漁撈長に就任している（『船員手帳』では甲板員となっている）。

　第2ST丸は1航海4日から5日程度で、伊豆市宇佐美、熱海市網代で餌を積み込み、八丈島海域、銭洲で操業した。10t以上漁獲すると、伊東、焼津、沼津の各漁港へ入港して、漁獲物を水揚げした。

　1960年、第5ST丸が進水する。43.14tの木造船であった。SS氏はこの漁船

第10章 近海カツオ一本釣り漁船乗組員のライフヒストリー

表10-2 SS氏の船員手帳に基づく乗船歴

	船種船名	総トン数	船舶所有者の住所及び氏名又は名称	職務	雇入年月日及び雇入地	雇止年月日及び雇止地	
1	第2ST丸	33.9	静岡県伊東市渇川	甲板員	1956.3.15	1956.10.30	聞き取りでは副漁撈長
2	第2ST丸	33.9	静岡県伊東市渇川	甲板員	1957.3.28	1957.10.24	
3	第2ST丸	33.9	静岡県伊東市渇川	甲板員	1958.3.18		
4	第2ST丸	33.9	静岡県伊東市渇川	甲板員	1959.1.14	1959.11.10	
5	第5ST丸	43.14	静岡県伊東市渇川	漁撈長	1960.3.15	1960.9.8	
6	第5ST丸	39.89	静岡県伊東市渇川	漁撈長	1960.9.8	1960.11.15	この年、静岡のカツオ船で最高の水揚げをあげて表彰される。
7	第5ST丸	39.89	静岡県伊東市渇川	漁撈長	1961.1.9	1961.11.24	
8	第5ST丸	39.89	静岡県伊東市渇川	漁撈長	1962.2.16	1962.10.25	
9	第5ST丸	39.89	静岡県伊東市渇川	甲板員	1963.3.16	1963.10.17	
10	第5ST丸	39.89	静岡県伊東市渇川	漁撈長	1964.1.7	1964.10.16	
11	第5ST丸	39.89	静岡県伊東市渇川	漁撈長	1965.1.26	1965.10.1	
12	第5ST丸	39.89	静岡県伊東市渇川	漁撈長	1966.3.1	1966.10.4	
13	第5KR丸	39.53	高知県高岡郡中土佐町久礼	甲板員	1968.3.4	1968.9.28	
14	第5KR丸	39.53	高知県高岡郡中土佐町久礼	甲板員	1969.3.1	1969.9.28	船主は話者のオジ
15	第18KTR丸	59.85	高知県高岡郡中土佐町久礼	甲板員	1970.2.28	1970.10.23	
16	第18KTR丸	59.85	高知県高岡郡中土佐町久礼	甲板員	1971.2.1	1971.10.28	
17	第18KTR丸	59.85	高知県高岡郡中土佐町久礼	甲板員	1972.2.3	1972.10.30	
18	第18KTR丸	59.85	高知県高岡郡中土佐町久礼	甲板員	1973.3.2	1963.10.30	
19	第18KTR丸	59.85	高知県高岡郡中土佐町久礼	甲板員	1974.3.2	1974.12.30	
20	第18KTR丸	59.9	高知県高岡郡中土佐町久礼	甲板員	1975.2.19	1975.10.30	
21	第18KTR丸	59.9	高知県高岡郡中土佐町久礼	甲板員	1976.2.14	1976.10.30	
22	第18TJ丸	69.94	高知県高岡郡中土佐町久礼	甲板員	1977.2.1	1977.11.29	

資料:「船員手帳」ならびに聞き取りによる。

の漁撈長に転じた。かわって、第2ST丸の漁撈長は実弟であるUK氏がつとめた。第5ST丸の漁場は、4月頃に九州沖で操業し、そののち、宮古島、沖縄、奄美大島、屋久島、種子島沖と移動し、5月に入る前から9月中頃までは伊豆七島周辺で漁を行った。そして、犬吠埼沖から宮城、石巻沖に移動した。この海域での操業は2航海から3航海であった。10月中頃になると伊豆七島周辺海域に戻るが、漁が悪いときは九州沖に直行し、五島列島、屋久島、石垣島、竹富島、黒島沖で操業した。その後、漁を切り上げて、11月には久礼に戻って、漁船を整備した。

　1960年、第5ST丸は静岡県のカツオ一本釣り漁船のなかで最高の水揚げを記録した。その活躍は他船にも知れ渡っており、SS氏によれば、御前崎の第2SiT丸の漁撈長に沼津で会った時には、「5号STにはかなわんよ、銭洲のカツオは」と言われたという。当時の漁獲状況について、SS氏はつぎのように語っている。

　　　オジサン（注：SS氏自身のこと）は目がよかったき、メガネ（注：双眼鏡）なしでナブラが見えよった。1ヶ月に10航海銭洲でしたとき、銭洲のハイからダルマが浅いので、銭洲の根っこでイカリやって、かかっちょうて、朝方、夜が明けて上手のセ（礁）向いて行く。セの西から回り込み、銭洲の西上手に西のセがある。34,5mの水深よ。カツオがバチャバチャとあげたとき、ナブラの状態がわかっとったで。他の人にはわからん。でも、オジサンは2、3匹でもわかる。船長のYMに「エサナゲに構えとけ。」と言って、やると、（カツオが）わいてきよった。これを見て、他船も寄ってきた。1日で4,500匹くらい釣った。20tくらいあった。

　こうしたSS氏の語りに示された、他県船にまで知れ渡るほどの第5ST丸の釣果は、漁撈長であるSS氏の手腕によるところが大きかったのであろう。そうした技能の高さが、彼を第5ST丸の漁撈長たらしめたのである。

　SS氏は1966年まで、第5ST丸の漁撈長をつとめた。船員手帳では63年の

第10章　近海カツオ一本釣り漁船乗組員のライフヒストリー

職務が甲板員と記されているが、実際は漁撈長だったとのことである。

SS氏はST丸下船後、地元久礼のカツオ一本釣り漁船に移乗した。1968年から2年間は第5KR丸（FRP、39.53t）、1970年から76年までは、第18KTR丸（FRP、59.85t）に甲板員として乗り組んだ。そして1977年、第18TJ丸（FRP、69.94t）の甲板員をつとめたあと、同年、カツオ一本釣り漁船を下りた。

3．KK氏のライフヒストリー

1）出生から予科練入隊・復員まで―地元船への乗船―

KK氏は1929年生まれである。現在は漁船を下りているが、マグロはえなわ漁船KR丸（前出のKR丸とは別船）の船主である。

KK氏は、1977年、第8ST丸下船後、5tの漁船を購入して個人漁を行った。五島列島から奄美大島沖まで出漁し、ひきなわ釣りでカツオやヨコワを釣った。1988年、18tの中古漁船を須崎から購入した。そして長男とともにカツオ一本釣り漁とマグロはえなわ漁を営んだ。その後、漁船が古くなったこともあり、1997年に新船を建造することにした。最初はカツオ一本釣り漁とマグロはえなわとを兼用できる漁船を建造する予定であった。しかし、翌98年にカツオの魚価が急落した。また、カツオ漁で用いる活餌が久礼近辺で確保できなくなり、価格も上昇した。そこで、カツオ一本釣り漁を営むと採算がとれないと考えて、マグロはえなわ漁専門の漁船にした。

KK氏は1997年に船を下りたが、2003年現在、長男が14tの漁船でマグロはえなわ漁を行っている。ちなみにこの漁船は2000年10月に進水した。乗組員の構成は長男とKK氏の甥、KK氏の友人の甥、ほか1名の4名である。1月5、6日頃から漁をはじめ、6月中頃に漁を中断して漁船を整備し、8月盆過ぎに漁を再開して12月末まで操業する。漁獲物はメバチマグロ、キハダマグロ、トンボ（ビンチョウマグロ）、ホンマグロである。

KK氏は漁家出身で、父親は久礼の大敷網組合の漁船に乗り組むいっぽう、タイやイトヨリを釣る一本釣り漁を個人で営んでいた。男6人女2人の8人

第Ⅲ部　漁業者のライフヒストリー研究

兄弟であった。自分が3男で家を継ぐ必要もなかったうえ、若いときに外へ出てみたいという欲求から、他所の船に乗ることにしたという。しかし、すぐに他所へ行ったのではなく、尋常高等小学校卒業後、4月から地元漁船に乗り組んだ。それがMR丸（船員手帳未記載）である。この漁船はカツオ一本釣り漁を行い、乗組員は皆、久礼の者であった。船主のK氏はKK氏のフタイトコの配偶者の兄弟であったので、その伝手で乗り組むこととなった。MR丸が一時休漁していた時には、同じく久礼のSS丸に乗り組んだ（船員手帳未記載）。KK氏の同級生である友人がSS丸に乗り組んでおり、その誘いに応じて乗り組んだという。KK氏は1943年12月に予科練に入隊して鹿児島に赴任した。

2）室戸の漁船への乗船─海技免許取得と船長への就任─

　1945年9月、KK氏は復員し、父親にかわって久礼の大敷網漁船に乗り組んだのち、翌年からは久礼のカツオ一本釣り漁船KT丸に乗り組んだ（船員手帳未記載）。船主がKK氏の5、6軒隣に住んでおり、この船主と父親が親しかったので、その伝手を頼ったのだという。

　1947年の夏には、カツオ一本釣り漁船、徳島第2TY丸の乗組員となった（船員手帳未記載）。この船は87.84tで、室戸を基地にしていた。乗組員は約50名で、このうち久礼の者は7、8名であった。ほかに甲浦（高知県安芸郡東洋町）の者も多かった。

　KK氏をはじめとして、久礼出身者がこの漁船に乗り組む契機になったのは、漁撈長のOM氏の働きが大きかった。OM氏は1907年生まれ、高知県室戸市室戸岬町の出身で、地元では「メリケンM」、または「ハワイM」と言われ、知らない者がいないほどであった。

　OM氏は少年期に神戸港からハワイに密航した。その後、アメリカ本土に渡り、日系人のパン屋に住み込んだり、ボクシングをするなど、さまざまな経歴を経た。そしてハワイに戻り、カツオ漁船に乗り組んで漁業の腕を磨いたという。

第10章　近海カツオ一本釣り漁船乗組員のライフヒストリー

　OM氏は太平洋戦争開戦前に日本へ戻り、兵役に就いてハルマヘラ島に駐留した。この時に同じ部隊にいた久礼出身者と知り合いになった。終戦を迎え、復員したOM氏は徳島第2TY丸の漁撈長となったが、戦地での伝手を頼って、久礼の者を乗組員として集めた。
　ハルマヘラ島へ行っていた久礼の人は、KK氏の2歳年上の友人で、KK氏はその誘いでこの漁船に乗り組むことにした。
　1947年の冬は、神戸のToY丸というマグロはえなわ漁船に乗り組んだ（船員手帳未記載）。KK氏の3軒隣の人が、この船の漁撈長をしており、その伝手で乗船することになった。機関夫として乗船したが、ここでKK氏は天測の技術を身につけた。彼は高等小学校を卒業する前から、天測について独学し、予科練から復員するときにも、航海術に関する書籍を持ち帰って学んだ。ToY丸では、漁撈長が実際に天測を行っているのをみて、その技法の教えを請うた。
　1948年4月から9月、10月、翌49年の2月にかけては、再び徳島第2TY丸に乗船した。ここより船員手帳への記載が始まる（**表10-3**）。その後、1956年まで、おもに室戸のカツオ一本釣り漁船、マグロはえなわ漁船に乗船した。1952年には、乙種二等航海士講習を受講し、その免許を取得して、室戸岬町のマグロはえなわ漁船FM丸の船長に就任した。さらに、1954年には乙種一等航海士講習を受講し、同免許を取得した。KK氏は、こうした資格を取得することにより、カツオ一本釣り、マグロはえなわ漁船の幹部乗組員への昇進を目指したのである。当時は漁船の船長が不足しており、海技免許を取得するとすぐに船主から声がかかったという。

3）ST丸乗船――船長・漁撈長への就任――

　KK氏が最初にST丸に乗船したのは、1957年のことであった。それまで室戸のマグロはえなわ漁船CK丸に乗船していた。CK丸はトン数が大きく、乙種一等航海士の資格がなければ船長をつとめることができなかった。そこでその資格を有するKK氏に声がかかったのである。ところが、漁撈長が海軍

215

第Ⅲ部　漁業者のライフヒストリー研究

表10-3　KK氏の乗船歴

	船種船名	総トン数	船舶所有者の住所及び氏名又は名称	船長の住所氏名	職務	雇入年月日及び雇入地	雇止年月日及び雇止地	漁業種類	
1			高知県久礼町			1943/4月		カツオ一本釣り	船員手帳未記載
2			高知県久礼町			1945/冬季		大敷網	船員手帳未記載
3						1946/夏季		カツオ一本釣り	船員手帳未記載
4			高知県久礼町			1946/冬季		大敷網	船員手帳未記載
5	第2TY丸	87.84	MK	SY		1947/5月	1947/9月	カツオ一本釣り	船員手帳未記載
6	神戸TY丸					1947/10月	1948/4月	マグロはえなわ	船員手帳未記載
7	第2TY丸	87.84	MK	SY		1948.4.26	1949.1.21 室戸岬	カツオ一本釣り	
8	Y丸				水夫	1949/2月	1949/5月	マグロはえなわ	
9	第7FS丸	71.07	高知県室戸岬町 MT		水夫	1949/6/14	1949.8.26	カツオ一本釣り	
10	第3KP丸		高知県室戸岬町 MT			1949/10月	1950/4月	マグロはえなわ	
11	第5KP丸					1950/5月	1950/8月 室戸岬	カツオ一本釣り	
12	第11FS丸	91.61	高知県室戸岬町 MT		水夫	1950.9.2	1951.6.22	マグロはえなわ	
13	第5FS丸			NK		1951/10月	1952.7月 室戸岬	カツオ一本釣り	船員二等航海士受講取得
14	FM丸	39.67	高知県室戸岬町 KT		船長	1952.9.29	1954.5.13	マグロはえなわ	乙種二等航海士受験取得
15	FM丸	39.67	高知県室戸岬町 KT		船長	1954.8.23	1955.5.27 室戸岬	マグロはえなわ	1954年乙種一等航海受講取得
16	第5CK丸	99.87	高知県室戸岬町 KI		船長	1955.12.28	1956.5.12 室戸岬	カツオ一本釣り	
17	第3ST丸	62.5	高知県室戸岬町 KK		船長	1957.4.1	1957.12.5 土佐久礼	カツオ一本釣り	
18	第3ST丸	62.5	高知県中土佐町 TM		船長	1958.3.15	1958.11.8 土佐久礼	カツオ一本釣り	
19	第3ST丸	62.5	高知県中土佐町 TMy		船長	1959.1.15	1959.11.10 伊東	カツオ一本釣り	
20	第3ST丸	62.5	高知県中土佐町 TMy		船長	1960.3.30	1960.11.15 東洋	カツオ一本釣り	
21	第3ST丸	62.5	高知県中土佐町 TMy		船長	1961.3.13	1961.11.15 須崎	カツオ一本釣り	
22	第3ST丸	62.5	高知県中土佐町 TMy		船長	1962.3.14	1962.10.31 須崎	カツオ一本釣り	
23	第3ST丸	62.5	高知県中土佐町 TMy		船長兼漁務長	1963.3.19	1963.10.29 須崎	カツオ一本釣り	
24	第6ST丸	39.59	高知県中土佐町 TMy		漁務長兼船長	1964.2.4	1964.10.22 伊東	カツオ一本釣り	1964/3/4 漁撈長
25	第6ST丸	39.59	高知県中土佐町 TMy		漁撈長	1965.3.6	1965.10.16 須崎	カツオ一本釣り	
26	第6ST丸	39.59	高知県中土佐町 TMy		漁撈長	1966.3.2	1966.10.15 須崎	カツオ一本釣り	
27	第6ST丸	39.59	高知県中土佐町 TMy MH		漁撈長	1967.3.3	1967.10.11 須崎	カツオ一本釣り	
28	第6ST丸	39.59	高知県中土佐町 TMy MH		漁撈長	1968.3.8	1968.10.14 須崎	カツオ一本釣り	
29	第6ST丸	39.59	高知県中土佐町 TMy MH		漁撈長	1969.3.7	1969.10.11 須崎	カツオ一本釣り	
30	第8ST丸	59.05	高知県中土佐町 TMy MH		船長	1970.3.17	1971.2.24 須崎	カツオ一本釣り	
31	第8ST丸	59.05	高知県中土佐町 TMy MH		船長	1971.3.2	1973.3.5 伊東	カツオ一本釣り	
32	第8ST丸	59.05	高知県中土佐町 TMy MH		漁撈長兼船長	1973.3.5	1974.10.11 久礼	カツオ一本釣り	
33	第8ST丸	59.05	高知県中土佐町 TMy KK		漁撈長	1974.10.21	1975.10.22 中土佐	カツオ一本釣り	1975/2/10 漁撈長
34	第8ST丸	59.05	高知県中土佐町 TMy KK		漁撈長・安全担当者	1976.2.27	1976.10.15 中土佐	カツオ一本釣り	
35	第8ST丸	59.05	高知県中土佐町 TMy KK		船長兼漁務長・安全担当者	1976.12.2	1977.11.30 中土佐	カツオ一本釣り	1977/2/19 漁撈長、1977/11/21 船長

資料：「船員手帳」とKK氏メモ。それらに基づいた聞き取りによる。
注：各項目に空欄のある漁船は、「船員手帳」に記載のないもの。

第10章　近海カツオ一本釣り漁船乗組員のライフヒストリー

の下士官上がりで、乗組員を海軍式に厳しく扱ったので、それについてゆけない乗組員の下船が相次いだ。KK氏はそうした乗組員の説得にあたったり、船主に掛け合ったりしたが、結局、自身も下船することにした。

　KK氏がCK丸を下りた頃、室戸ではKE丸が新船を建造することになった。KE丸の船主は、海技免許を有するKK氏に、船長として乗り組むことを依頼した。KK氏はKE丸の船主に船員手帳や住民票を渡して、その手はずを進めていた。

　同じ頃、ST丸の会計担当者と、第3ST丸の漁撈長であるSH氏が、欠員だった第3ST丸の船長として乗船してほしい旨を、KK氏に頼みに来た。ちなみにSH氏は久礼出身で、先に述べたSS氏の親戚であるとともに、KK氏の父親の友人であり、その伝手でKK氏に話を持って来たのであった。

　KK氏としては、KE丸との約束を破るわけにはゆかないので、ST丸側にKE丸との話をつけてくれるように伝えた。ST丸は本当に話をまとめてきたので、KK氏は1年の契約で第3ST丸に船長として乗船することになった。

　当時、第3ST丸は伊豆諸島沖で操業していた。船長となったKK氏は、好漁場である金華山沖への出漁を勧めた。だが、当時の第3ST丸では金華山沖での操業は航海技術のうえで不可能であるとされた。そこでKK氏が天測を用いて出漁し、好成績を挙げた。KK氏はこのことにより船主から懇願されて、以降もST丸に乗船することになった。

　1960年、第3ST丸の漁撈長であるSH氏は、伊東で漁船を買って独立した。これをKaE丸という。第3ST丸の後任の漁撈長には甥を就任させた。彼は62年まで漁撈長をつとめるが、妹の夫の実家がカツオ一本釣り漁船KR丸を新造したので、その漁撈長に転じた。そこでKK氏は船主から請われて、63年に空席となった第3ST丸の漁撈長と船長とを兼任した。1964年には新船である第6ST丸の漁撈長に就任したが、同船は1968年、69年に福島県いわき市中之作へ水揚げを行う近海カツオ一本釣り漁船のうち、水揚量・金額で2位となり、同漁協より表彰された。船主はそのことを祝して、第8ST丸を建造し、KK氏は同船の漁撈長へと転じた。そして1977年、KK氏はST丸

を下船した。

4．ST丸の乗組員構成・配当

　ST丸の乗組員は、その多くが久礼とその周辺出身者で占められていた。**表10-4**は第3ST丸の幹部乗組員について、出身地別に整理したものである。ここでは7名のうち5名が久礼出身者であった。また久礼出身者のうち2名は漁撈長であるSH氏の親族であった。**表10-5**は乗組員全体の出身地を整理したものである。計38名のうち、過半数は久礼出身者が占めている。これに中土佐町の他集落出身者と隣接する須崎市出身者を加えると、全体の9割以上となる。第3ST丸の操業が久礼とその周辺出身者によって担われていたことがわかる。

　ところで、乗組員の配当についてみると、年間の水揚額より経費を差し引

表10-4　第3ST丸の幹部乗組員出身地（1958年）

職務	氏名	出身地
船長	KK	中土佐町久礼
漁撈長	SH	中土佐町久礼
機関長		中土佐町久礼（SHの息子）
無線局長	Ns	伊東市
副漁撈長	Nj	中土佐町久礼（SHの甥）
見張り	U	伊東市
		中土佐町久礼

資料：KK氏メモによる。

表10-5　1958年当時の第3ST丸の乗組員の出身地

都道府県	市町村	地区	人数
高知県	中土佐町	久礼	20
高知県	中土佐町	上ノ加江	3
高知県	中土佐町	矢井賀	2
静岡県	伊東市		2
高知県	須崎市	久通	7
高知県	須崎市	野見	2
高知県	須崎市	須崎	2
合計			38

資料：KK氏のメモによる。
注：行政区分は現在の表記による。

第10章　近海カツオ一本釣り漁船乗組員のライフヒストリー

表10-6　第3ST丸乗組員の配当（1958年）

幹部乗組員			
漁撈長	2人前	副漁撈長	1人5分
機関長	1人8分	見張り	1人3分
無線局長	1人7分	船長	1人3分
一般乗組員			
ヘノリ	1人2分5厘	トモロシ	1人1分5厘
オモカジヘノリ	1人2分	他	1人前
ニバングチ	1人1分	カシキ	8分

資料：KK氏のメモによる。
注：ヘノリ・オモカジヘノリ・ニバングチ・トモロシは、操業の役割。漁船上での釣魚位置を示し、技量に基づいて配置される。カシキは新入乗組員。炊事などを担当する。

　いたものを船主と乗組員で分配した。前述の伊東船の場合、船主の取り分はその差引額の50％未満であった。しかし、IA氏が漁撈長となると土佐式の配当法の導入を提言した。具体的には、さきの経費を差し引いた額を船主と乗組員で折半して、それぞれの取り分とする方法を勧めたのである。当然、このようにすると船主の取り分が増えるので、船主はこの方法を採用した。ちなみに、IA氏はこのやり方を進言すると同時に、久礼から乗組員を募ることを約束したという。

　表10-6は、第3ST丸における乗組員の配当の割合を整理したものである。幹部乗組員はその職能に応じて配当が割り当てられていた。また、一般乗組員については、釣りの技能がもっとも高いとされるヘノリが最高の配当を得て、順次、その技能に応じて配当がなされていた。漁撈長には、このほかに船主の取り分より1人前（のちに2人前）が配当されたという。

5．乗組員の確保

　KK氏が船長をつとめた第3ST丸は、漁期が終了すると、まず伊東へ帰港した。そして、船主の家でその年の漁の決算をした。これをカンジョウ（勘定）といった。勘定には2、3日を要した。カンジョウを終えると、船は乗組員を乗せて久礼へ向かった。久礼に到着すると、漁撈長の家に乗組員が集

まり、宴会をした。これをアガリオミキと称した。この際、漁撈長は乗組員に翌年の乗船を打診した。アガリオミキののち、漁船を伊東へ回航した。この時には、漁撈長、船長、機関長、無線局長、コックなど6、7名が乗り組んだ。

伊東へ着くと、彼らは船をおいて鉄道で久礼に戻った。久礼に戻ると、漁撈長は翌年の乗組員の確保に回らなければならなかった。

正月が済むと、シダシを伊東で行った。シダシとは漁に備えて漁船の整備、点検、修理を行うことである。早い年では、1月20日頃に、漁撈長、船長、機関長、無線局長、コックの5名程度が鉄道で伊東に赴いた。シダシには20日間程度を要した。

シダシを終えると、漁船を久礼に回航した。久礼到着後、出漁の前に、漁撈長の家へ乗組員が集まって宴会をした。これをノリクミと称した。ノリクミののち、2、3日から1週間後に出漁した。出漁は大安の日を選んだ。

1964年、新船第6ST丸の漁撈長にKK氏が就任するが、この船は久礼を根拠地とした。シダシも久礼で行った。前後して第2、第3ST丸も久礼を根拠地とするようになった。久礼を根拠地とした理由は、漁船の伊東への回航や陸路での乗組員の移動に費用を要することや、漁船の維持管理上も久礼に係留するほうが便利であったからであるという。

3隻のST丸が久礼を根拠地にするようになると、カンジョウの際には船主が久礼に赴くようになった。船主は久礼漁業協同組合の旧事務所近くにあった旅館に泊まった。前述のTMy氏の話では、伊東のお菓子や静岡茶、下駄などを土産に持っていったという。

ところで、前述の通り、KK氏が第3ST丸の船長であった時、乗組員の多くは久礼出身者であった。しかし彼が第6ST丸の漁撈長となると、久礼の者を中心的な乗組員として6、7名確保するほかに、久礼周辺の上ノ加江、矢井賀、須崎の者を多く乗せるようになった。これは、KK氏が乗組員確保にあたって、久礼の他船の船主と競合することを好まなかったからであるという。当時はよい乗組員を確保しようとして、船主どうしがいがみ合うこと

がしばしばあった。KK氏はそれを避けようとして、久礼以外の乗組員を増やしたのである。1963年には、奈半利、吉良川（現室戸市）、佐賀、清水からも乗組員を集めた。また、愛媛や長野、沖縄の者が乗船していたこともあった。

　乗組員の勧誘には、知り合いに掛け合い、その伝手で芋づる式に適当な者をあたっていった。操業中、港に入った時に、飲食店で出会った者に酒をおごり、関係を築いたり、乗組員を募るために各地へ出かけ、旅館に乗組員候補の者を呼んで酒をふるまったりした。

6．漁撈長の資質

　漁撈長に求められる第一の技能として、KK氏は目が人一倍見えることを挙げている。ナブラを他船に先立って発見し、漁獲につなげることが漁撈長に求められる要件であるという。実際にナブラを発見し、釣魚する際に、漁船をどう進行させ、ナブラのどの位置に接近させるかを判断するのには熟練を要する。こうした漁撈長の技は、KK氏によると自分の乗り組んでいた漁船の漁撈長のやり方を見て真似るしかないという。また、漁撈長として自分の経験をもとに考えた技を実際に試みることができるのは、漁を行っているなかで面白い点だという。

　KK氏は漁撈長の力量を問われる点として、つぎのようなことも述べている。

　　　　　要は漁よね。漁も人並み以上に釣らんことには。

　漁撈長は、自船が漁獲を上げなければ船主に認められない。2、3年も好成績を上げることができなければ、船主は漁撈長を交代させるという。KK氏は、「漁撈長は決断力と判断力がなければならない」とよく副漁撈長に言ったという。これは彼に後を継がせるつもりで、そう言ったのだという。

いくら状況を判断できても、実行が伴わなければ無意味であり、その点で決断力が重要であるとされる。無線士が情報を持ってくると、その情報を操業にうまく活用できなければならない。好漁場の情報がもたらされ、それが近くで他船より先に行けるとなれば向かい、他船より後になるとすれば「人の後に喰うようなもんはいかん」という。他船の行かないようなところに、水温などを勘案して船を走らせるのであるが、ここなら大丈夫と思うところであっても、アテがはずれることはしばしばあるそうだ。

おわりに―事例の整理と課題―

　以上、SS氏ならびにKK氏の漁船乗船に関わるライフヒストリーとそれに関する事柄を、近海カツオ一本釣り漁船、ST丸に関わる点を中心に述べてきた。ここでは、それらの事例の分析をとおして、明らかになった点を整理してゆきたい。
　まず指摘しておきたいのは、ST丸の経営に関わる、久礼の漁業者の位置づけである。ST丸は静岡県に船籍を置きながら、乗組員は漁撈長をはじめとして多くを久礼の漁業者が占めていた。そして、漁船の運用はもっぱら彼らの手にゆだねられていた。さらに、ある時期からST丸は実質的な根拠地を久礼に置くようになった。このことから、ST丸は船主が自船を久礼の漁業者に委託するかたちで経営されていたということができよう。
　つぎにSS氏とKK氏は、ともに個人漁を営む漁家の出身である点に着目しておきたい。第9章でも述べたとおり、著者は久礼において近海カツオ釣り漁船を経営する家の出身者について、そのライフヒストリーを検討した。彼の場合、経営者の子息として自家船の幹部乗組員となるべく教育を受け、船長、漁撈長を経歴していった。しかし、SS氏やKK氏は雇員として漁船に乗り組み、自らの力量で幹部乗組員へと昇格していった。無論、自家船に幹部乗組員として乗り組んだ漁業者が技量的に劣っているというわけではないが、注目しておきたいのは、SS氏やKK氏が何によってキャリアを上げていった

第10章　近海カツオ一本釣り漁船乗組員のライフヒストリー

のかという点である。KK氏の場合、漁船乗組員に従事するかたわら、1952年に乙種二等航海士免許を、54年に乙種一等航海士免許を取得する。彼はこの資格を活かして、FM丸、第5CK丸の船長をつとめ、さらに第3ST丸の船長、第6、第8ST丸の漁撈長を経歴してゆく。個人が漁船乗組員としてキャリアをあげるひとつの方法として、こうしたKK氏の事例にみられるような海技免許取得により、幹部乗組員としての資格を得る、という方法が認められる。

同時に、漁撈長という漁船での最高指揮者でありながら、特別の資格を要しない地位を獲得する際には、つぎのような方法が考えられる。それは、漁撈に関わる卓越した技能や、乗組員に対する統率力などの、漁船で中心的な役割を担うための不可欠な能力を具備することである。

SS氏とKK氏の語りのなかで、漁撈長をつとめた彼らが揃って口にしたことは、「目の良さ」であった。卓越した視力でSS氏は銭洲でナブラを発見し、他船から一目置かれるほどの漁獲を上げ、KK氏も漁撈長に求められる能力は他船より早くナブラを見つけることのできる視力だと語っている。こうした身体的な技能が漁撈長へと昇格するための重要な資質となっていたのである。

第3に挙げたいのは、人的なネットワークに関わる点である。SS氏、KK氏とも、学卒後、まず地元船への乗船を経歴している。SS氏の場合、父方の祖母の義理の兄弟や母方のおじが営む漁船に乗り組んでいる。つまり、親族のネットワークをもとに漁船への乗り組みをはたしているのである。

こうしたケースは、地元船以外へ乗り組む際にも見受けられる。たとえば、SS氏がT丸に乗船するに際しては、彼の父の友人で、この漁船の漁撈長である久礼出身のN氏の勧誘があり、KK氏が徳島第2TY丸に乗り組むに際しては、同船の漁撈長であるOM氏の戦友である久礼出身者の働きかけがあった。「同郷者である」という地縁に基づいた人的ネットワークによって、漁船への乗り組みがなされていることをみることができる。この構図は、本章の中心となるST丸の場合においても指摘できる。KK氏が第3ST丸に乗船する

第Ⅲ部　漁業者のライフヒストリー研究

際には、彼の父親の友人で、この漁船の漁撈長をつとめるSH氏からの依頼が契機となっている。いっぽう、SS氏の場合は、第2ST丸の漁撈長で、父方の祖母のフタイトコにあたるIA氏の働きかけがあった。このような人的ネットワークの結節点にあって、リクルーターの役割を果たすのが漁撈長であった。SH氏の依頼を受けてST丸に乗り組むに至ったKK氏自身、漁撈長になるとそうしたネットワークを活用して乗組員の募集につとめている。

今後の課題としては、まず、ST丸のような静岡船でありながら、久礼に在住する他県出身者によって実質的な運用がなされている事例が、近海カツオ一本釣り漁船の経営において、どのように位置づけられるのかという点がある。こうした事例が一般化できるのか、ほかでの事例の集積が必要とされる。

つぎに指摘したいのは、漁撈長の資質についてである。漁撈長の地位を獲得するためには、卓越した漁撈の技能や、乗組員に対する統率力が不可欠となる。しかし、このような点は言語化や数量化が困難であるがゆえに、実証しづらい現実がある。聞き取りなどの方法を用いて、どのようにアプローチしてゆくかが問題となる。

第3に挙げたいのは、漁業者が活用するネットワークについてである。これは別章で取り上げたが、漁業出稼ぎの事例においても、リクルーターとしてのキーパーソンの存在が見受けられる。そこでは、地縁や血縁といったネットワークに基づいた乗組員確保が行われていた。こうした漁船員確保に際して展開されるネットワークの様態をさらに検討する必要がある。

引用・参考文献
高知新聞社（1986a）『黒潮を追って』土佐鰹漁業協同組合、p.176
高知新聞社（1986b）『前掲書』（1986a）、p.177

第11章

個人漁を営む漁業者の生活史的研究
―高知県中土佐町久礼の漁業者を例にとって―

はじめに

　別章で著者は、高知県中土佐町久礼で近海カツオ一本釣り漁船に乗り組んだ漁業者の生活史的検討をおこなった。その最後に記したとおり、久礼で漁業を営む漁業者の就業形態はさまざまある。そこで本章では、久礼で個人漁業を営む漁業者の生活史を検討してみたい。
　具体的には、近海カツオ一本釣り漁船、商船等の非漁船に乗り組んだのち、個人で漁を営んだ漁業者を取り上げる。ここでは話者のことを「漁業者」と位置づけるが、彼の船舶への乗船歴を精査すると、漁船と非漁船との乗り組み期間が拮抗しており、ある時期においては漁船より商船等への乗り組み経歴が、漁船のそれを上回っている。この点からは、彼を「漁業者」として規定するのは不適格であり、「船舶乗組員」と呼ぶのがふさわしいかもしれない。しかしながら、後述する彼の最終経歴や、メンタリティ、アイデンティティの所在といった側面から考えると、彼のことを「漁業者」と表現することが的確だと著者は考える。
　それでも、こうした経歴を持つ話者を対象にして、ライフヒストリー的研究を進めることに対しては、対象の代表性の問題から批判が加えられるかもしれない。確かに、彼の船舶への乗船歴はいわゆる漁業者のそれとは異なっている。しかし、この点については、いわゆる「典型」でない対象を検討することによってこそ、逆に対象の本質が見えてくることがあると著者は考える。したがって、彼を話者として選択することに殊更疑問は覚えない。本章では、この「船舶乗組員」たる漁業者の、多彩な船種への乗船歴を通して、

225

第Ⅲ部　漁業者のライフヒストリー研究

彼のライフステージに応じた生活戦略や、漁業者としてのメンタリティを検討してゆきたい。

　本章の構成は以下のような体裁をとる。話者であるA氏のライフヒストリーを紹介し、分析と考察を行う。最後に、その成果を整理するとともに、漁業民俗の研究におけるライフヒストリーの意義と課題について触れたい。

1. A氏のライフヒストリー

A氏のプロフィール

　さて、今回、話者としてそのライフヒストリーを取り上げるA氏について、まず、そのプロフィールをファミリー・ツリーに沿って紹介する（図11-1）。

　A氏は1936年生まれ。久礼の漁業世帯の出身ではない。父親は鋳物関係の技術者で、母親は久礼の漁業世帯出身であった。ふたりは兵庫県尼崎市で結婚し、A氏が生まれた。そののちA氏とその家族は戦時疎開により母方の郷里である久礼に来た。父親は応召し、復員後、妻の姉妹の家のカツオ漁船に乗り組んだ。A氏自身は、1952年3月に久礼中学校を卒業する。久礼中学校の『卒業証書授与台帳』[1]によれば、この年、卒業生144名に占める男子の割合は63名であったが、そのうちで漁業に就いた者は17.5％の11名であった。ちなみに、高校へ進学した男子は20名を数え、全体の31.7％であった。A氏はこの漁業者となった一人で、後述の地元のカツオ一本釣り漁船OT丸にカシキとして乗り組んだ。漁業に就いたのは、「漁師は儲かる」ので、生活のために選んだという（表11-1）。

　それでは、ここからはA氏の『船員手帳』（表11-2）に基づいて、そのライフヒストリーを追ってゆこう。それに際してはA氏のライフヒストリーのうち「中学卒業から海技免許取得まで―カツオ一本釣り漁船乗組時代―」「商船への移乗―商船・漁船混乗時代―」「旅漁の開始―個人漁時代―」の3期にわけて検討してゆくことにする。そして、A氏が乗船した船舶のうち、何隻かをトピックとして取り上げ、検討を行いたい。

第11章　個人漁を営む漁業者の生活史的研究

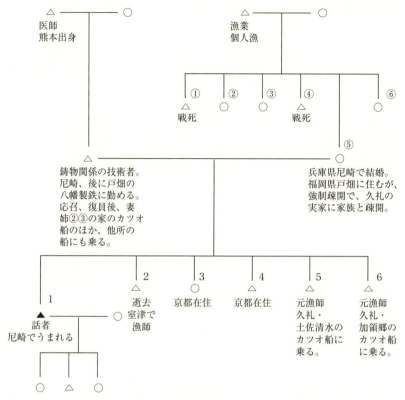

図11-1　A氏のファミリーツリー（2001年）

注：聞き取りをもとに作成。

表11-1　久礼の漁業者の漁業歴の概要（2002年）

漁業の経歴	人数	%
自船で沿岸個人漁業のみを経歴	31	15.7
近海カツオ漁船乗り組みののち、自船を使用した沿岸個人漁業に転換	144	73.1
遠洋マグロ漁船乗り組みののち、自船を使用した沿岸個人漁業に転換。	5	2.5
遠洋マグロ漁船・近海カツオ漁船乗り組みののち、自船を使用した沿岸個人漁業に転換。	17	8.6
合計	197	

資料：久礼漁業協同組合
注：対象は漁業を営む個人すべてである。

227

第Ⅲ部　漁業者のライフヒストリー研究

①中学卒業から海技免許取得まで―カツオ一本釣り漁船乗組時代―

　A氏は中学卒業後、最初に久礼のOT丸に乗り組む。この船については船員手帳無記載で、聞き取りでは1951年雇入とのことであったが、中学卒業年からみて、これは52年の記憶違いと考えられる。

　OT丸に乗り組んだのは、この船のオヤカタ（船主）から声を掛けられたことが契機だったという。OT丸は18t程度の漁船で、23名が乗り組み、彼らは皆、久礼出身者であった。3月から7月はカツオ一本釣り漁を行い、9月から翌年3月まではメジカを釣った。1航海は日帰りか3日くらいまでで、カツオ漁は足摺岬沖、室戸岬沖で操業し、メジカ漁は土佐清水沖で操業していた。

　OT丸に2年乗り組んだ後、静岡県稲取町の漁船KF丸に移乗した。この船についても『船員手帳』未記載である。この漁船は28tのシビナワ（マグロはえ縄）漁船で、7名が乗り組み、うち5名が久礼出身者、2名が稲取のものであった。乗船の契機は、この船のセンドウ（漁撈長）、オヤカタが久礼の人よりA氏を紹介されたことによるという。KF丸は八丈島近海で操業し、1航海1週間程度であった。A氏は54年8月にこの船に乗り組み、翌年2月に下船して久礼に戻った。

　『船員手帳』に初めて登場するのは、高知県須崎市の近海カツオ一本釣り漁船KRY丸である。A氏はこの漁船で船員を雇う話を聞いて、中学の同級生である友人2、3名と連れだって乗船したという。乗組員は26名、うち久礼の者は10名であった。1航海3日から10日で、鹿児島沖から伊豆沖を漁場として、静岡県焼津、沼津、伊東に入港していたという。

　つぎにA氏は短期間、1956年3月28日雇入で、静岡県松崎町のカツオ一本釣り漁船SR丸に移乗する。この船の船主は登録上KS氏となっているが、実質は後述する第7JE丸のFS氏であり、KS氏はFS氏に借船していたという。A氏の雇止は4月26日であり、このようにSR丸への乗船が短期間に留まったのは、つぎのような理由によるという。以下、A氏の語りを引用して検討しよう（A：A氏の発語、＊：著者の発語）。

第11章　個人漁を営む漁業者の生活史的研究

表11-2　A氏の船舶乗船歴

通番	No.	船名(略号)	総トン数	船舶の用途	職務	船舶所有者の住所及び氏名又は名称	雇入年月日	雇止年月日
1		OT丸*1	18	ごちそばえなわ		高知県高岡郡中土佐町久礼	1952	1955/9.6
2	1	KF丸	28	ごちとえなわ	機関員	静岡県賀茂郡稲取町	1954/8	1955.11.5
3	2	KRY丸	39	第2種漁業そう	機関員	高知県須崎市 DS	1955/3	1956.4.26
4	3	SR丸*2	34.58	カツオ一本釣	甲板員	静岡県賀茂郡松崎町 KS	1956.3.28	1956.9.3
5	3	第7E丸	71.06	カツオ一本釣	甲板員	静岡県賀茂郡松崎町 FS	1956.6.20	1956/12/
6		SR丸*2	34.58	カツオ一本釣		静岡県賀茂郡松崎町 KS	1956.9.3	1957.11.5
7	4	第3ST丸*3	62.5	カツオ一本釣	機関員	静岡県伊東市湯川 TM	1957.4.1	1958.11.8
8	5	第3ST丸*3	62.5	カツオ一本釣	機関員	静岡県伊東市湯川 TM	1958.3.15	1959.11.10
9	6	第3ST丸*3	62.5	カツオ一本釣	機関員	静岡県伊東市湯川 TM	1959.1.15	1960.8.30
10	7	第3ST丸*3	62.5	カツオ一本釣	機関員	静岡県伊東市湯川 TMy	1960.1.20	1961.11.15
11	8	第3ST丸*3	96.92	貨物船	機関長	静岡県伊東市湯川 TMy	1961.3.13	1962.1.5
12	9	第5SZ丸*4	299.91	貨物船	機関長	高知県高知市若松町 MT	1961.12.24	1963.10.29
13	10	第8SE丸	39.79	カツオ一本釣	一等機関士	高知県高岡郡中土佐町久礼 FR	1962.1.16	1964.10.29
14	11	第6OT丸*1	361.49	貨物船	機関長	香川県小豆郡土庄町 N温運合資会社	1964.3.11	1965.1.9
15	12	第18KRY丸	283.01	貨物船	機関長	兵庫県生田区栄町通 E汽船株式会社	1964.11.14	1965.4.13
16	13	第13SS丸*5	462.07	貨物船	機関長	兵庫県生田区栄町通 E汽船株式会社	1965.4.19	1965/7.2
17	14	ES丸*6	462.07	貨物船	機関長	兵庫県生田区栄町通 E汽船株式会社	1965.7.14	1965.12.20
18	15	ES丸*6	462.07	貨物船	機関長	兵庫県生田区栄町通 E汽船株式会社	1966.1.9	1966.3.23
19	16	ES丸*6	462.07	貨物船	機関長	兵庫県生田区栄町通 E汽船株式会社	1966.4.15	1966.9.15
20	17	ES丸*6	462.07	貨物船	機関長		1966.6.19	1967.1.30
21	18	ES丸*6	39.38	カツオ一本釣	甲板員		1966.6.15	1967.7.30
22	19	第2KE丸	379.43	貨物船	機関士	高知県高岡郡中土佐町久礼 YA	1967.3.13	1968.8.16
23	20	第11SZ丸*4	2996.11	貨物船	三等機関士	高知県新居浜市 Y海運	1967.9.8	1969.10.27
24	21	EH丸*7	2996.14	貨物船		愛媛県新居浜市 Y海運	1969.8.4	1970.3.16
25	22	EH丸*7	59.6	カツオ一本釣	一等機関士	愛媛県新居浜市 Y海運	1969.11.19	1970.10.21
26	23	第15SSE丸	254.83	マグロ一本釣	一等機関士	高知県土佐郡戸崎町 MM	1970.3.20	1974.10.5
27	24	第15KB丸	15.44	カツオ一本釣	機関長	高知県室戸市室戸崎町 KM	1973.10.18	1977.2.21
28	25	YK丸	19.19	カツオ一本釣	機関長	兵庫県生田区栄町通 E汽船株式会社 KN	1975.1.25	1982.8.23
29	26	KK丸	228.28	曳船		高知県高知郡宇浦戸村興津 NC	1982.3.10	1983.11.15
30	27	HO丸*8	295.32	曳船	一等機関長	高知県高知市南ノ丸町 Kシッピング	1982.11.15	1983.3.24
31	28	KD丸*8	101.36	曳船	甲板員	高知県高知市南ノ丸町 Kシッピング	1983.1.10	1983.3.29
32	29	HE丸	497.25	油補船	次席一等機関長	兵庫県姫路市飾磨区細江 S株式会社	1983.3.18	1984.3.20
33	30	SJ丸	36.12	底びき網	機関長	愛媛県越智郡波方町 K海運	1983.11.11	1985.4.27
34	31	第18HS丸*9	36.12	底びき網	機関長	高知県高知市御豊瀬 K水産有限会社	1984.9.7	1987.4.28
35	32	第18HS丸*9	39.99	底びき網	機関長	高知県高知市御豊瀬 K水産有限会社	1986.9.2	1988.4.25
36	33	SRY丸*10	499	貨物船	機関長	高知県高知市浦戸 M漁業有限会社	1987.9.1	1989.4.25
37	34	SRY丸*10	735	貨物船	一等機関士	香川県小豆郡土庄町 H海運	1988.8.30	1989.6.15
38	35	HY	228.28	曳船	一等機関士	高知県高知郡宇浦戸村興津	1989.4.30	1989.8.8
39	36	第8SS丸*5	431.3	貨物船	一等機関長	高知県越智郡宇浦方町 N海運有限会社	1989.9.8	1991.2.11
40	37	第18DK丸	199	貨物船	機関長	兵庫県相生市野瀬 I 船舶有限会社	1991.3.5	1991.3.15
41	38	ST*11	498	貨物船	機関長	岡山県和気郡日生町 I 汽船	1991.5.1	1991.6.24
42	39	KR*11			三等機関長兼一等機関士		1991.6.28	1999/7

資料：「船員手帳」
注：1) 表2列目の「No.」は「船員手帳」に記載された船舶の通し番号。
　　2) ＊でマークしたものは、同一船もしくは船主が同一の船舶。

第Ⅲ部　漁業者のライフヒストリー研究

A／この船（注：SR丸）はやね、見た通り乗っていないやろ。3月28日、そっちが4月26日やろ。ほら、ほんの1ヶ月くらいしか。これ乗っていないやろ。ほれで、同じ船主のこっち（注：第7JE丸）へ乗ってくれということになって、こっちに乗ったがやき。

　　（中略）
A／この、こっちのほう（注：SR丸）なんかはね、全部地元や（注：久礼出身者ということ）。ただ、僕らはふたりだけ、このSF丸のほうへ。ええフナガタ（注：乗組員）をこっち（注：第7JE丸）へまわしてくれんかいうて、言うたのに、だーれも、こっちから行き手がないきよ。久礼から事情知ったのと離れるのが嫌で、誰も離れんのやき。ほんでわしと友達とがよ、どっちか獲りよったほうの配当くれる言うもんやけよ。
＊／ええほうの。
A／ええほうの。ほんなええ話があるか。ほんじゃけ、ほら、センドウ、こっちのセンドウする人（注：SR丸のセンドウ）らはよ、誰やら行け、彼やら行け、言うても行かわけ。おら嫌、おら嫌、言うて全然知らん人のなかやし。
＊／そら地元の人の船のほうがいいですよね。
A／うん。居りたいことはわかるけど、配当のええほうくれるんわけよね。そればええことなかろうか言うて、僕と友達とがよ、久礼の同級生がよ、あっち行こうか、言うて行ったら、こっちのセンドウがよ、わいらが行ってもどうすりゃあ、とか言うたけどよ。だから向こうよりこっち来たき。

　ここで明らかになった点は、乗組員が久礼出身者で固められたSR丸へ、実質的な姉妹船である第7JE丸から船員のトレードの要請があった際に、SR丸の多くの乗組員は同郷である久礼の者と仕事をすることの安心感を重

第11章　個人漁を営む漁業者の生活史的研究

視し、移乗に応じなかったことと、そのなかで、A氏とその友人が、収入面での好条件に応じて、移乗したということである。経済的利益より、同郷者との心理的安住性を重視する人々がいるいっぽう、A氏のように経済的利益を重視し、果敢に新天地へ飛び込んでゆく者がいる点は、同じ漁業者の心理を考えるうえで、興味深い点である。

　こうしてA氏は、1956年に静岡県松崎町の近海カツオ漁船、第7JE丸に移乗する。

②商船への移乗―商船・漁船混乗時代―
　A氏の転機となったのは、1961年に乙種二等機関士（現在は五級海技士（機関））の免許を取得したことであった。その年は機関長としてそれまで乗船した静岡県伊東市の近海カツオ漁船第3ST丸に乗り組むが、以降、貨物船等の商船への乗船が顕著となる。この免許取得の経緯について、A氏の語りをみてゆこう。

　　＊／これ受講の為って、なんか。
　　A／講習に行くのにね、免許取りに行くねん。
　　＊／何の。
　　A／エンジンの。
　　＊／エンジンの。はい、資格取るわけですね。
　　A／資格を。それがね、もういても、ほら、資格取るのにね、3年6ヶ月の履歴がいるわけよ。
　　＊／いままででどういう船に乗ってどういう仕事してきたのかの。
　　A／ううん。キカイバ（機関室）で働いた分の経歴が。
　　＊／はい。
　　A／そん時JE辞めた理由もだいたいそれやったかに。JEじゃ甲板部やったろう。それっじゃあ、履歴にならんやんか。
　　＊／JEは甲板で。

231

第Ⅲ部　漁業者のライフヒストリー研究

　A／甲板で乗っとったわけよ。
　＊／甲板員で乗ってたから。
　A／向こうで機関員がおったき。ほら。そんじゃき、STへ乗り換えたがやき、うちが。

　この語りからは、A氏が機関士になるための乗船履歴を得るために、甲板員として乗船していた第7JE丸から、機関員のポストがある第3ST丸へ移乗したことがわかる。A氏の他船への移乗には、こうしたキャリアアップを目的としたものがある点を指摘することができる。
　さて、こうしてA氏は免許を取得したのち、先にも述べたとおり機関長として第3ST丸に乗船するものの、翌年には久礼の商船、第5SZ丸に機関長として移乗する。第5SZ丸の船主はA氏の母方のオジであり、この船は久礼と大阪の間で材木と炭を輸送する内航船であった。この船への移乗の理由を、再びA氏の語りからみてゆこう。

　A／35年前に乗っとったSTを辞めた時に伊東のオヤカタが、もう、おってくれというけどよ、いかんもん。こんなことじゃ、しよったら。1年かかって18万や16万じゃよ、どうしてやりがいがある。ところがさ、汽船乗ったら月が2万5千円であってもよ、余分な手当も入るやいか。そんなかで、カツオブネの3年分くらい、1年目もろうたが、そんな状態でほら。

　この語りからは、商船への移乗理由がつぎのような点にあるということをうかがい得る。
　すなわち、収入面において、近海カツオ一本釣り漁船に対し、高収入であることが、その契機として指摘できる。あわせて、商船では、近海カツオ一本釣り漁船が漁獲に応じた配当というかたちで乗組員に給与を支給するのに対し、商船では月給でより安定した収入が得られることが重視されている。

第11章　個人漁を営む漁業者の生活史的研究

　また、近海カツオ一本釣り漁船と商船での、労働環境や船内生活の格差も、商船への移乗理由として作用している点を無視できない。つぎに挙げるのは、A氏が1969年に外国航路の貨物船、EH丸に乗船したことに関する語りである。この船はフィリピン・朝鮮間のラワン輸送とナホトカ・室蘭間の石炭輸送に携わっていた。

A／ただねえ、もう、外航なんかね、幹部で乗るとヒラの船員で乗ったのと格段の差がある。

＊／そうですか。

A／うん。もちろん、うちがEH乗った時だが、二機（注：二等機関士）で乗ったけんどやね、航海士、免許持ちが3人いるんじゃけ。4人。機関長も一緒に。（中略）そいで当直2人やろ。航海長とともに。そいたら、ソビエト入っても、朝鮮入っても、機関士、航海士は一切、当直ないんやき。港に10日居ろうが、15日居ろうが、どこへ遊びにゆこうが、船からよう呼ばん。

＊／待遇が全然違う。

A／全然。

＊／一般の船員と。

A／うん。それでおまん、航海中の敷布は全部仕丁が幹部の所は取っていって、洗うて、また敷きつめて、ちゃんとするけんね。

＊／うん。

A／風呂も別やし、うーんと、差が、ランクがあらあね。

＊／言っちゃなんやけど、カツオの漁船のあの船内とは全然違う。

A／そんな全然。そんなあ生活ちゅうもんないわよ。あの狭い所でやな、うんと夏の暑い時、今でこそクーラーもあるけんど、ないもとに、夜中ひっつき合うて寝るがやが。あの入り口ばこんまい所で、暑いちゅうもんやない。うちら、みっしり、もう外でよ、デッキでチャプチャプ濡れても寝よった。

233

＊／まだまし。

A／まだましやったね。汽船に乗ったら個室やな。こまい船はベッドと机置いてくれてくれちょるばやけどよ。大概広いのは洗面所もあるけね。それで風呂は朝から晩まで沸きっぱなし。僕らカツオ船行く時は入港から入港まで風呂入らん。風呂はないねん。水を被る、塩水を被るやん。それが当直上がったら、朝から酒飲んで、風呂から出たらよ、自分の部屋で酒飲んで寝、またつぎのワッチまで仕事がないやき。とりあえず4時間働いたら、大きな船なら4時間働いたら8時間休む。4時間働いたら8時間休みやけん、日に昼に4時間、夜に4時間。あとは何しよったって、自分のプライベートやけんね。どこがどうしようが。

　このほか、A氏が商船へ移乗した理由として指摘した点は、当時はまだ結婚前で、自船を造る資金を稼ぎたかったということや、商船の機関長であるかぎり、他人から指図されるストレスがないということが語られた。
　こうしたA氏の語りを踏まえて、彼が乗り組んだ船舶の船種を『船員手帳』をもとに検討すると、自らが保有する小型漁船を除き、延べ42隻を数える。船種の比率は漁船と商船が半々であり、商船への乗船は海技免許取得以降に集中することが指摘できる。
　ところで、このA氏が乗船した船舶42隻について、同一船または同一船主の船舶に乗船した場合を複数回乗船していたとしても1回とカウントすると、A氏は25隻の船舶に乗船したこととなる。その乗船動機をみると、40％は地縁や親族のネットワークに基づいている（**表11-3**）。このほかにも、直接には乗船動機を聞き得なかったものの、幹部乗組員や乗組員の多くが久礼出身者より構成される船舶が複数を占めていることがわかった。ここからは、A氏が船舶に乗り組む際、地縁的ネットワークに基づく場合を無視できないことが指摘できる。以上より、A氏の船舶乗船の契機としては、地縁的・親族的ネットワークの果たす役割が大きい点をうかがうことができた。このほか

第11章　個人漁を営む漁業者の生活史的研究

表11-3　A氏の乗船の動機

乗船の動機	件数	%
地元（久礼）の人の誘いで	8	32
親族の誘いで	2	8
その他・不明	15	60
合計	25	100

資料：聞き取りによる。

の乗船の経緯としては、運輸局の船員職業安定業務のような、公的機関による斡旋、私設紹介業による斡旋などがある。

③旅漁の開始―個人漁時代―

　さて、このように海技免許取得後、商船を中心に船舶への乗り組みを経験したA氏であったが、その人生に新たな転機が訪れる。A氏は1965年に結婚し、3人の子供の親となるのだが、ちょうどその時期に自らの小型漁船を建造し、船舶への乗り組みの合間に、旅漁を始める。

　この理由についてA氏は、「子やらい」のため、つまり子供を育てるための経済的必要性を挙げ、ふたつの生業活動を営むことにしたのだと説明している。あわせて、旅漁は商船乗り組みよりも仕事として「面白い」ということも述べている。

　まずは、A氏の旅漁の実際について、特に経済的要因に関わる部分を中心にみてゆくことにしよう。

　そもそも、A氏は、近海カツオ一本釣り漁船ST丸に乗り組んでいた時分から、伊豆近海のハルスやスミスで、宮崎や室戸の5〜6tの個人漁の漁船がケンケン釣りでカツオを釣っている様子を見て、「人に使われて仕事をするより、あんなふうにやってみたい。」という思いがあったという。そこで、1968年頃に、初代のSY丸（3.5t）を室戸のH造船で建造した。この造船所を選んだのは、ケンケン釣り漁の漁船の建造技術を持っていたからであった。しかし、建造後、室戸の人に、「こまくって、小さくて、下田じゃできん」と言われ、鹿児島県のトカラ列島へ出漁することにしたという。当時の漁業

第Ⅲ部　漁業者のライフヒストリー研究

暦は、春先の6月から8月は久礼沖や室戸、土佐清水沖でカツオ漁を行った。夏季にはトカラ列島方面に出漁した。

ところで、九州方面に出漁した理由について、A氏はつぎのように語っている。

　＊／そこまで、その、九州まで行こうと思わはったんは、どういうところに理由が。
　Ａ／いや、やっぱり、うち（注：地先漁業）は堅い漁がないきに。向こう行ったら釣られせんろかいう思いで行った。
　Ａ／うちね、そら、まあ、大漁はせんでもぽつぽつ獲れりゃええわ、思うたら行きゃせんわいな。それ、危険性も。やっぱり、台風時期には時化でも獲らないかんし。だいたいうち、航海術もなからないかんし、エンジンのほうも、ほら、自分に自信がなからなね。少々のこと、直せるぐらいのこと、なからな。

ここからは、A氏が地先での漁業を行うことへの、経済的な限界を感じ、新天地を求めて九州方面に進出していったことがうかがえる。その遠距離出漁を技術的に可能としたのは、A氏がこれまで取得してきた資格とそれを裏打ちする技能であるといえる。また、漁場が九州に設定された具体的な理由が語られていないが、これは前述の初代SY丸建造に関わるエピソードから類推すると、近海カツオ一本釣り漁船で九州方面に出漁していた時の経験がもとになっていると考えるべきであろう。

さて、A氏の旅漁は、このように、より好漁場を追い求めて高い漁獲を挙げ、経済的収益を挙げることを志向する側面が強い。このことについて、引き続きA氏の語りを取り上げよう。

　Ａ／五島（注：長崎県五島列島）や鹿児島のほうなんどね、魚いろいろ居るけどよ、やっぱり、そこへ行っても値段ということもあるしよ。

第 11 章　個人漁を営む漁業者の生活史的研究

　　それからまあ、うるさいやいか。沖は遠いしよ、この沖から出るゆうたら、沖が遠いからね。向こうは沖が近いけ。経費の点でうんと違うがね。

　　（中略）

A ／うん。久礼はもう清水の沖まで漁に行く。その日に行けんからね。その日、言うたら晩の 8 時か 9 時に出て行かんと、清水の沖の漁は朝は間に合わんから、ほんでも、僕ら今はゆっくりよ。1 日清水まで行けようよ。朝、それで、向こうで商売して、帰りに夜通し帰るという。

＊／そしたら、いっそのこと行ってしまおうかというわけになるんですか。

A ／そうそう。清水なら清水にやね、10 日なら 10 日、20 日なら 20 日居るわけよ。行ったら、それでも魚売れるわけ。

＊／やっぱり、燃料代のこと考えたら全然違いますか。

A ／うん。そやね。なんぼ、あの、ちょっとくらい余計釣ったいうて、燃料代にも追いつかんようになるきね。あんまり長い距離走ると。

　ここでは九州方面での出漁と、土佐清水方面への出漁に言及しているが、久礼を基地として、それら遠隔地の漁場に出漁した場合、移動時間を要するので疲労度も高い。そのうえ燃料代もかかるので漁業効率が悪いという点がうかがえる。そのいっぽう、久礼を離れて漁場近くを基地にして操業すれば、効率よく漁ができる点を指摘している。
　ところで、A 氏は前述のように「子やらい」のためという、経済的な要因から旅漁を開始したとしているが、同時に、旅漁の仕事としての「面白さ」にも言及している。また、旅漁へ参入した遠因として、以前に伊豆近海で旅漁漁船を見たときの思いも述べている。こういったことからは、経済性という実際的な要因とは別個の価値観のうえから漁業に従事する点を伺うことができる。極言すれば、家計を維持するためにはさまざまな職業的選択肢があるなかで、敢えて旅漁に従事することの意味には、経済的要因にとどまらない、労働における重要な価値観が関わっているのではないかと考えることも

第Ⅲ部　漁業者のライフヒストリー研究

できよう。いずれにせよ、この事例からはA氏の職業に対するモチベーションの問題をうかがうことができ、非常に興味深い。

　さて、話題を旅漁の実際について戻そう。トカラ列島に出漁していた時、A氏はオキで宮崎県南郷町の漁業者と知り合いになった。この人が対馬へ行くように勧めてくれて、1年間一緒に出漁したという。その際に、水揚げする港や、泊まるのによい港を教えてくれた。具体的には、比田勝、河内、水崎、豆酘、浅藻であった。これらの漁港で水揚げして、宿泊したという。当時、厳原や比田勝はイカ漁やキンチャク網漁の漁船が入港したので、「赤いもん（飲み屋の赤提灯）」が賑やかだったという。

　対馬へゆくときは、久礼を出て土佐清水に入港してその日は泊まり、つぎに大分の姫島に泊まった。そして下関か小倉かに入港して氷を積んでから、対馬に向かった。漁の情報は現地の漁協で水揚げ時に教えてくれたという。また、顔なじみの宮崎船、和歌山船といった、やはり旅漁の漁船からも教えてもらった。そうした話に基づいて、漁のあるほうへ「港をずっと歩く」のだという。水揚げは前述のように、上対馬では比田勝の漁協、下対馬では厳原の漁港で行った。豆酘、浅藻、阿連に水揚げすることもあったが、これらは厳原の漁協の管轄であったので、厳原と同じ値で漁獲物を買い取ってくれたという。一日で多く漁獲した場合は、高知まで走った。その方が魚価がよかったからである。

　1974年9月に2代目のSY丸（4.9t）が進水し、漁場はトカラ列島、対馬のほか、五島へと拡大した。

　2代目SY丸以降の旅漁での漁業暦であるが、10月から対馬方面に出漁し、12月まで操業した。そして五島に移動し、3月まで操業した。主としてヨコワのひき縄釣りを行ったという。夏季はトカラ列島方面に出漁し、ケンケン釣りでカツオ、マグロを漁獲した。磯でフエフキダイを手釣りしたり、瀬釣りでアオダイを釣ることもあったという。

　五島では荒川、富江、大瀬崎を水揚げ地や宿泊地としていた。漁獲物はほとんど荒川か富江に揚げたという。荒川はいい温泉があり、入港するのが楽

第 11 章　個人漁を営む漁業者の生活史的研究

しみであった。楽しみといえば、カタブネ（僚船）と一杯やることであった。操業は別の海域で行っても、水揚げは同じ漁港で行い、夜は一杯やるものであった。

　旅漁に出る時は、久礼で漁船に日本酒、食料（米、タマネギ・キャベツ、トマトなどの野菜、味噌、醬油、干物）などを積み込んで出かけた。港々を「歩いて」ゆく。炊事は船内で行った。飯も炊いたし、味噌汁も作ったし、フライパンで炒め物もしたという。風呂は漁協市場で借りた。

おわりに―問題の整理と今後の課題―

　以上、A氏のライフヒストリーを聞き取りと『船員手帳』に基づいて検討してきた。そのなかで明らかになった点を整理すると、つぎのようになる。
　1点目は、A氏のライフヒストリーにおいては、海技免許取得によるキャリアアップや、結婚・出産にともなう新船建造による新規漁業への進出といった、生活戦略の展開がみられる点である。たとえば、機関士の資格を取得する前提として、機関員の履歴を得るために第7JE丸から第3ST丸へ移乗したことや、結婚後の子供の養育にともなう経済的負担の増大に対応するためのSY丸の建造と旅漁の開始が、その具体例として挙げられる。
　2点目は、漁船や商船への乗り組みに際しては、地縁や親族のネットワークが活用される傾向がみられる点である。具体的には久礼のOT丸や静岡のKF丸などをはじめとして、多くの事例が挙げられる。またネットワークには久礼のみならず他県船とのあいだに構築されたものも認められた。
　こうした点をうけて、最後に、漁業民俗の研究におけるライフヒストリーの意義と課題について整理したい。
　まず、今回のライフヒストリー分析からは、個人の漁業歴や商船への乗船歴が明らかとなった。そのなかで、漁業者個人がどのような生活戦略に基づいて、生業に携わっていったのかという軌跡をうかがうことができた。これは、『船員手帳』を活用した分析手法ならではの成果であり、漁業民俗研究

のさまざまな分野での活用が可能であると考える。

　漁業者個人の活動を跡づけてゆくなかでは、個人の持つさまざまなネットワークの存在とその活用が明らかになった。一般に漁業者の構築する生業に関わるネットワークは、広汎かつ多岐にわたるものだが、ライフヒストリー調査では、個々のネットワークの具体相、たとえばネットワークを構成する者のプロフィールや、構成原理、機能などを解明することができる。

　さらに、今回の聞き取りのなかでは、漁業者個人の生業観を随所でうかがうことができた。こうした漁業者のアイデンティティやメンタリティに関わる部分については、これまで「漁師の気質」として一般論で語られていた。しかし、それを具体的に検証し、漁業者の心的特性として考察することはあまりなされてこなかった。ライフヒストリー研究では、漁業者個人との密接な対話を通して、こうした側面に迫ることも可能である。

　いっぽう、今後の課題としては、つぎのような諸点が挙げられる。

　まず、必要とされるのは、ライフヒストリーの事例検討をより一層、進捗させることである。一概にライフヒストリーといっても、話者のプロフィール、たとえば、話者が生きた時代や、家庭環境、どのようにして漁船に乗るに至ったか、など、さまざまな要因によって形成されている。したがって、短絡的に事例の相対化を急がず、多様な事例を集積しつつ、その詳細な検討をつうじて、相対化しうる因子の抽出と分析が必要である。

　つぎに、1点目とも共通するが、話者には船主クラス出身者の幹部乗組員もいれば、船主とは親族関係にない乗組員もいる、というように、その出自にはさまざまな差異が認められる。そうしたなかで、水産高校へ進学したり、漁船に乗り組むなかで経験を積んだのち、海技免許を取得してキャリアアップをつとめるなど、生活戦略には違いが出る。こうした点の検討も求められる。

　そして、なによりも重要なのは、話者の漁業者としてのアイデンティティやメンタリティの検討である。漁業はその生業的特質から、生命的・経済的な不確実性が高い。また、その点から漁業者の投機性の高さ、自由への欲求

第 11 章　個人漁を営む漁業者の生活史的研究

の高さなどが、しばしば指摘される。こういった漁業者の気質の分析も求められよう。

注
（1）第9章注（3）参照。

第12章

現代の沿岸漁業者に関する生活誌的研究
―福岡県福岡市志賀島のある漁業者を例にとって―

はじめに―研究の目的と意義―

　本章は博多湾入口に位置する志賀島で沿岸漁業を営む、ひとりの漁業者の生活誌を描くものである。
　漁業という生業では、多くの漁業者は海という空間で目に見えぬ水産生物を捕獲すべく活動している。その際、漁場の測定や漁具の仕様・操作法、漁獲物の処理についてさまざまな技能を発揮している。それらは、実際の漁撈現場で学んできた経験知と、親や同業者から伝えられた伝承知に基づくものとに大別できる。本章では、その点に留意しつつ、漁業者の生活誌を描写してゆきたい。
　具体的には、調査地の概要を紹介したのちに、この地で営まれる漁業の現況にふれる。そして、調査の対象としたA氏のライフヒストリーに言及する。そのうえで、A氏の漁撈活動の実際を1986年12月から翌年の11月、2012年の両年に基づいて分析し、営んでいる漁業種類の経年変化や漁業暦、漁の実態とそれに関わる因子に言及する。ここでは、A氏が漁業者の必須の知識とする、シオ（潮流潮汐）の問題に触れる。さらにA氏の語りをもとに、彼の持つ職業観について検討する。
　ところで、潮流潮汐と漁撈活動の関係については、これまでも多くの研究がなされている。たとえば、野本寛一は九州有明海、静岡県浜名湖の漁業者について、大潮・小潮といった長周期潮の変化や、1日の干満の変化と、漁との相関性を明らかにしている（野本 1987）。また、篠原徹は山口県見島の

第Ⅲ部　漁業者のライフヒストリー研究

一本釣りを営む漁業者を取り上げ、その漁日誌の分析から、この漁業者の漁撈活動における時間利用・空間利用について論じているが、その中で網漁業を営む漁業者の漁撈活動と、潮汐との関係に言及している（篠原 1995）。

著者が今回、実際の漁撈活動を分析するに際しては、仕切書と呼ばれる資料を活用する。仕切書とは漁業者が市場に漁獲物を出荷した際に、市場が漁業者に発行する販売伝票である。仕切書は市場によってフォーマットに違いがあるが、その漁業者が販売した日付、営んだ漁業種類・販売した漁獲物の名称と数量・価格などが記載されている。仕切書は漁業者が漁獲物を販売するごとに発行されるので、鮮度を重視する生業の特性上、日付は原則として漁を実施した翌日のものとなる。したがって、原則的には仕切書を分析すれば、漁業者の出漁日を定量的に把握することができる。

著者は調査対象としてきたA氏の1986年12月から翌年11月と、2012年の2ヶ年の仕切書を入手し、その分析をおこなってきた。前者についてはその一部を別稿で報告したが（増﨑 1989）[1]、本章では後者の仕切書とあわせ、そのすべてを検討する。具体的には、漁業種類の経年的変化や漁業暦、漁業種類ごとの出漁日と潮汐の月変化の関係を分析する。

仕切書の利用については、特に目新しいものではない。たとえば、漁撈活動を仕切書に基づいて分析したものとしては、いくつかの先行研究がある。たとえば、漁業地理学の田和正孝は、和歌山県南部町のイセエビ刺網漁について、月齢と出漁日の相関性を検討し、朔前後は出漁日が増加するいっぽう、望前後は減少する傾向を指摘している（田和 1997a）。また、水産学の伊藤正博・内田秀和は福岡県糸島地区及び福岡地区のキスながし刺網漁について、大潮の日の出漁日数が多くなる点を明らかにしている（伊藤・内田 1989）。

本章は田和や伊藤・内田の見解と離れるものではない。ただし、1986年と2012年という、年月を隔てた個人の仕切書について、営んできた漁業種類の経年的変化と漁業暦とを併せて詳しく検討したことで新たな観点を示した。

ただし、仕切書に基づいた出漁日の検討には、田和の指摘したとおり、ある程度の限界がある[2]（田和 1997b）。たとえば、今回使用する仕切書につ

第12章　現代の沿岸漁業者に関する生活誌的研究

いても、日曜は市場が休みのため、土曜日は休漁とする場合があるいっぽう、漁繁期には土曜日も出漁することがあり、その漁獲は日曜日のものと合わされて、月曜日の仕切書に記載される。したがって、仕切書から明らかになる出漁日は、実際よりも少なくなることになる。

そうした問題点を理解しつつ、拙論を進めてゆきたいと思う。

なお、本研究では、平成20年度科学研究費補助金（奨励研究）課題番号20911003、平成25年度科学研究費補助金（奨励研究）課題番号25905001、平成26年度科学研究費補助金（奨励研究）課題番号26905004を活用した。

1．調査地の概要

志賀島は福岡市街地の北西に位置する島嶼である。面積約5.8km^2、周囲は約11kmで、海の中道と呼ばれる砂州により九州本土と結ばれた陸繋島である。博多港とは渡船で30分で結ばれている（図12-1）。

島内には志賀島、弘、勝馬の三集落がある。第一次産業のうえからみると、

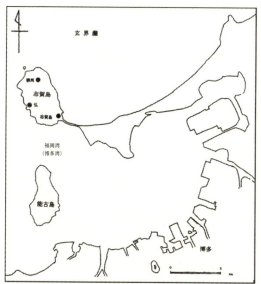

	世帯数	人口
志賀島	596	1,274
勝馬	108	265
弘	147	353

2013年9月末日現在
「福岡市の人口」
http://www.city.fukuoka.lg.jp

図12-1　志賀島と周辺

第Ⅲ部　漁業者のライフヒストリー研究

　志賀島は漁業を中心に農業も営まれている。いっぽう、弘は半農半漁であり、勝馬は農業が営まれている。特徴的な点としては、弘では海士漁が行われていることが挙げられる。

　今回対象とする漁業者は志賀島に在住する。志賀島集落の住民は自集落のことを志賀（しか）と呼ぶが、本稿でも島名との混同を避けるため、志賀と呼称することにする。

　志賀は島内の中心集落である。集落には安曇氏の奉斎する志賀海神社があり、島民のみならず、周辺の漁業地区に在住する漁業者の信仰を集めている。また、消防署、駐在所、郵便局といった公共施設が立地するとともに、博多港への市営渡船の発着地となっている。

　2013年現在、志賀の町会は馬場町・本町・中町・新町・西町の五つに分かれている。1971年の福岡市東区との合併までは志賀町の一部であった。当時の町会は上方・西方・下方・棚ヶ浜・岡方に分かれていた。生業のうえから見ると、上方・西方・下方は漁業、岡方は農業であった。棚ヶ浜は第2次大戦中に造船所ができた折にその従業員が居住していた。のちに棚ヶ浜は西町ができた際に合併した。

　志賀には内湾部（博多湾側）・外海部（玄界灘側）に漁港がある。両者は近接しているが、その間にある砂州によって、漁船は直接に行き来することができない。したがって両港を行き来するには島を迂回しなければならない。

　各漁業者の漁船の停泊位置は家からの距離や営んでいる漁業種類、漁場との距離で決まっている[3]。外海部の漁港は上方・下方の漁船が多く停泊するが、上方はタテアミ（固定式刺網）、下方はマゲアミ（小型定置網）を行う漁業者が多かったので、漁場とする海域に近い外湾部を停泊場所とした。いっぽう、内湾部の漁港は西方・下方の漁船が多い。西方は釣り漁業を営む漁業者が多く、その餌とするエビを内湾部の海域で捕獲して外海部で釣りを行うので、ここを停泊地としている。また、下方はイソ（磯）でのサザエ・ワカメ漁を行う漁業者も多いため、その漁場に近い内湾部の漁港に漁船を停泊する。現在は内湾部の漁港に停泊して、エビコギと呼ばれる小型機船底び

き網漁を行う漁業者が多いので、こうした秩序は変化している。

志賀の漁業者は福岡市漁業協同組合志賀島支所に属している。彼らは営む漁業種類ごとにコグミアイ（小組合）を組織している。複数の漁業種類を兼ね行う漁業者は、複数の組合に所属する。コグミアイにはエビコギ組合・釣り組合・アミタテ（刺網）組合・イソ組合などがある。コグミアイでは、刺網を流す場所や、釣りをする場所のくじ引きなどを行う。また、他漁協と漁場が競合した際は、その調整を行ったりする。

2．漁業の概要

2013年漁業センサスによれば、志賀には46の漁業経営体が存在する（**表12-1**）。うち45が個人経営体であり、3tから5tの動力漁船を使用して沿岸での漁業を営んでいる。漁業就業者は63名（男性のみ）であり、うち60歳以上の漁業者が44名を占める（**表12-2**）。後継者のある個人経営体は4経営体に過ぎない。営まれている漁業種類は、釣り漁業、小型機船底びき網漁業、

表12-1　経営組織別経営体数

	個人経営体	会社	漁業協同組合	共同経営	計
2013年	45		1		46
1988年	124	1	1	7	133

資料：漁業センサスによる。

表12-2　年齢階層別漁業従事者数

	1988年	2013年
15～19	2	
20～24	5	1
25～29	3	1
30～34	8	1
35～39	28	4
40～44	22	4
45～49	30	1
50～54	21	1
55～59	39	6
60～64	24	17
65以上	11	27
計	193	63

資料：漁業センサスによる。

第Ⅲ部　漁業者のライフヒストリー研究

表12-3　営んだ漁業種類別経営体数

	1988年	2013年
小型底びき網	51	16
その他の刺網	43	9
いか釣り	1	
ひき縄釣り		1
その他の釣り	55	29
その他のはえ縄	4	1
小型定置網	7	11
採貝・採藻	4	4
その他の漁業	10	2
かき類養殖		4
わかめ類養殖	30	5
のり類養殖	7	1
経営体数	133	46

資料：漁業センサス。

小型定置網漁業が主となっている（**表12-3**）。

　著者が志賀での調査を開始した1986年当時に近い、第8次漁業センサスの1988年の数値によれば、志賀には133の漁業経営体が存在し、そのうちの124が個人経営体であった。これらの多くは1tから5tの動力漁船で沿岸漁業を営んでいた。漁業就業者数は201名（うち男性が193）を数えた。営んだ漁業種類は小型機船底びき網漁業、釣り漁業、刺網漁業が主であった。漁業就業者の年齢は60歳以上が35名を数えた。

　1988年と2013年を比較すると個人経営体数は36.3％に、漁業就業者は32.6％へと、著しく減少している。あわせて、漁業就業者の年齢構成も、60歳以上の漁業就業者は、18％から69.8％へと、高齢化が進んでいる。

　営んだ漁業種類別に見ると、1988年では小型機船底びき網漁業が51経営体を数えるが、2013年では16経営体と、31.4％に減少している。それに対して、その他の釣り漁業は、1988年において55経営体を数えるいっぽう、2013年では29経営体を数える。経営体数では52.7％に減少している。聞き取りによれば、小型機船底びき網漁は夜間に操業するので、昼間の漁に比べて危険度が高いうえ、生活が昼夜逆転することや漁網の揚げ降ろしなどで体力が求められるという。したがって高齢化した漁業者は、釣り漁業のような比較的体力的に負担の少ない昼間の漁に転換する傾向があるという。

第 12 章　現代の沿岸漁業者に関する生活誌的研究

　志賀における漁業は、このように個人経営体を主体とするが、古くは網元による比較的規模の大きい網漁も行われていた。たとえば、下方にはMR、西方にはMYというオオアミシ（網元）があり、志賀の漁業者のみならず、豊前の者も雇っていた。これらの網元は共同して、イワシアグリ網漁や、セイゴ（スズキの若魚）、スズキ、ボラを対象としたマカセ網漁を営んでいた。

　上方、下方、西方の漁家は、順番で年1回、7月14日の祇園祭の頃には町会ごとでタイ網と呼ばれる地びき網漁を行った。漁場は玄界灘の海域で、10隻のテブネ（各2名乗組）、2隻のアミブネ（各10名乗組）、2隻のコギブネ（各2名乗組、動力船）を用いて行われた。

　漁はまず、オキでコギブネがカガスを半円状に敷設した。カガスとは300間から400間の、芋でできた縄で、1ヒロごとにブリと呼ばれる木製の追込具がつけられていた。コギブネはハマに向けてカガスを曳いた。テブネはカガスの各所で、カガスが海底などに引っかかりそうになると持ち上げた。漁船から魚が見えるくらいの水深になると、漁網をカガスに装着した。そしてカガスをハマから曳いた。

　網具は網元から借り、漁は網元の指揮で行われた。漁獲物を販売した収益は、各町会の諸費用に充てられた。

3．A氏のライフヒストリー

　A氏は1938年9月29日に生まれた。7人兄弟の第6子で、男性はA氏のみであった。父親は釣り専門の漁業者であった。A氏は小学校の頃から、土曜日、学校が終わったあとに父に連れられてオキに出ていた。1954年に中学を卒業し、本格的に漁業に従事するようになった。本当は水産高校に進み、海技免許を取得して外国航路の大きな船に乗りたいという夢があった。しかし、父が比較的高齢だったので、母親から父親をいつまで働かせる気なのかと諫められ、その夢をあきらめた。当時の漁業者は60歳くらいで引退していた。中学を卒業してからは父親と一緒に漁船に乗って、オキで漁をした。1954年12

月から4ヶ月間、箱崎のノリ養殖の見習いに4番目の姉とともに行った。だいたいノリ養殖は11月から4月いっぱいの仕事で、当時の月給は7,000円と良く、冬の休漁期はこの給料を家計のあてにしていた。1956年からは自家でノリ養殖を始めた。1982年まで営んだ。なお、箱崎へ行ったのは伝手があったわけではなく、箱崎で養殖を営んでいた漁業者が人手を要したので、それに応じたのであった。志賀からは10名くらい赴いていた。志賀の漁業者がノリ養殖を手がけるようになり、箱崎と競合したので、箱崎の者は志賀の者を雇わなくなった。

A氏の漁船は二代目である。最初の船は木船で、F造船で建造した。1980年にFRP漁船にした。

父と漁に出ていた頃は、春先にはメバル、夏はキスゴ（シロギス）、秋はタイ（マダイ）を釣っていた。A氏は父が73歳の頃まで一緒に漁船に乗っていた。

1965年に27歳で結婚した。そののちエビコギを2～3年行った。当時は許可が半年しか下りなかったのでエビコギと釣り、ノリ養殖を兼業した。エビコギをしたのは、釣漁が不振だったからだという。エビコギは釣りと違って土曜に休むほかは毎日出漁できるので、収益が安定していた。

エビコギを止めたあと、夏期から秋期にキスゴのナガシ網漁を行った。「キスゴがよかげな（いい）」という話だったので着業した。1970年頃の話だという。それまで、ナガシ網漁を行っていたのは数軒であったが、35、6艘にまで増えた。漁の仕方は、他の漁業者から話を聞いたり、見よう見まねで習得した。

1986年頃は冬季にムキスクイ（カワハギを対象とした網漁）、春期にシャコカゴ（シャコを対象としたカゴ漁）、初夏から初秋期にキスゴナガシ網、秋期にタイ釣りを行った。

2012年は3tの動力漁船に1人乗り組み、5月からキスゴタテコミ（固定式刺網）、キスゴナガシ、秋期にカナトウ釣り、その他の季節はヒッパリ（曳き縄釣り漁）を行っている。

第12章　現代の沿岸漁業者に関する生活誌的研究

4．A氏の漁業歴の変遷

　前述のとおり、従来の研究では仕切書を用いて、漁業者の出漁日と潮汐の関係が検討されている。ここでは、1986年12月から翌年11月と、2012年の仕切書に挙げられた漁業種類について分析し、A氏が営んできた漁業種類の経年変化と年周期変化について検討した。

　まず、1986年12月から翌年11月にかけては、キスゴナガシ・タイ釣り・ムキスクイ・シャコカゴなどが営まれていた（図12-2）。ところが、2012年はキスゴのタテコミ・キスゴナガシ、ヒッパリ、カナトウ釣りが営まれ、その中心となっているのは、キスゴを漁獲対象とした刺網漁とヒッパリである（図12-3）。

　これらの漁業のいくつかについては、のちにも詳しく述べるが、キスゴナガシはキスゴ（シロギス）を対象としたながし刺網漁、タイ釣りはマダイを対象とした手釣り漁、ムキスクイはウマヅラ（カワハギ）を対象とした網漁、シャコカゴはシャコを対象としたかご漁であった。そしてタテコミはキスゴを対象とした固定式刺網漁、ヒッパリはサワラ・ブリを対象とした曳き縄釣り漁、カナトウ釣りはカナトウ（キンブクとも、サバフグ）を対象とした手釣り漁である。これらのうち、ムキスクイ・シャコカゴ・カナトウ釣りは経済的にみると補完的な漁で、出漁日数や漁全体の中心となっていたのはキスゴナガシ・タテコミ・タイ釣り、ヒッパリの各漁であった。これら主要な漁業について、その変化を見ると、タイ釣りを行わなくなったのは、餌となるコエビの価格の高騰、燃油代の高騰、養殖物の普及による魚値の低迷によるという。また季節ごとの漁業種類の変化は、たとえば、キスゴの刺網の場合、漁期の終わりに近づくと、キスゴ自体が獲れなくなることと、8月の中旬になると、シンマイ（カナトウの幼魚）が漁網に掛かったキスゴを網ごと喰うので、漁網が破れて来年使用できないためだという。漁業種類の切り替えは、より魚価の高いものを選択するという。

第Ⅲ部　漁業者のライフヒストリー研究

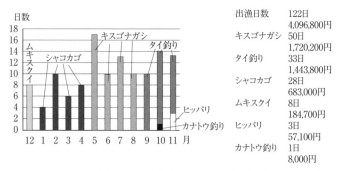

図12-2　A氏の出漁日数と水揚金額（1986年12月～87年11月）
注：1日で複数の漁業種類を行う場合があり、漁業種類別日数と出漁日数は一致しない。

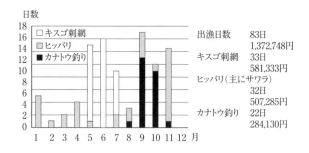

図12-3　A氏の出漁日数と水揚金額（2012年）
注：1日で複数の漁業種類を行う場合があり、漁業種類別日数と出漁日数は一致しない。

5．漁の実際

　ここでは現在A氏が営んでいるキスゴタテコミ漁とキスゴナガシ漁、以前営んでいたタイ（マダイ）釣り漁について、漁の実際をそれぞれ紹介する。
　それぞれの漁に関して述べる以前に、キスゴ刺網漁の1日を例にとって、A氏の生活にふれておきたい。
　A氏は、朝3時30分頃に起床する。4時に漁協から福岡の卸売市場に漁獲物を運搬するトラックが出るので、自分の漁獲物を積みにゆく。その後は家

第12章　現代の沿岸漁業者に関する生活誌的研究

に戻り、横になってテレビを見ている。5時、6時にはNHKの天気予報を見る。民放は天気しか言わないが、NHKは気象の概況を説明したり、天気図を出したりするので、こちらの方が参考になる。ちなみにA氏は、壱岐対馬の予報を参考にするが、前日の19時の予報で波の高さが2.5m以上なら出漁しない。また、朝の予報で波が高めでも、のちに低くなるとの予報なら出漁する。そして、夜7時の予報と朝の予報が波が低めであると一致していれば、出漁する。夜より朝の予報が悪ければ出漁しない。これはどの種類の漁でも同じである。海上では携帯電話で現在の天気予報、特に風について聞く。

タテコミ漁は6時30分から16時までの出漁と志賀では申し合わされているので、その時間に従って漁を行う。朝食は摂らない。昼食用に、志賀の山崎パンの店や大岳にあるコンビニのミニストップでサンドイッチなどを買う。そして、家を出るときは玄関のオコウジンサマの神棚に手を触れ、その手を額に頂く、これもいずれの種類の漁でも同じようにする。

その日最初に漁具を海に投じる際は、「エビスサマ」と唱える。こう唱えることについてA氏は、「そうせな、やっぱ気持ちの問題やけくさ（だから）気分的にあんばい（具合）のよか。言いそこのうたんなら、（魚が）かからんめえごたぁある。うん、そげな気がする。そやから、必ずエビスサマとハタ入れるときは言う」と語る。

その日の漁を終えると漁協の荷捌き所で漁獲物の選別をする。その後、帰宅して入浴、夕食後、就寝する。疲れた日は21時頃には寝るが、普通は4、5時間寝れば大丈夫である。余計に寝過ぎると、かえって翌日は1日中眠たいという。

1）キスゴタテコミ漁

キスゴタテコミ漁は固定式刺網を使用して行う。固定式刺網とは海中に漁網を幕状に固定して敷設し、キスゴを絡め取る漁法である。漁場は玄界灘の比較的沿岸部のスナジ（砂質海底）海域である。

タテコミ漁はシオが細かい（干満差の小さい）日が漁に適する。使用する

第Ⅲ部　漁業者のライフヒストリー研究

　漁具はミゴロ（身網）・カタノオ（浮子綱）・アシノオ（沈子綱と添綱）・ナマリ（重り）・マタヅナ（股綱）・ツナ（浮標綱）・浮標よりなる。ミゴロはナイロンの1枚網で太さ1.5号、目合い7.6から7、高さは25目（1ヒロの半分）である。カタノオはクレモナで径4mm、1反に60個アバ（浮子）をつける。アシノオは化繊で、径3mm、12cmから13cmごとに3匁から4匁のナマリ（重り）をうつ。この身網を12反連結するので、網具自体は700から800mとなる。カタノオとアシノオの両端にはマタヅナをつける。径9mmで1ヒロ強の長さである。4kg程度のナマリ（重り）をつける。ナマリからはツナが延びる。径9mmのクレモナで、水深が10mの時は、12mにする。その先に浮標をつける。浮標は発泡スチロールに竹を刺したものの先にビニールのハタ（旗）とナマリをつけたものである。

　漁具を敷設する際は、漁網がシオ（潮流）を垂直に受けると漁網が倒れてしまうので、潮流と平行するように投網する。そもそもタテコミは漁場がオカに近く、水深も10から15mと浅い海域で操業するため、漁網を揚げるのが楽だからトシヨリの仕事とされ、若手の漁業者はよりオキの水深25から30mの海域でナガシ（ながし刺網）を行っていた。

　投網する時には船首を風上に向ける。1時間30分から2時間のあいだ敷設する。オモカジ側より投網し、ネットホーラーでオモカジ側から揚網する。漁獲したキスゴは、クーラーボックスに収納する。

　1日の漁では、軽油を20から30ℓ消費する。また、漁協で購入する氷は20kgほどであるが、10kgで200円である。これらが漁の必要経費となる（2013年8月現在）。

　その日の漁を終えると、漁協の荷捌所で漁獲物の選別を行う。発泡スチロールの平箱に4.2kgを単位として氷とともに入れる。それを漁協の冷蔵庫に入れ、帰

写真12-1　キスゴの選別作業
（2013年8月8日著者撮影）

第12章　現代の沿岸漁業者に関する生活誌的研究

宅する（**写真12-1**）。

2）キスゴナガシ

　キスゴを対象としたながし刺網漁である。県知事の許可漁業で、漁期は5月1日から10月31日までと定められている。幕状の漁網をシオと直交させて流し、キスゴをからめ取る漁法である。そのため、大潮や中潮といったシオの流れの大きい日が漁に適する。漁場は玄界灘の水深30mほどのスナジの海底海域である。2012年現在ではタテコミと兼業しているが、著者が最初に調査した1986年頃は、専業的に行っていた。現在は大潮のときはナガシ、小潮のときはタテコミを営んでいる。

　漁具はミゴロ・カタノオ・アシノオ・マタヅナ・ツナ・浮標より構成されている。ミゴロは1枚網で、ナイロンの2号、7から8の目合いで高さは1ヒロほどである。アシノオの材質はトワインで、沈子綱と添綱の2本である。15cmごとにヤキイワ（陶製の沈子）をつける。ナマリだと海底に引っかかるが、ヤキイワだと転がって、漁網が流れる。カタノオは浮子綱と添綱の2本からなる。浮子綱はトワインで、上側が径3〜4mmである。1反につき60個、紡錘状のアバをつける。下側は径3mmである。このミゴロを6反連結したものが1組となる。全体では250mの長さになる。カタノオとアシノオの両端にはマタヅナをつける。クレモナの径9mmのもので、長さは1ヒロである。その先にツナをつけ、浮標をつける。浮標はタテコミと同様のものである。

　漁場ではシオの流れの強弱を計算して漁具を敷設する。風上に船首を向け、オモカジ側より投網する。漁具は1時間程度

写真12-2　キスゴナガシ揚網作業（1986年8月4日著者撮影）

255

流す。揚網はオモカジ側に設置したネットホーラーで行う(**写真12-2**)。その後の漁獲物の処理はアミタテと同様である。

3）タイ釣り漁

　マダイを対象とした手釣りの漁であった。秋、漁期は9月から11月で、漁期の終わりには「手が恋しくて寒ダイを釣るまで」出漁した。冬になると、餌にするコエビがなくなるので、漁に出られなかった。

　マダイはサイズによって呼称が異なった。3cmぐらいのものをジャミ、5cmぐらいのものをコダイゴ、掌より少し小さいものをコダイゴブトリ、掌くらいの大きさの1年物をイラサ、1kg弱の3年物をコダイ、2kg程度のものをフクララツ、3kg程度のものをハリキリ、5kgから10kg程度のものをタイと呼んだ。

　漁具は、釣針（2本）・タマ（おもり）・スヨマ（サキヨマ・幹糸）・ナカビシ・モトヨマ（道糸）・イトマキより構成されていた。釣針は13号で、タマから枝糸2本にそれぞれつけた。枝糸は9本のナイロンを自分でよったものを、染粉でオレンジ色に染めた。白は魚が嫌う。色が濃すぎると魚が食わないので、薄目薄目に染めて、濃すぎれば水に晒した。この色に染めるのは、タイが好きな色だからという。昔から漁をしているので「イオ（魚）の気持ちはわかる」。しかし、なぜオレンジ色なのかは「イオに聞かなければわからない」という。枝糸は3cmくらいの長さにした。タマは球状の鉛で12匁から20匁の重さにした。スヨマはナイロンの6号から7号のものを6ヒロつけた後に、ヨリカン（サルカン）をつけてさらに4ヒロ繋いだ。このスヨマの長さで魚が掛かるかどうかが決まった。長すぎると掛からないので調整しながら掛かりのよいヒロ数にした。そしてヨリカンをつけ、ナカビシを繋いだ。ナカビシは紡錘形の鉛のおもりで、4匁から5匁であった。その先にモトヨマを繋いだ。ナイロンの12号の太さだが、スヨマのナイロンとは別であった。モトヨマの端にイトマキをつけた。餌は生きたコエビを用い、エビの尾を切って、釣針に尻から指した。エビは生きていなければ魚が喰わないので、

第 12 章　現代の沿岸漁業者に関する生活誌的研究

長く釣針につけていて、萎えてくると交換した。コエビはエビコギを営む漁業者から購入していた。1升2,400円から500円で、1日の漁で1升5合は使った。

　漁では漁船のオモテ（船首）側を潮上に向けて、オモカジ側のドウノマ（ブリッジの前）から、トモ（船尾）の側を向いて、左手の人差し指の第一関節あたりから釣糸を海中に垂らした。タイはトリアイ、すなわちセ（礁）とハマ（平坦海底）との境の潮上にいるので、漁具がそこに沈下するようにした。漁具が着底すると、釣糸を少し弛ませたりして「勇ませる」。釣糸を垂らした第一関節あたりにはニチバンの絆創膏を巻いたが、その後、スポーツ用のテーピングを巻いた。あまり厚く巻くと、魚のアタリがわからないので、薄目に巻いた。タイは餌に食いつくと「ガッとした」アタリがあるので、左手で合わせて右手で駄目押しをした。

　漁を行うのは「潮が太い」ほうがよかった。大潮・中潮の日が適した。シオ（潮流）が動かなければイオは動かない。餌とするコイオ（小魚）はシオが動けばそれにつれて活動が盛んになるので、それにつれてタイも食餌活動が盛んになる。漁を行うのは、1日のうちではミッチオ（引潮）のときがほとんどであった。志賀では潮汐の1日での変化について、シオが満ちてくる状態をヒキシオ、逆に引いてくる状態をミッチオという。そして満潮をタタイ、干潮をヒヅマリと呼ぶ。そのうちでもタタイ・ヒヅマリの状態からシオが動き始める頃合いをキバナ、タタイ・ヒヅマリの状態へとシオが停まりはじめる頃合いをヤオリという。ヤオリ・キバナが、釣りをするのに適した。昔はイオドキと言って、ヨッカジオ（旧暦4日）のヒッシオが午後5時くらいに来た。そこでその時間を狙って漁をした。夜8時頃まで釣っていた。この時分は「イオが勇む（活動が盛んになる）」のでよく釣れた。

　出漁は朝6時頃であった。近くではシカソネ、遠くではロクレットー、横曽根などの天然礁や人工礁で漁をした。秋口はシカソネで漁をし、季節が移るにつれて、オキの漁場に移動した。漁場のことをギョバ、ギョジョウと言ったが、釣りをするとき、セ（礁）のうちでも自分が得意にするポイントを「わ

257

第Ⅲ部　漁業者のライフヒストリー研究

がアジロ」と言った。

　釣りを行う際は、碇を打って漁船を固定する場合と、ラッカサン（パラアンカ・潮帆のこと）を用いて漁船を流しながら行う場合があった。シオが緩やかなときはラッカサンを、早いときは碇を打って操業したが、比率はラッカサンを用いることが多かった。漁船はシオガミ（潮上）に船首を向けて行った。漁具を入れるときは「エビスサマ」と唱えた。

　礁のタカリ（最も高いところ）にはアカクサビ（ベラの類）、アラカブ（カサゴ）など、魚価の高い魚はいないので、こうした魚が釣れるときは漁船をシオガミに移動させた。逆にキスゴが釣れるときは、漁船を礁に近づけた。

　魚を釣り上げるとき、大きなものではタブと呼ばれる手網ですくった。利き手である右手で操作した。タイの場合、フクララツ（2 kg）以上はタブを使う。「ぶりこむ（そのまますくう）」と魚の口が切れて「おとしこむ（逃げられてしまう）」。コダイくらいだとそのまま釣り上げる。

　釣り上げたタイは肛門のところからエア針と呼ばれる中空の道具で空気を抜いて、イケスに入れた。

6．潮流潮汐と漁

　「シオを覚えんことには漁師ななれん」「シオたい。サカナはシオばっかり、釣るとはな。いつもかっつも喰わんもん」。A氏は続けてこう語る。「それのでくる（出来る）もんやなからな、リョウシはつまらんたい（駄目だ）。サカナやら、何時ごろは次のシオのくるとか、察知せな。しきらん（出来ない）もんなら釣りきらん（釣ることが出来ない）」。

　さらにキスゴナガシ網漁についてもこう語る。「シオの計算ばっかりたい。（網を）1時間流したらどんくらい流るるいうて、そげな勉強ばっかりたい。初めは。今日は何日のシオやけん、何時頃シオの変わるいうことば、すっと気付けとかないかんったい。シオの細か時はヨコギ（休漁）よったもん。網の流れな、（魚は）かからんけんくさ」。

第 12 章　現代の沿岸漁業者に関する生活誌的研究

　ここまでタイ釣り、キスゴナガシ、アミタテのおもにA氏が行ってきた3つの漁業種類について紹介してきたが、A氏が強調するのは、そのいずれにおいても経験知、あるいは伝承知としてのシオの問題が重要だという点である。

　ここまで、しばしば述べてきたとおり、志賀の漁業者たちは、潮流潮汐のことをシオと言う。潮流については、ヒッシオ、西から流れるシオをミッチオと呼ぶ。これらのシオは、雨や風の具合により、南北に偏差するという。

　1日のシオの変化については旧暦に基づいて「今日は何日のシオ」と表現することが多い。そして「イツカハツカノヒルタタイ（旧5日20日は昼が満潮である）」「ココノカトオカノアケクレタタイ（旧9日10日は朝と晩が満潮である）」といった俚諺で認識している。また、大潮・小潮といった一般的名称でもその日のシオを認識している。ちなみにA氏によれば、旧14日から18日、27日から2日を大潮、旧7日から10日、22日から26日を小潮と言う。

　1日のシオの干満とその名称については、タイ釣り漁の実際のなかで詳述したが、ここでは潮汐の月変化と出漁日の関係を、仕切書に基づいて分析する。具体的には1986年12月から翌年11月、2012年の仕切書を使用する。

　まず、年間の潮名別日数について、その日の潮汐を勘案せずに出漁しているならば、各漁業種類における出漁日数も潮名別日数に近似するという前提が成り立つ。しかし、実際の出漁日をみると、その数値に偏差が認められる。

　たとえば1986年12月から翌年11月についてみると、大潮・小潮といった潮名別日数の比率に対して、タイ釣り漁とキスゴナガシ漁の出漁率が大潮・中潮の日で高い（**表12-4**）。具体的に述べれば、この1年におけるA氏の出漁日数は122日である。いっぽう、この年間における大潮・中潮の日数は243日を数える。これはこの年間日数の66.6％を占める。そうしたなかで、タイ釣り漁はこの期間に33日出漁し、うち、大潮・中潮の日は26日と、78.8％を占めている。また、キスゴナガシ漁の出漁日数は50日であるが、そのうち大潮・中潮の日は42日で84％を数える。こうした大潮・中潮の日の出漁率の高さは、A氏の語るところと一致している。

表 12-4　漁業種類別出漁日と潮との関係

1986年12月1日～87年11月

	大潮	中潮	長潮・若潮	小潮	計
潮名別日数	99 (27.1)	144 (39.5)	48 (13.2)	74 (20.3)	365
キスゴナガシ	19 (38)	23 (46)	3 (6)	5 (10)	50
タイ釣り	13 (39.4)	13 (39.4)	3 (9.1)	4 (12.1)	33
シャコカゴ	6 (21.4)	9 (32.1)	7 (25)	6 (21.4)	28
ムキスクイ	2 (25)	3 (37.5)	2 (25)	1 (12.5)	8
ヒッパリ	1 (33.3)	1 (33.3)	0 (0)	1 (33.3)	3
カナトウ釣り	0 (0.0)	0 (0.0)	1 (100.0)	0 (0.0)	1

資料：仕切書　日本水路協会。
注：1）（ ）内は出漁日数に占める割合（％）
　　2）1日で複数の漁業種類を行う場合があり、漁業種類別日数と出漁日数は一致しない。

表 12-5　漁業種類別出漁日と潮との関係

2012年

	大潮	中潮	長潮・若潮	小潮	計
潮名別日数	100 (27.3)	146 (39.9)	47 (12.8)	73 (19.9)	366
キス刺網	8 (24.2)	12 (36.4)	5 (15.2)	8 (24.2)	33
ヒッパリ（主にサワラ）	9 (28.1)	11 (34.4)	4 (12.5)	8 (25)	32
カナトウ釣り	1 (4.5)	12 (54.5)	5 (22.7)	4 (18.2)	22

資料：仕切書　日本水路協会
注：1）（ ）内は出漁日数に占める割合。
　　2）1日で複数の漁業種類を行う場合があり漁業種類別日数と出漁日数は一致しない。

いっぽう、2012年についてみると、潮名別日数と出漁日数に顕著な関係を認められるものはなかった。前者ではキスゴナガシ漁と潮の関係が認められたが、この年ではそれを明らかに認めることができなかった。これは、同じキスゴを対象とした漁でも、キスゴナガシ漁は大潮・中潮といったシオの速い日、タテコミ漁は小潮といったシオの遅い日に営むので、結果として出漁率が平均化したものと理解できる（**表12-5**）。

7．A氏の職業観

62年間にわたり、オキで魚と対峙しているA氏の語りからは、漁業者としての矜持と敬虔さを伺い知ることができる。この章ではその一端を垣間見た

第12章　現代の沿岸漁業者に関する生活誌的研究

い。

「板子一枚下は地獄」と一般的に語られ、目に見えない水族を捕獲する漁業という生業には、オカで暮らす我々には知ることのできない不確実性が伴っている。そうしたなかで、A氏の行動のなかには、海に関わる者としての敬虔な思いがある。先にも述べたとおり、出漁の前には玄関に祀られたオコウジンサマの神棚に手を触れ、その手を額に戴くことや、その日最初に漁具を海へ投入する時や、漁場を変えて漁を行うときに「エビスサマ」と唱えることにそうした思いがあらわれている。A氏の語るところによれば、漁に携行する弁当には、獣肉を忌み、ハムさえも避ける者が今なお居るという。また「スモドリする（何も獲れないで帰る）」。といって、たとえば寿司やミカンといった酸味のあるものを携行することを忌む漁業者もいるという。

A氏はオカに居ると時間が長く感じるという。「長か、やっぱり。テレビばっかり見ようけん、目ん玉悪うなっとうけん」。しかし、近年は年齢的なものもあって昔ほどオキへは出ないという。夏の日の漁について、こう語る。「3日行ったら4日目はヨコギ（休漁）たい。そうせな五体な、もてんもん（体がもたない）。こんな暑かばい、水は飲みようばってん」。出漁日数だけでなく、1日の仕事の時間も短くなった。翌日の仕事にひびくので、早めに漁を引き上げるという。

「もう、ガツガツせんもん。昔は、今じゃいうとき、バリバリやりよったばってん、今は、どうするか、いうごとなった。そんくらいしていかな。もう、若手と同じことしよったっちゃあ、もう、とても、ついていかれん。60（歳）までやな、そげんついていけるのは。まだバリバリやってんな。もう、70（歳）かかったら、つまらん」。

そうしたなかで、彼をオキへと駆り立てるものは何か。その大きな要因は漁の面白味であると言っても良い。「やっぱり、わが思うたとのあたった時は（予想した漁場で漁獲できた時は）、おお、やっぱ、おうとった（予想どおりだった）思うくさ。そがんときゃ、うれしかばってん」。そうした語りには、漁業者としての矜持が伺える。たとえばタイ釣りでラッカサンを使う

か、碇を打つかを判断する際、「もう、わがセンドウ次第。そこんとこが（腕の）見せどころたい。漁をするもんと、せんもんの差たい。その判断って、難しいくさ。漁師のごと難しいことはなか、魚とると思うと。商売でするっちゃけえ、面白味は通りこしとう。必死なっとう」。ここには漁業者としての矜持だけでなく、オキを生計の場とすることの厳しさも垣間見られる。「いやあ。ナガシのごたあ、そげんことなか。面白味はなか、商売だけたい。やっぱタイ釣りのごたあときは、（タイが）喰うた時は、面白かったもん」。同じオキへ出るという行為のなかでも、漁業種類による面白さの差というものが語られる。

　A氏が常々考えることは如何にして漁獲をするかという思いである。その思いが図に当たった時は、否応なく漁の面白さは高まる。「やっぱり、魚がどがんして（どのようにして）釣るやろうかいうとこが一番難しか。どがんすりゃ魚の喰うやろうかということが、頭から離れん。よけい獲ろうとする」「やっぱり、あたった時が、一番快感のあるったい。それで、場所変えといてから、釣るとこ、場所変えようてしようが、あそこが良かっちゃなかやろ、やろうかと思て行った時、喰うた時がいっちゃん面白い」。

　そして、その面白味が最高潮に達するのは、実際に魚とやりとりする場面である。彼はブリの曳き縄釣り漁についてこう語る。「ガツッとするとっころが気持ちの良かもんな、飛びついてきた時が。それでガツッと（釣糸を）ひっぱるたい。そうしたら、いーゆうて、いいよったら追いついてきて、（餌を）喰うもんな。そやけえ、もう2遍目はひっかかる、がっつり。1遍目はやっぱ、当たるっちゃあ、サンマへくさ、ブリが当たりようとのわかるわけたい。おかしかったの今んと、思うたらなら、つぎは、もう、こう（引っ張る）。（そうするとブリがサンマを追いかけて）ガーッと来る。そやけ、（餌を）喰わせないかんたい。喰うと待つとじゃ、つまらん。喰わせないかんけえ、それは難しかったばい。むこうに喰わせないかんちゃけえ。そやけ、餌を勇ますとかせな、いかんたい。餌の泳ぎば、速うしたり、遅うしたり、しゃくってみたりくさ、ドウグ（漁具）しゃくってみたりしたなか、釣っとく。

第12章 現代の沿岸漁業者に関する生活誌的研究

おらあ、（釣糸を）持っとくばってん。面白かもん。そや、やっぱあ、面白味のなかあ、つまらんもん、いつ喰うたか」。

こうしたA氏の職業観が端的にあらわれたが、「イオと遊ぶのが楽しか」。という語りである。家族を養うべく漁をおこなってきた壮年期と、子供が独立した現在とでは、その濃度に違いがあるだろうが、彼にとっての漁業はあくまでも家計を支持するための中心的生業である。しかし、彼にとっての漁は、単にそれのみならず、漁を行うこと自体に面白さを感じるという、労働と楽しみが表裏一体のものである点を指摘することができる。A氏の漁撈活動について、経済的行為と、「遊び」「楽しみ」といった側面と、二項対立的に考えるのは正鵠を射ていない。あるいはマイナーサブシステンス論において、たとえば安室知の指摘する、稲作農家の主労働に対する周縁的労働が持つ「遊び仕事」における「遊び」や「楽しみ」とはいささか異なった職業観と位置づけられよう（安室 2012）。菅豊は「自立、自律した労働が貫徹されるとき、その内部に使命感や沈潜している"楽しみ"」（菅 1998）がある点を挙げているが、このことは労働の本質的意義を考えるうえで、重要な指摘である。さらに、文化人類学の川田順造は、「労働の価値」について、効率性と経済性だけから測るのではなく、労働の倫理的価値の問題として捉えるべきものと指摘しているが（川田 2001）、本章はそうした労働の価値論についても問題を提起するものと考える。

おわりに──問題の整理と今後の課題──

以上、志賀に暮らし漁業を営んできたA氏の生活誌について述べてきた。そのなかで明らかになった諸点をあらためて整理しておきたい。

A氏の1986年12月から翌年11月、2012年の各年の漁業暦を見ると、前者がキスゴナガシ、タイ釣りを基幹として、ムキスクイ、シャコカゴが補完的に行われているいっぽう、2012年では、キスゴ刺網、ヒッパリを基幹として行われていることが明らかになった。タイ釣りを行わなくなったのは、燃油や

第Ⅲ部　漁業者のライフヒストリー研究

餌代の高騰や魚価の低迷が原因となっていることが語られた。また、年間における漁業種類の切り替えは、経済的な効率に基づいていることも語られた。

　つぎに基幹的な漁業種類の実際を見ると、漁具の製作や漁場の選択などに際して、海上での経験を通じて獲得した経験知が活用されていることが明らかになった。

　漁を行うに際しては、経験知と伝承知に基づくシオの知識が不可欠であるとされた。A氏のこの語りと、実際の各漁業種類について出漁日と潮汐との関係を、仕切書に基づいて検討すると、キスゴナガシやタイ釣りなどについて、大潮・中潮といった長周期潮と出漁日とのあいだに、相関を見いだすことができた。

　最後にA氏の職業観について、彼の語りを通してみると、漁業に従事することに対する矜持と敬虔さを伺い知ることができた。そのなかでも、A氏をオキへ駆り立てるのは、単なる経済的因子だけでなく、「イオと遊ぶ」という、面白味が大きな部分を占めていることがわかった。こうした、生業に対するA氏の意識は家族を養ってきた壮年期と子供たちが自立し、自らも加齢した現在においても、その度合いの差こそあれ、変わらないものだろう。彼にとって生活を維持する行為という点では、漁撈活動はマイナーサブシステンスとは位置づけられない中心的生業である。しかし、A氏の語りを通してみたとき、オキでのA氏の漁撈活動は、生計の維持ばかりでなく、「遊び」「楽しみ」と一体化した行為であるといえる。彼にとってはオキで漁ることが人生であり、「生き甲斐論」とでも言うべき位置づけから検討すべきものである。この点は労働の価値観の範疇から解析される必要がある。

　今後の展望としては、数多くの漁撈者のライフヒストリーや漁業暦、職業観を検討するなかで、A氏の漁撈者としての職業観が他の漁業者たちにも通底し、定性的に一般化しうるものかを検討してゆきたい。

注
（1）1986年12月から翌年11月の仕切書に基づいた、A氏の出漁日についてみると、

第12章　現代の沿岸漁業者に関する生活誌的研究

　　基幹とするキスゴナガシ漁とタイ釣り漁についていえば、大潮・中潮における出漁日が有意なものと認められた（増﨑 1989、pp.128-129）。
（2）田和によれば、漁業活動を分析するための仕切書の活用について、そこに記された販売日から、実際の出漁日を把握することの問題点が指摘されている（田和 1997、pp.168-169）。
（3）松村によれば、志賀島の各町内会とそこに居住する漁業者の営む漁業との間には差異を見て取れることが指摘されている。著者の調査でも、この差異を聞き取ることができたが、それぞれが営む漁業種類に違いが認められた。この点は今後の検討課題としたい（松村 2015、pp.637-671）。

引用・参考文献
伊藤正博・内田秀和（1989）「キス漁業に出漁する漁船隻数の日変動と一日の水揚高との関係―日別漁獲データからみた漁獲の構造―」『福岡県福岡水産試験場研究報告』第15号、pp.17-26
川田順造（2001）「手仕事幻想」川田順造編『文化としての経済』山川出版社、pp.33-47
篠原徹（1995）「一本釣漁師の村とその生態」『海と山の民俗自然誌』吉川弘文館、pp.73-137
菅豊（1998）「深い遊び―マイナー・サブシステンスの伝承論」篠原徹編『現代民俗学の視点1　民俗の技術』朝倉書店、p.244
田和正孝（1997a）「イセエビ刺網漁における漁場利用の諸相―和歌山県南部町―」『漁場利用の生態』九州大学出版会、pp.125-149
田和正孝（1997b）「イセエビ刺網漁の漁業活動リズム―和歌山県南部町―」『漁場利用の生態』九州大学出版会、pp.168-169
野本寛一（1987）「太陰周期への適応」『生態民俗学序説』白水社、pp.275-288
増﨑勝敏（1989）「現代沿岸漁民の漁撈活動とその規定因―福岡県福岡市東区志賀島地区の漁民調査より―」京都民俗学談話会『京都民俗』第7号、pp.117-131
松村利規（2015）「志賀島―「つんなう」人々」福岡市史編集委員会『新修福岡市史民俗編　二　ひとと人々』、pp.637-671
安室知（2012）「「遊び仕事」とは何か―労働論との融合―」『日本民俗生業論』慶友社、pp.444-451

第13章

まとめ
―問題の整理と今後の課題―

　ここまで、著者が行ってきたフィールドワークに基づく、諸課題の検討を行ってきた。第Ⅰ部では、第1章において本著の目的、つまり漁業民俗を今日の問題として考えてゆく必要性と、それを検討するための方法論について述べた。それをうけて、第2章では、日本の民俗学における漁業研究の先駆的な役割を果たした、桜田勝徳の業績を概観してきた。そのなかでは、桜田の提言が今日の漁業民俗研究においても、重要な視点となることが明らかとなった。

　第Ⅱ部においては、おもに大阪湾を漁場とする大阪府下の漁業者の漁撈活動を多方面から検討した。それゆえ、個々の事例研究は、地域・漁業種類や経営形態について、雑多なものとなっている。

　第3章では大阪湾を漁場とした谷川における個人経営の一本釣り漁における漁業者の海上活動の検討を行った。このなかでは漁業者が季節に応じて、周年性のある魚と季節性のある魚を対象として組み合わせて漁を行っていることが明らかとなった。また、漁場の選択や決定に際しては、ヤマタテという伝統的測位法で位置を定めていることがわかった。

　操業を行う際は、潮汐の知識が不可欠であることも明らかとなった。旧暦を基準とした長周期潮、1日を単位とした短周期潮の把握が、漁を行うに際しては不可欠であるとされる。

　擬似餌の選択に際しては、潮汐・その日の天候などで、餌の使い分けがおこなわれていた。漁獲物の処理については、その鮮度の維持向上に技能が駆使され、商品価値を高める努力がなされていることがうかがえた。

　第4章では大阪湾岸の小島における遊漁船業についての分析を行った。

小島における遊漁船業は大正時代末から開始された時代性をもつものである点が明らかとなった。遊漁船業の進展には、南海鉄道による淡輪遊園開発が関わっていることがわかった。当時の顧客については現代のような大衆化がなされておらす、大阪市街の旦那衆を対象としていた。

　遊漁船業と生業として行われる一本釣り漁業の年間漁獲高を比較すると、漁獲量全体に占める魚種の割合の違いが明らかとなった。同一の漁業者であっても、遊漁船業を行う場合と一本釣り漁業を行う場合は、異なった戦略に基づいた意思決定がなされている。

　漁場利用に関しては、一般漁業を遊漁船業に優先させる慣習のある点が明らかとなった。一般漁業船者が遊漁業船を兼業する比率が大半を占めるなか、社会的要因・歴史的要因から漁場でのトラブルが回避されるようになっている。

　第5章では、泉佐野のイシゲタ網漁と呼ばれる小型機船底びき網漁業について、聞き取りと漁船同乗による直接観察に基づいた分析を行った。

　そこでは、各漁船の乗組員の船上活動について、漁獲機会の増大と、漁獲物の鮮度の維持向上を志向した時間利用・空間利用がなされていることが明らかとなった。また、漁船の帰港時間においても各船の市場でのセリ順を勘案して、最大限の漁獲を挙げるべく、時間利用がなされている点がわかった。

　第6章では、北中通のバッチ網漁と呼ばれる、機船船びき網漁業について検討した。

　そこでは、操業時に各経営体の中核をなす乗組員が、経営体の経営者とその親族によって占められている、親族的経営が顕著である点が明らかとなった。

　また、バッチ網漁を行う経営体どうしでは、北中通をこえた同業者グループが形成され、漁場での情報の交換や、漁獲物の共同出荷などがなされていることがわかった。

　第7章は北中通でかつて行われていた、イワシキンチャク網漁と呼ばれるまき網漁業について、出稼ぎ乗組員の問題について検討した。そこでは、香

第 13 章　まとめ

川県三豊市詫間町生里から、北中通に多くの出稼ぎ漁業者が輩出されていることがわかった。そこでは、ヒトガシラと呼ばれるリクルーターの、地縁や血縁に基づいた乗組員募集がなされていることが明らかとなった。また、出稼ぎという行為が、経済的な要因を第一義とされながらも、阪神方面への出稼ぎが、人生経験として一度は体験しておくべきものだとする、ライフサイクルに関わったものである点を指摘した。

　第 8 章では岸和田市におけるイワシキンチャク網漁業に関して検討した。ここでは、漁労機械導入前のこの漁の操業実態と、現在の操業実態を報告した。現代に関して言えば、漁船の動力化、電子航行機器・漁労機械の装備といった点で著しく近代化が進み、その結果、省力化が図られていることがうかがえた。また本論では、各漁撈体における漁船や乗組員構成、漁業暦を検討した。その結果、各漁撈体は、バッチ網漁業を兼業し、乗組員の構成を巧みに組み替えて操業している点や、両漁業を兼業することで操業の周年化を図っていることが明らかとなった。

　第Ⅲ部では、おもに高知県中土佐町久礼のカツオ一本釣り漁業に関わった漁業者のライフヒストリーについて検討するとともに、福岡県福岡市志賀島の沿岸漁業者の生活誌について言及した。

　具体的には、第 9、10、11 章において、久礼に在住する近海カツオ一本釣り漁業に従事していた業者に船員手帳に基づいたライフヒストリー研究を行った。

　第 9 章では自家船に幹部乗組員として乗り組んだ話者の語りを取り上げた。久礼の自家船はカゾクゼンと呼ばれ、幹部乗組員を家族や近親者で構成していることがわかった。このことは、乗組員同士の気安さにより、無用な軋轢が生じることを防いでいる反面、その気安さゆえに、過度な言動を呼び、その調整に幹部乗組員が苦労する側面もあることが指摘された。

　第 10 章では、静岡県伊東の近海カツオ一本釣り漁船に幹部乗組員として乗船した漁業者の語りを検討した。この漁船は静岡船籍ながら、ほとんど久礼の乗組員で構成されていた。そうした乗組員の確保に際しては、語り手の元

漁撈長のリクルーターとしての役割が大きく働いていた。たとえば、地縁、親戚関係などを活用して、漁撈長は乗組員の確保につとめていた。

第11章では、近海カツオ一本釣り漁船の乗組員と、商船の乗組員を経験し、その後、自船で旅漁を行った漁業者事例を取り上げた。ここでは、海技資格を取りつつ、船内でのキャリアアップをはかる語り手の戦略や、子供を育てるための経済的要因から、旅漁へと転じた点がうかがえた。

第12章は福岡市志賀島で個人漁を行う漁業者の漁撈活動を分析したものである。ここでは、仕切書を活用して、1986年と2012年に従事した漁業種類の変化を把握した。また、漁業者として不可欠とされる潮汐と漁の関係を定量的に検討した。また、漁業という生業が、第一義的には生活を維持する活動であるいっぽう、漁の面白さ、といった話者の生き甲斐に及んでいることを、聞き取りによって明らかにした。

今後の課題としては、まず、漁業者の海上における時間利用や船上活動、漁獲対象の選択に関わる問題が考えられる。これらは、漁獲機会の増大、漁獲物の鮮度保持といった、漁業経営体の収益を高める経済活動としての漁業の持つ性格を明確化している。こうしたことは、漁業者からの陸上での聞き取り調査だけでは明らかにできない。これらを明らかにするためには、生業現場である船上（海上）での直接観察に基づく分析が重要になる。つぎに、本書で取り上げたいずれの事例にも関わることだが、話者の代表性に関わる問題が挙げられる。話者各人はそれぞれの地域社会で長年漁に携わってきた人々である。したがって彼らが漁撈活動のなかで獲得した経験知や、親や他の漁業者などから受け継いだ伝承知、その地域で同じく漁業を営んでいる他の漁業者たちの言動や思考などの枠組みは、他の漁業者たちのそれらから大きく逸脱することはないと思う。しかし細部では、各人の成育歴や生活環境、それらによって形成されるアイデンティティには差異があり、このことが各人の漁撈活動に対する意識と行動に、何らかの影響を及ぼす可能性がある。こうした漁業者各自の価値観を把握するためには、何といっても事例の集積が求められる。各漁業者の職業意識・価値観を検討するうえで、聞き取りに

第13章　まとめ

基づいたライフヒストリー調査とその検討を重ねてゆく必要性がある点を著者は痛感している。

　漁業はいうまでもなく、漁業者が各人とその家族を養ってゆくための経済的活動である。いわば、生きるための手段なのである。彼らがなぜ漁業という生業を選択したか、たとえば、親が営んでいたから、当然のごとくそれを受け継いだ、という方向もあるだろう。この解釈はある意味では消極的な動機づけ、と位置づけることも可能である。

　しかしその一方、漁撈活動のなかで自然と対峙し、魚とのやりとりを行うという行動に、単なる「仕事」としての範疇を超えた、「生きがい」「楽しみ」という価値を見いだすこともできる。そうした魅力を含んだ人間の主体的活動として漁業民俗を考えてゆくことが、今日の漁業を取り巻く問題、たとえば漁業者の高齢化や、若年就労者の減少、漁業資源の持続的な利用といった課題に、何らかの見解を提示することができるのではないだろうか。

初出一覧

　本書は、一部の書き下ろしのほか、既発表の諸論文を骨子として、加筆修正のうえ、再構成したものである。特に第Ⅱ部の多くは、愛媛大学大学院連合農学研究科に提出した学位論文『現代の沿岸海域における漁撈活動の民俗学的研究』(2006) を踏まえている。以下、各章のベースとなった論文を挙げる。

第Ⅰ部
第1章　書き下ろし
第2章　書き下ろし
第Ⅱ部
第3章　増﨑勝敏・若林良和 (2003)「一本釣り漁民の漁撈活動—大阪府泉南郡岬町谷川地区の事例より—」『地域漁業研究』第43巻第2号
第4章　増﨑勝敏 (2006)「遊漁船業における漁場・資源利用の意思決定と合意形成—大阪府岬町小島を事例とした民俗学的接近—」『地域漁業研究』第46巻第3号
第5章　増﨑勝敏 (1999)「泉佐野市域における小型機船底曳網漁の漁撈活動—特にイシゲタ網漁に関する事例報告より—」『泉佐野市史研究』第5号
第6章　増﨑勝敏 (2005)「大阪湾のばっち網漁業にみる漁撈集団の構成とネットワーク—大阪府泉佐野市北中通の事例より—」『日本民俗学』第241号
第7章　増﨑勝敏 (2009)「大阪府下における香川県漁業者の出稼ぎの実態とその経緯—大阪府泉佐野市北中通のイワシきんちゃく網漁業の事

　　　　　例を中心に―」『日本民俗学』第257号
第8章　増﨑勝敏（2013）「大阪湾のイワシきんちゃく網漁業―その産業構造とネットワーク―」『日本民俗学』第276号
第Ⅲ部
第9章　増﨑勝敏（2008）「漁船乗組員の乗船生活史検討の試み―あるカツオ一本釣り漁業者の事例から―」『地域漁業研究』第48巻1-2号
第10章　増﨑勝敏（2012）「近海カツオ一本釣り漁船乗組員のライフヒストリー―静岡船への乗り組みを行う高知県漁業者の事例から―」『地域漁業研究』第52巻第2号
第11章　増﨑勝敏（2007）「ライフヒストリーを用いた漁撈民俗研究の一試論―高知県中土佐町久礼の漁業者を例にとって―」『日本民俗学』第252号
第12章　増﨑勝敏（2018）「現代の沿岸漁業者に関する生活誌的研究―福岡県福岡市東区志賀島のある漁業者を例にとって―」『日本民俗学』第294号
第13章　書き下ろし

あとがき

　国文学の研究を志して、京都の大谷大学に入学した私は、そのいっぽう、『遠野物語』などを通して、民俗学にも深い関心を抱いてきた。大学では『古今和歌集』を研究対象としながらも、サークル活動で民俗学研究会に属し、湖北や飛騨、福井などをフィールドにして民俗調査に耽ってきた。国文学ゼミの故渡辺貞麿先生や、文学科研究室の中周子先生（現大阪樟蔭女子大学）には、まったく面目のない学生ぶりであったが、両先生から授かった教えは、私が学問を続けるうえで、今なおその根幹となっていることは間違いない。

　大学卒業後、大阪府の高等学校の国語の教員となった。しかし、大学時と変わらず、民俗学研究との二足の草鞋生活を続けていた。研究の対象は専ら、漁業民俗の追究であった。これは、私の大学在籍時に、近海カツオ一本釣り漁業を社会学的な見地から研究なされていた、若林良和先生（愛媛大学）から受けた影響が大きい。それまで、農村・山村で民俗調査を経験してきた私にとって、同志社大学で行われた京都民俗学談話会（現京都民俗学会）でのご発表でお聴きした、若林先生の躍動感あふれる漁撈現場の報告は、私の研究の方向を決定づけたと申し上げてもよい。

　幸いなことに、今は亡き父潤一が若かりし頃、現在の福岡市東区志賀島中学の教諭を一時勤めており、その際の卒業生である志賀島の漁業者の皆さんを紹介してくれた。この出会いが、私の漁業民俗調査の出発点となった。このことがなければ、今日、漁撈研究を続けることは叶わなかったであろう。

　拙著の第Ⅱ部では、おもに大阪湾の漁業者に関する検討を行った。これは、私の学生時代からお世話になっている八木透先生（佛教大学）、市川秀之先生（滋賀県立大学）との出会いがなければ成し得なかったものである。八木先生には『新修泉佐野市史』編さんで、市川先生には『岬町の歴史』編さ

でお声をお掛けを頂いた。その成果として、この論考のいくつかは生まれてきた。謹んで御礼を申し上げたい。

　拙著の第Ⅲ部の多くは、高知県中土佐町久礼で近海カツオ一本釣り漁業に携わった皆さんのライフヒストリーを中心に構成している。この久礼での研究は、故林勇作さんのご助力がなければ、実施することができなかったであろう。

　林さんは、中土佐町役場でのご多用なお仕事の傍ら、幾度となく、話者の皆さんのご紹介など、便宜を図って下さった。何度も酒席に誘っていただいて、土佐式のお酒の飲み方をご教示いただき、快い時間を過ごさせていただいた。時には酔いすぎて、ろくに足腰の立たなくなった私を、旅館まで連れて帰って下さったことも、今はもう、懐かしい思い出である。

　高校勤務のなかでは、元守口東高等学校校長の井上正英先生のご理解を忘れ得ない。決して余裕があるとは言えない教育現場の中で、若林先生のお誘いに応じて愛媛大学大学院への社会人入学に挑みたいとお願いしたわがままをお認めいただいたことは、私の研究にとって、どれほど力となったことか、感謝に堪えない。

　しかし、もっとも御礼を申し上げるべき方々は、私の調査につき合って頂いた、多くの漁業者の皆さんだろう。船酔いをした私を気づかって、途中で漁船を港へ戻してくださった方、私の不躾な質問に何度となく快くお答えくださった方、いちいちお名前を挙げて御礼を申し上げるべきところであるが、割愛することをご容赦いただきたい。

　拙著の刊行に際しては、若林先生に筑波書房へご紹介を賜った。先生のお声掛けがなければ、この著作の刊行はならなかったであろう。日頃の学恩に深く御礼申し上げるばかりである。

　また、筑波書房の鶴見治彦氏には、多分な迷惑をお掛けした。私の拙い原稿をこのような著作にまとめ上げて下さったことに、心から御礼申し上げたい。

あとがき

最後に、妻に心からの感謝をささげる。

　　　　　　　　　　　夏の日、大阪城公園の喫茶店にて。
　　　　　　　　　　　　　　　　　　　　著者

事項索引

あ行

あぶらイワシ …… *166*
海女 …… *8*
網漁業 …… *9, 13, 22, 244*
網船 …… *53, 101-104, 108-109, 121, 133, 135-137, 140, 145, 153-155, 157-162, 165, 168, 172*
イカナゴ・シラス船びき網漁 …… *20*
イカナゴシラス …… *93, 98-101, 104-106, 111, 160-162*
生き甲斐論 …… *264*
活〆 …… *42*
イシゲタ網漁 …… *3, 73, 75-85, 88-91, 268*
意思決定 …… *47-48, 60-61, 68-71, 268*
移住者 …… *103, 119*
泉佐野漁業協同組合 …… *74, 95*
泉佐野漁協市場 …… *75, 89-90*
イタビキ網漁 …… *75-76*
一般的な計測単位 …… *26*
一本釣り漁業 …… *3, 19-23, 29-34, 36-37, 43-44, 47-48, 54-61, 68-71, 179-181, 183, 188, 202, 205, 208, 268-269*
イリコ …… *122, 155-156, 166, 173-174*
イリヤ（イリコ加工業者）…… *110, 132, 135-136, 153-155, 166, 169*
イロミ …… *153-154, 158*
イロミセン（色見船）…… *122, 153-154, 157-158, 161-162*
イワシキンチャク網漁業 …… *96, 103, 115, 120-128, 130, 138-141, 145, 147-149, 151-157, 159-168, 171, 173-174, 269*
イワシシラス …… *40, 93, 98-101, 105-106, 160-162*
インキョ（分家）…… *97, 169*
餌の選択 …… *40*
エビコギ …… *246, 250, 257*
家船 …… *8*
大阪府鰮巾着網漁業協同組合 …… *163*
大阪府漁業調整規則 …… *77, 96, 98*
大阪湾漁業協定 …… *77, 98*
オキアイ …… *168*
オヤカタ（漁撈長）…… *122, 132-135, 138, 154, 169-172, 228, 232*
女行商人 …… *8*

か行

海技免許 …… *182, 195-196, 198-199, 214-215, 217, 223, 226, 228, 234-235, 239-240, 249*
かご漁業 …… *75*
カゾクセン …… *194, 196-198, 200-201*
カタクチイワシ …… *99-100, 122, 145, 152, 155-157, 159, 166*
カナトウ釣り …… *250-252, 260*
間伐材魚礁 …… *66, 71*
機械キンチャク網漁業 …… *93*
聞き取り …… *iii, 3-5, 20-22, 26, 44, 49, 51-53, 60, 62, 66-67, 70, 73-74, 81-82, 88-89, 91, 93, 96-97, 102-103, 106-107, 109-110, 118, 120-121, 125, 127, 129, 131, 134, 136-138, 142, 145-147, 153, 162, 167, 169, 171, 174, 180, 185-186, 192, 201-202, 205-208, 211, 216, 224, 227-228, 235, 239-240, 248, 268, 270*

技術トレード …… 95, 112
キスゴタテコミ …… 250, 252-253
キスゴナガシ …… 250-252, 255, 258-260, 263-265
機船船びき網漁 …… 3, 93, 136, 146, 151, 156, 268
北中通漁業協同組合 …… 74, 93, 95
キャリアアップ …… 201, 232, 239-240, 270
給与体系 …… 148, 164
漁獲物の処理 …… 41-42, 44, 165, 243, 256, 267
漁業者の気風 …… 119
漁業地理学 …… 19, 244
漁業出稼ぎ …… iii, 3, 103, 111, 113, 115-120, 122, 125, 128-130, 133-134, 136-142, 148-149, 167, 169, 174, 224
漁業日誌 …… 20-21, 94, 146
漁業民俗論 …… iv
漁業無線 …… 81, 104-105, 107, 111, 154, 157, 159
漁業暦 …… 31-35, 43-44, 56, 60-61, 148, 159, 162, 173, 238, 243-244, 263-264, 269
漁具漁法 …… 8, 13
魚群探知機 …… 29, 37, 154, 157-158
漁船原簿 …… 108, 136, 142, 207-208
魚類養殖 …… 21, 166, 189
漁撈集団 …… 95
漁撈体 …… 95-96, 98, 101-104, 106, 111-112, 120-122, 124, 127, 140, 148, 156-157, 161, 165, 173, 269
漁撈長 …… iii, 122, 165, 180, 192-194, 197-201, 205-207, 210-224, 228, 270

近海カツオ一本釣り …… iii, 179-181, 183, 186, 188, 190-192, 197-198, 200-202, 205, 217, 222, 224-225, 228, 232-233, 235-236, 269-270, 275-276
キンチャク網漁 …… 3, 97, 103, 113, 120, 124, 128-129, 131-134, 137, 139, 141-142, 160, 162-163, 171, 209, 238
空気抜き …… 41-42, 44
久礼漁業協同組合 …… 188, 220, 227
久礼船団 …… 180, 205-206
経営戦略 …… 37, 147, 166, 196
経済的収益性 …… 19
経世済民の学 …… 14, 50
携帯電話 …… 81, 101, 104-105, 107, 111, 159, 253
合意形成 …… 47-48, 64, 66, 68-71
小型機船底びき網漁 …… 3, 22-23, 73-76, 89, 93, 96-97, 112, 120, 125, 148-149, 151, 165, 247-248, 268
子やらい …… 235, 237
雇用形態 …… 148, 164
雇用の創出 …… 139, 141

さ 行

逆網 …… 121, 154
魚売り …… 8
刺網漁業 …… 22, 48, 57, 74, 151, 248
サヌキムラ（讃岐村） …… 103
産業体 …… 148
GPS …… 4, 37, 61, 95, 101, 146, 157-158

シオ……38-40, 154, 243, 253-255, 257-260, 264
仕切書……4, 20, 244-245, 251, 259-260, 264-265, 270
仕事着……8
自然的要因……43
仕立船……23, 25, 49-50, 52, 55-57, 67-68
地びき網漁業……96, 124, 152-153
仕向け先……147-148, 155, 161, 166, 173-174
シャコカゴ……250-252, 260, 263
常民……7, 184
省力化……102, 139-141, 148, 164, 173-174, 269
昭和時代……iii, 3, 22, 52, 69, 115, 117-118, 139-140, 149, 167, 169, 192, 201, 205
職業観……iii, 4, 243, 263, 264
水産学……5, 19, 20, 147, 244
水産民俗論……iv
生活誌……iii, 3, 243, 263, 269
生活史……117-119, 148-149, 174, 179-181, 185, 191-192, 194-195, 200-202, 225
生活戦略……118, 185, 201-202, 226, 239-240
生態学……5, 19-21
生態民俗学……20
瀬戸内海機船船びき網漁業……96
セリ……77, 89-91, 268
船員手帳……iii, 3, 182, 185-186, 192, 199, 201, 210-212, 214-217, 226, 228-229, 234, 239, 269
センドウ（船長）……122, 133, 135, 197, 199-200, 228, 230, 262
船舶乗組員……225

操業日誌……20
相互了解性……64, 69-70
俗信……8
ソナー魚探……101, 157

た行
タイ釣り……250-252, 256, 259-265
タコかご漁……48
谷川漁業協同組合……21, 23, 25
短周期の潮汐現象……39
旦那衆……52, 69, 268
淡輪遊園……52-53, 68, 268
長周期の潮汐変化……39
潮流計……101, 157
潮流潮汐……8, 38-40, 43, 243, 258-259
直接観察……iii, 3, 5, 10, 20-21, 28, 36, 44-45, 71, 73-74, 80, 82-83, 90-91, 94-96, 146-147, 149, 174, 202, 268, 270
定性的……iii, 70-71, 264
定量的……iii, 20, 70-71, 108, 244, 270
テブネ……101, 122, 168, 249
伝承管理体……10-11, 183-184
伝承者の属性……10
伝承主体……9, 142, 184
伝承母体……9, 11, 202
伝統的……4, 12-14, 37, 43, 61, 73, 93-95, 116, 146, 173, 267
テンマセン（伝馬船：運搬船）……153-154
土佐鰹漁業協同組合……180, 188, 203, 205, 207, 224

な行
南海鉄道……52-53, 68, 72, 268

西詫間漁業協同組合三崎支所 …… 125
ネットワーク …… 3, 95, 107, 108-112, 118, 133-134, 136, 140-141, 147, 149, 169-171, 174, 183, 223-224, 234, 239-240
乗合船 …… 23, 50, 55, 57, 67
ノリコ …… 110, 132, 133, 134-139, 153, 162, 167-172
ノリ養殖 …… 250

は行

パーソナリティ …… 197, 202
バッチ網漁 …… 3, 93, 95-99, 102-111, 120, 136, 138, 140, 152-153, 159-164, 171, 173, 268-269
ハマチ養殖 …… 122
ひき縄 …… 23-24, 34-35, 188-189, 238, 248
ひきまわし船びき網漁業 …… 74
非漁船 …… 202, 225
ヒッパリ …… 250-252, 260, 263
ヒトガシラ …… 133-135, 140, 149, 170-171, 174, 269
ブ（歩）…… 170
フィッシュポンプ …… 157, 159
福岡市漁業協同組合志賀島支所 …… 247
船霊信仰 …… 8
文化人類学 …… 5, 19, 263
平成時代 …… iv, 201
ボールローラー …… 157-158, 160
捕鯨 …… 8, 196-197, 200

ま行

真網 …… 121, 154
マイナーサブシステンス論 …… 263
マイワシ …… 99, 122, 152
マエキン（前金）…… 170

ミオクリ …… 168
水揚台帳 …… 19
水揚げ野帳 …… 20
民間伝承の会 …… 9, 203
民俗的計測単位 …… 26
民俗的知識 …… 8, 48, 66
ムキスクイ …… 250-252, 260, 263
明治大正史世相篇 …… 116
メンタリティ …… 225-226, 240

や行

ヤマアテ …… 8, 38, 95, 146
ヤマタテ …… 29, 37-38, 43, 267
遊漁業 …… 23, 48, 65, 268
遊漁船業 …… 3, 22-23, 25, 29, 47, 48-61, 63-71, 267-268

ら・わ行

ライフコース …… 185, 202
ライフサイクル …… 131, 141, 269
ライフヒストリー …… iii, 3-4, 10, 45, 112-113, 179, 181-186, 202-203, 205, 222, 225-226, 239-240, 243, 264, 269, 271, 276
レーダー …… 101, 157
労働価値観 …… 120, 141
労働の倫理的価値 …… 263
ワカメ養殖 …… 23

281

人名索引

あ行
青柳裕介 …… *186*
秋道智彌 …… *19*
有末賢 …… *182*
磯部作 …… *71*
伊藤正博 …… *20, 244*
上田不二夫 …… *72*
卯田宗平 …… *95, 146*
内田秀和 …… *20, 244*

か行
金田禎之 …… *113*
川田順造 …… *263*
河原典史 …… *108, 113, 117, 142, 148, 186*
國重和民 …… *96*
河野通博 …… *112, 117, 148*
小藤政子 …… *147*

さ行
桜井厚 …… *181*
桜田勝徳 …… *iii, 3, 5, 7-8, 20, 94, 115-116, 183, 267*
篠原徹 …… *5, 20, 93, 243*
菅豊 …… *48, 263*

た行
高桑守史 …… *45, 184*
鷹田和喜三 …… *119*
竹内利美 …… *8-9*
竹ノ内徳人 …… *72*
谷口貢 …… *4, 93*
田和正孝 …… *244*
鳥居享司 …… *72*

な行
中野卓 …… *181-182*
中野紀和 …… *182, 202-203*
野地恒有 …… *8, 20, 94, 115, 146, 185*
野本寛一 …… *20, 243*

は行〜
葉山茂 …… *21, 146*
増﨑勝敏 …… *46, 72, 114, 143, 265*
松田睦彦 …… *116*
松村利規 …… *265*
松本博之 …… *113, 142, 147*
宮本常一 …… *7, 48, 50, 92, 94*
村田治美 …… *194*
安室知 …… *263*
柳田國男 …… *12, 116, 182*
山尾政博 …… *72*
若林良和 …… *186, 194*

索引

地名索引

あ行

明石海峡 …… *99, 160*
明石市 …… *106, 169*
悪石島 …… *194*
朝倉 …… *209*
浅藻 …… *238*
足摺岬 …… *228*
網代 …… *210*
油津 …… *194*
尼崎市 …… *226*
奄美大島 …… *194, 212-213*
アメリカ …… *214*
荒川 …… *238*
嵐山 …… *138*
有明海 …… *243*
有田市 …… *106*
阿連 …… *238*
淡路島 …… *62, 99-100, 107, 109, 122, 160*
粟島 …… *125, 168-169*
石巻 …… *212*
生地 …… *119*
伊豆 …… *210*
伊豆大島 …… *206*
伊豆七島 …… *194, 212*
厳原 …… *238*
泉佐野市 …… *3, 22, 49, 73-77, 91, 93, 95-96, 103, 106, 115, 120, 122-123, 128, 145, 147-150*
和泉山脈 …… *21, 74, 149*
伊勢 …… *122*
伊東 …… *207, 210, 217, 219-220, 228, 232, 269*
伊東市 …… *205, 207-208, 211, 216, 218, 229, 231*
糸島 …… *244*

稲取 …… *206, 209, 228-229*
犬吠埼 …… *212*
伊吹島 …… *103, 112-113, 117, 125, 135, 142, 148, 169, 172*
岩屋 …… *106*
宇佐 …… *206-207*
宇佐美 …… *210*
海の中道 …… *245*
宇和海 …… *146*
愛媛 …… *103, 138, 141, 221, 229*
大川郷 …… *48*
大阪 …… *3, 52, 69, 132-133, 137, 141, 160, 166, 168-169, 171, 207, 232*
大阪市 …… *22, 49, 109, 150, 153*
大阪府 …… *3, 19, 21, 32, 47-48, 51, 66, 73-76, 96, 103, 106-110, 115-117, 120-121, 138, 140-142, 145, 147-151, 162, 168, 267*
大阪湾 …… *iii, 3, 21-22, 37, 49, 62, 74, 77, 97, 99-100, 107, 110, 113, 122, 136, 140, 145, 147, 149, 150, 154-155, 160, 166, 168, 173, 175, 267, 275*
大島 …… *210*
大瀬崎 …… *238*
大岳 …… *253*
大浜 …… *113, 120, 125, 129, 132, 135, 139, 141-142, 167-169, 172*
岡方 …… *246*
岡田浦 …… *107, 109*
沖島 …… *62, 95, 146*
沖縄 …… *194, 212, 221*
尾崎 …… *122*
御前崎 …… *194, 212*
尾鷲 …… *194*

283

か行

貝塚 …… *138*

香川県 …… *iii, 3, 103, 108, 112-113, 115-117, 120, 125, 141-142, 148-149, 153, 166-167, 169, 174, 229*

鹿児島 …… *194, 214, 236*

鹿児島県 …… *103, 116, 166, 194, 235*

樫ノ浦 …… *207*

春日町 …… *74*

加太 …… *25, 66*

勝馬 …… *245-246*

上対馬 …… *238*

上ノ加江 …… *187, 189, 218, 220*

鴨ノ越 …… *129, 168*

加領郷 …… *207, 227*

川之江市 …… *103, 138*

河内 …… *238*

甲浦 …… *214*

観音崎 …… *22*

観音様の沖 …… *100*

岸和田 …… *106*

岸和田市 …… *3, 22, 49, 106-107, 109, 113, 117, 132, 141-142, 145, 148-152, 159, 171, 173, 269*

北中通 …… *93, 96-98, 102-103, 105-111, 115, 118, 120-125, 128-129, 131-135, 137-138, 140-142, 147, 268-269*

北中通村 …… *95, 120, 145, 149*

紀淡海峡 …… *100*

杵築市 …… *103*

九州 …… *122, 194, 236-237, 243, 245*

京都 …… *138, 227*

久通 …… *218*

久礼 …… *iii, 3, 179-180, 186-198, 200-202, 205-207, 209-230, 232, 234-239, 269, 276*

呉 …… *168*

黒崎 …… *100*

黒島 …… *212*

玄界灘 …… *4, 246, 249, 253, 255*

上方 …… *246, 249*

高知 …… *iii, 194, 238*

神津島 …… *210*

神戸 …… *132, 168, 171, 215-216*

神戸市 …… *106, 161*

小倉 …… *238*

小島 …… *3, 22, 25, 47-54, 61-70, 267-268*

五島 …… *74, 236, 238*

五島列島 …… *212-213, 236*

御坊市 …… *161*

小松島 …… *108, 110, 136-137, 141*

金刀比羅宮 …… *138, 172*

さ行

佐賀 …… *207, 221*

堺市 …… *22, 49, 106, 109, 113, 117, 141, 150, 168*

佐賀町 …… *199*

讃岐 …… *103, 138, 169, 172*

佐野町 …… *120, 145*

志賀 …… *246-250, 253, 257, 259, 263*

シカソネ …… *257*

志賀町 …… *246*

志賀島 …… *iii, 3-4, 243, 245-247, 265, 269-270*

四国 …… *103, 166*

静岡県 …… *iii, 108-109, 194, 205-206, 208-209, 211-212, 216, 218, 222, 228-229, 231, 243, 269*

志筑 …… *166*

志度町 …… *117, 148*

篠島 …… *20, 94, 146*

下方 …… *246, 249*

下瓦屋 …… *74, 95*

索引

下田 …… 194, 207, 235
下田市 …… 205, 207
下関 …… 238
上海 …… 209
小豆郡 …… 103, 229
荘内半島 …… 113, 125, 136, 138, 142, 148-149, 167, 169, 174
荘内村 …… 129, 130, 141
白浜 …… 138
新町 …… 26, 74, 246
須崎 …… 193, 213, 216, 218, 220, 228-229
スミス …… 235
洲本 …… 160
西讃 …… 125, 127
瀬戸内海 …… 96, 113, 116, 141
銭洲 …… 210, 212, 223
泉州 …… 51, 74, 103, 106, 150, 161, 169
ソビエト …… 233

た 行

高石市 …… 106-107, 109
詫間 …… 113, 125, 139, 142, 168
詫間町 …… 3, 103, 110, 112-113, 115, 118, 120, 139, 141-142, 149, 167-168, 171, 269
竹富島 …… 212
忠岡町 …… 106, 109
多度津 …… 125, 137
棚ヶ浜 …… 246
谷川 …… 3, 19, 21-26, 28, 31-39, 43, 47, 52-53, 65, 267
谷川港 …… 22
種子島 …… 212
淡輪 …… 22, 52-53, 107-109
千田 …… 106
千葉 …… 208, 210

朝鮮 …… 233
津市 …… 166
対馬 …… 74, 238
豆酘 …… 238
津名町 …… 106
鶴原 …… 74, 95, 121, 132-135, 137-139, 145, 149, 169
東京都 …… 166
トカラ列島 …… 235-236, 238
徳島県 …… 108, 136
土佐 …… 206
土佐清水 …… 193-194, 207, 210, 227-229, 236-238
鳥取 …… 100
戸畑 …… 227
富江 …… 238
豊国崎 …… 22

な 行

直島 …… 166
中土佐 …… iii, 3, 179, 186-187, 189, 192-193, 203, 205, 211, 216, 218, 225, 229, 269
長野 …… 221
中町 …… 246
灘区 …… 106
ナホトカ …… 233
生里 …… 3, 110, 112-113, 115, 118, 120, 125-142, 149, 269
南郷町 …… 238
難波 …… 22, 52, 67, 137, 150
新島 …… 210
仁尾町 …… 139
仁老浜 …… 125, 135-136
西方 …… 246, 249
西町 …… 246
沼津 …… 194, 210, 212, 228
野出 …… 74

285

野見 …… *218*

は行

箱 …… *125*, *168*
箱崎 …… *250*
箱作 …… *100*
走島 …… *141*
八丈島 …… *210*, *228*
波止 …… *127*, *129*
馬場町 …… *246*
浜寺 …… *106*, *109*, *117*
浜名湖 …… *243*
春木 …… *3*, *106-107*, *109*, *113*, *117*, *132*, *142*, *145*, *148-150*, *153*, *155-156*, *159*, *161*, *165-169*, *171-174*
ハルス …… *235*
ハルマヘラ島 …… *215*
ハワイ …… *214*
阪神 …… *129*, *131-132*, *141*, *149*, *269*
日置郡 …… *103*
東灘区 …… *106*
肥地木 …… *125*, *132*, *139*, *167-169*, *171*
比田勝 …… *238*
姫島 …… *238*
弘 …… *245-246*
琵琶湖 …… *95*, *146*
フィリピン …… *233*
福岡 …… *8*, *252*
福岡市 …… *iii*, *3*, *166*, *245-246*, *269-270*
深日 …… *22*, *51*, *53*, *65*, *107-109*
北海道 …… *119*, *185*
本町 …… *246*

ま行

枕崎 …… *194*
三崎 …… *125-127*, *131*

岬町 …… *3*, *19*, *21-22*, *25*, *47-49*, *51-52*, *65*, *68*, *107-109*, *150*
見島 …… *243*
三豊市 …… *3*, *103*, *112*, *115*, *118*, *120*, *125*, *139*, *141-142*, *149*, *167-168*, *269*
湊 …… *74*, *95*
南部町 …… *244*
宮城 …… *212*
宮古島 …… *212*
宮崎 …… *194*, *235*, *238*
明神崎 …… *62*, *100*
室津 …… *227*
室戸 …… *193*, *196*, *206*, *214-215*, *217*, *235-236*
室戸岬 …… *206*, *216*, *228*
室戸岬町 …… *193*, *214-216*, *229*
室蘭 …… *233*
女木島 …… *141*

や行

矢井賀 …… *187*, *189*, *218*, *220*
焼津市 …… *108-109*
屋久島 …… *20*, *94*, *116*, *194*, *212*
山川 …… *193-194*
湯浅町 …… *105-106*
湯川 …… *208*, *211*, *229*
由良瀬戸 …… *160*
横曽根 …… *257*
横浜 …… *206*
与論島 …… *20*, *94*, *116*

ら行・わ行

羅臼町 …… *119*
ロクレットー …… *257*
和歌山 …… *105*, *138*
和歌山県 …… *21*, *65*, *103*, *106*, *161*, *244*
和田島 …… *108*, *110*, *136*

著者紹介

増﨑勝敏（ますざき　かつとし）

1962年	大阪府生まれ
1985年	大谷大学文学部文学科卒業
2006年	愛媛大学大学院連合農学研究科修了
	博士（農学）
現在	大阪府立高等学校教諭

主要著書
　共著：「大阪湾のなりわい－泉佐野のイシゲタ網漁」（八木透編著『フィールドから学ぶ民俗学－関西の地域と伝承』2000年、昭和堂）

現代漁業民俗論
漁業者の生活誌とライフヒストリー研究

2019年8月26日　第1版第1刷発行

　　　　　著　者　増﨑勝敏
　　　　　発行者　鶴見治彦
　　　　　発行所　筑波書房
　　　　　　　　　東京都新宿区神楽坂2－19 銀鈴会館
　　　　　　　　　〒162－0825
　　　　　　　　　電話03（3267）8599
　　　　　　　　　郵便振替00150－3－39715
　　　　　　　　　http://www.tsukuba-shobo.co.jp

定価はカバーに表示してあります

印刷／製本　中央精版印刷株式会社
©Katsutoshi Masuzaki 2019 Printed in Japan
ISBN978-4-8119-0559-4 C3062